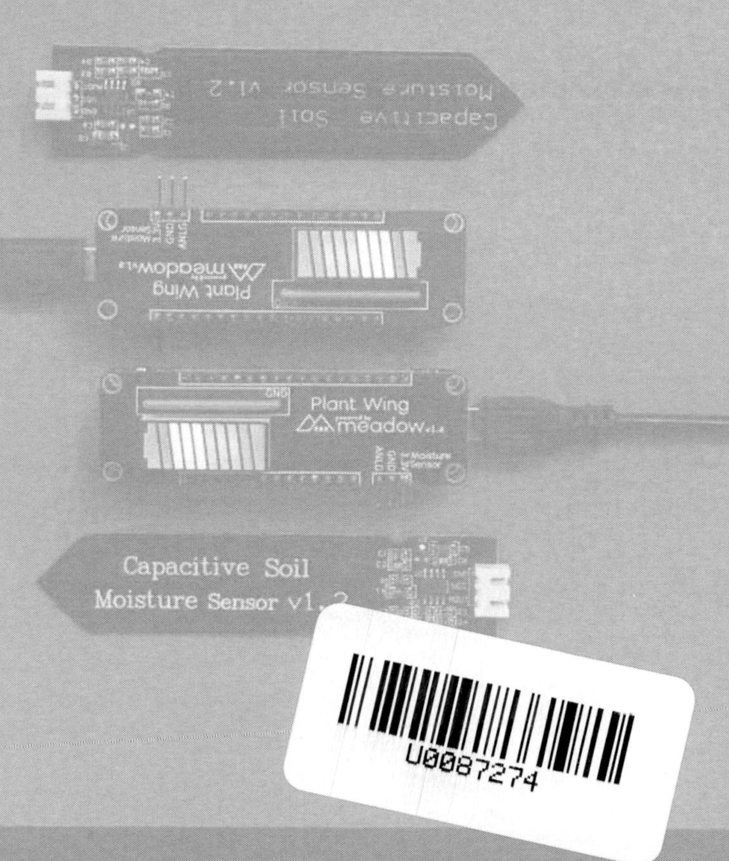

微感測系統與應用

劉會聰，馮躍，孫立寧 編著

前言

微系統是一門融合機、電、光、磁、生、化等多個交叉尖端學科的領域，具有微型化、集成化、智慧化、低成本、高性能、可批量化等優點，已經並將繼續在生物醫療、能源環境、汽車電子、消費電子、無線通訊、軍事國防、航空航天等領域產生深遠影響。

本書以微系統中最具代表性的微感測系統為核心，結合當前的無線通訊以及物聯網技術、能源收集技術、柔性電子技術等新興尖端科技，對廣義微感測系統的相關技術進行了全面系統介紹，包括微系統加工技術、矽基微感測技術、非矽基微感測技術、自供電微感測與微能源技術。 同時也介紹了微感測系統在智慧工業、智慧農業、生物醫療、軍事、航空航天等各個應用領域中所發揮的重要作用。 本書以微感測系統的主要技術為主，結合代表性應用案例進行編寫，共分為 6 章。

第 1 章微感測系統概述。 主要介紹微感測系統的基本概念、靜態動態特性、分類、材料特性以及發展趨勢。

第 2 章微系統製造技術。 主要介紹典型的矽基、非矽基的 MEMS 製造工藝，以及特種微加工方法、封裝與集成。

第 3 章矽基微感測技術與應用。 主要介紹常用的矽基壓阻式、電容式、壓電式微感測系統設計、製造方法及典型案例。

第 4 章非矽基柔性感測技術。 主要介紹非矽基柔性感測器的主要特點和常見材料，介紹了典型柔性觸覺感測器的基本原理和發展趨勢，生物訊號的感知測量原理及關鍵技術問題，並闡述了非矽基柔性感測器在機器人、醫療健康和虛擬現實領域的應用。

第 5 章自供能微感測系統。 主要介紹了自供能微感測系統的概念以及關鍵技術，主要包括壓電式、電磁式、靜電式、摩擦電式振動能量收集技術和風能收集技術，最後闡述自供能微感測系統在諸多領域的潛在應用。

第 6 章新興微感測系統應用展望。 主要介紹新型功能材料在微感測系統中的應用，以及新興微感測系統在智慧工業、農業和軍事航空航天領域的諸多應用前景。

本書第 1 章、第 6 章由劉會聰、馮躍、孫立寧教授共同編寫；第 2 章、第 3 章由馮躍編寫；第 4 章、第 5 章由劉會聰編寫。 在此要衷心感謝為本書插圖和資料整理做了大量工作的研究生，他們是蘇州大學的夏月冬、黃曼娟、耿江軍、房豔、韓玉傑、袁鑫；北京理工大學的韓炎暉、唐緒松、鐘科航、周子隆。本書在編寫過程中參閱了海內外同行的研究成果，在此向原著者謹致謝意！

由於作者水準、知識背景、研究方向限制，書中不足之處，懇請各位讀者、專家不吝指正。

編著者
2018 年冬於蘇州大學

目錄

第1章

微感測系統概述

1.1 微系統概述

1.1.1 微系統的概念

微系統（microsystems）也稱微機電系統（microelectromechanical Systems，MEMS）或微電子機械系統。一般可定義為透過微米加工技術（micromachining 或 microfabrication）和集成電路（integrated circults，IC）製造技術，集成微感測器、微執行器、驅動控制電路、接口電路、通訊電路、電源等為一體的微型系統。微系統包括感知外界資訊（機械、溫度、聲、光、電、磁、生物、化學）的微型感測器、控制外界資訊的微型執行器以及訊號處理和控制電路。如圖 1.1 所示為典型的微系統（MEMS）組成示意圖，首先感測器將外界資訊轉換成電訊號並傳遞給訊號控制處理電路，經過訊號轉換（包括模擬/數位訊號的變換）、處理、分析、決策後，將指令傳遞給執行器，執行器根據指令對外界發生響應、操作、顯示或通訊等作用。感測器可以實現能量的轉化，訊號處理部分可以進行訊號轉換、放大、計算等處理，執行器則根據指令自動完成人們所需要的操作，這樣就形成具有感知、決策、通訊和反應控制能力的智慧集成系統。

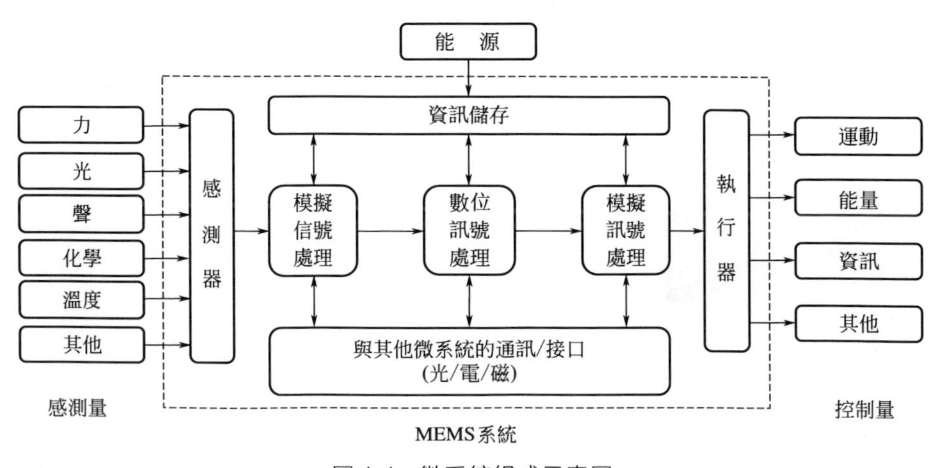

圖 1.1 微系統組成示意圖

微系統融合機、電、光、磁、生、化等多個領域，具有微型化、集成化、智慧化、成本低、性能高、可批量生產等優點，已經被廣泛應用於生物醫療、能源環境、汽車電子、消費電子、無線通訊、國防、航空航天等領域，並將繼續對人類的科學技術、工業生產、能源化工、國防等領域產生深遠影響。

微系統的概念通常指上述較為全面的功能集成體，但由於製造能力、集成封裝技術等的限制，目前多數微系統只包含了微機械結構、微感測器、微執行器中的一種或幾種，以及部分控制處理電路。這種情況下通常用 MEMS 這一名詞來代替「微系統」，目前 MEMS 已被世界各國廣泛接受，根據不同的場合，可以指微系統的「產品」，也可以指設計這種「產品」的方法和製造技術手段。

1.1.2 微系統的基本特點

MEMS 的最大特點是尺寸微小，其結構特徵尺寸一般在微米級到毫米級。常見的 MEMS 產品尺寸一般在 3mm×3mm×1.5mm，甚至更小。例如美國 ADXL 單軸、雙軸、三軸全系列加速度感測器的結構特徵尺寸在一百到幾百微米［圖 1.2(a)］。德州儀器發布的微型投影芯片 nHD，僅有幾顆米粒的大小，超輕超薄的設計也使其發熱量和功耗進一步減小［圖 1.2(b)］。微納操作器的局部尺寸僅在微米級甚至奈米級水準。MEMS 的這一優勢，可以大幅減小重量和體積，意味著有效空間的增加和功耗的大幅降低，這為衛星、航行器、汽車、手機等高集成度系統帶來巨大的發展潛力。未來，MEMS 產品甚至可以進入血管、細胞等人體狹小空間內執行功能和複雜操作，如疏通血栓、靶向給藥治療等。

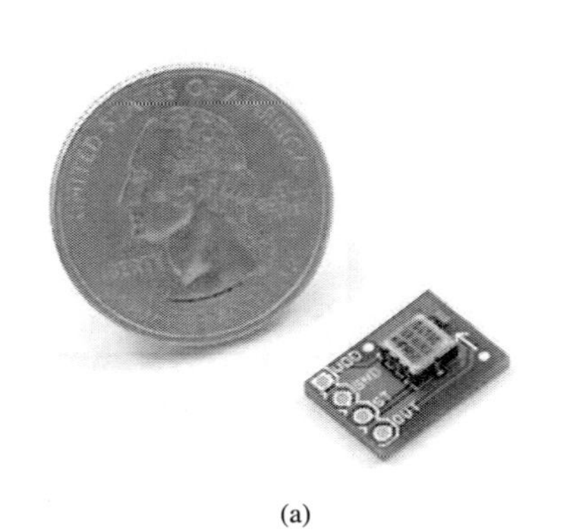

(a)

(b)

圖 1.2 (a)ADXL 加速度感測器和（b）德州儀器 nHD 芯片

MEMS的另一個顯著特點是智慧化和集成化。MEMS系統集成了各種不同功能的感測器、執行器、微能源和訊號處理單元，可以獨立與外界進行資訊和能量交換控制，從而實現智慧化系統。例如美國Case Western Reserve大學研究開發的集成MEMS流體處理系統，包括各種微閥門和微量泵。這一裝置將感測、傳動和控制單元集成到一個單片式流體控制系統中，系統將透過壓力強度、流速或溫度控制流體流動[1]。目前，海內外正在研製的微納衛星，採用MEMS技術，可將常規衛星上的許多部件微型化，例如氣相分析儀、環形雷射光纖陀螺、圖像感測器、微波收發射機、電動機、執行器等，製作成專用集成微型部件或儀器，甚至在同一芯片上構成芯片級衛星，提高衛星資訊獲取和防禦能力，降低衛星製作和發射成本[2]。

MEMS的另一個不可忽視的特點是交叉性和滲透性。MEMS是典型的多學科交叉的尖端性研究領域，涉及自然科學及工程技術的絕大多數領域，如電子工程、機械工程、物理科學、化學科學、生物醫學、材料科學、能源科學等。因此，MEMS為智慧系統、消費電子、可穿戴設備、智慧家居、合成生物學、微流控、航空航天、軍事武器、無線通訊等領域開拓了廣闊的應用空間。常見的產品包括MEMS加速度計、MEMS麥克風、微馬達、微泵、微振子、MEMS壓力感測器、MEMS陀螺儀、MEMS溼度感測器、射頻MEMS等以及它們的集成外延產品[3]。

另外，MEMS還具有成本低和易於批量化生產等特點。微系統是在微電子的基礎上發展而來的，由於採用了微加工和集成電路（IC）製造技術，因此可以像集成電路產品一樣大量並行製造，且力求與IC技術集成或兼容，易於實現陣列結構和冗餘結構，這對於降低製造成本、減小噪音和干擾、提高訊號處理能力和可靠性具有重要作用。但是，由於MEMS結構多樣性和功能複雜性的特點，MEMS製造和IC製造的差異很大，其製造工藝引入多種新的微加工方法，因此MEMS產品的生產線工藝研發成本較高。

MEMS的尺寸效應是指MEMS不完全是整體對象尺寸的按比例縮小。在MEMS尺度範圍內，常規的整體物理定律仍然適用，但影響和控制因素更加複雜多樣。物理化學場的耦合作用、器件的比表面積和比體積急劇增大，使整體狀態下忽略的因素如表面張力和靜電力等成為MEMS範疇的主要影響因素。因此，MEMS並不是整體系統的簡單縮小，而是包含了新原理和新功能。例如適用於微小構件夾持和操作定位的微夾持器在設計上需要綜合考慮微操作過程中占主導地位的凡得瓦力、靜電力和表面張力的作用，才能實現穩定拾取和可靠釋放[4]。微馬達不僅結構與傳統整體馬達不同，其利用靜電驅動的工作原理也與整體磁力驅動馬達不同。

1.2 微感測系統的概念

一般來說，微感測系統的概念包括三個層面的含義。

① 單一微感測器。微感測器是感知和測量各種物理量、化學量的微小器件，是研發和產業化最早的 MEMS 器件。微感測器敏感元件的尺寸從毫米級到微米級，甚至達到奈米級，主要採用精密加工、微電子以及微加工技術，實現感測器尺寸的縮小。

② 集成微感測器。將微小的敏感元件、訊號處理器、數據處理器封裝在一塊芯片上，構成集成微感測器。

③ 微感測器系統。不僅包括微感測器，還包括微執行器，可以獨立工作，甚至可以由多個微感測器組成感測器網路或者可實現異地聯網。

1.2.1 微感測器

狹義地講，感測器是「將外界訊號變換為電訊號的一種裝置」；廣義地講，感測器是「外界情報的獲取裝置」。中國國家標準（GB/T 7665—2005）規定，感測器（transducer/sensor）的定義是：能感受規定的被測量並按照一定的規律轉換成可以輸出的訊號的器件或裝置，通常由敏感元件和轉換元件組成。其中，敏感元件（sensing element）是指感測器中能直接感受或響應被測量的部分；轉換元件（transduction element）是指感測器中能將敏感元件感受或響應的被測量轉換成適用於測量或傳輸的電訊號的部分。由此可見，感測器主要實現兩大基本功能：其一是拾取資訊；其二是將拾取的資訊進行變換，使之成為一種與被測量有確定函數關係的、便於處理和傳輸的量，一般為電量。由於被測量的千差萬別，感測器的種類也多種多樣，分類方式也不盡相同。一般來說，按照敏感原理感測器可分為物理、化學和生物感測器。對於感測器而言，要求它具有一定的靈敏度、穩定性和動態特性。

微感測器是感知和測量物理、化學、生物資訊的微型器件，透過微電子加工、微機械加工等精密加工工藝製作而成，是研究時間最長、產業化最早、產值最高的 MEMS 器件。微感測器的探索研發開始於 1960

年代，經過多年發展已逐步走向成熟。在 1970 年代，IBM 實驗室的 Kurt Petersen 等研製了隔膜型（diaphragm-type）矽微加工壓力感測器，採用體矽 MEMS 技術得到嵌有壓阻感測器的極薄隔膜。當隔膜上下表面存在壓力差時會發生機械變形，產生機械應力。嵌入隔膜的壓阻敏感器件可以檢測應力變化。這種感測器可進行批量生產，且在壓力差一定情況下比傳統薄膜型（membrane-type）靈敏度更高，因此在醫療行業得到成功應用，經典案例是 NavaSensor 公司的用於血壓測量的矽微壓力感測器。

1970 年代以來，隨著 MEMS 微加工技術的發展，各種各樣的微感測器不斷湧現，逐漸成為感測器家族中不可或缺的重要組成部分。微感測器的測量對象從機械量的位移、速度、加速度到熱力學的溫度和基於溫度特性的紅外圖形，以及光學、磁場、化學成分變化和生物分子等。與傳統感測器相比，微型感測器具有體積小、重量輕、功耗低、便於集成、功能靈活、成本低廉、可規模化生產等特點。但目前多數微感測器對環境要求相對較高，如工作溫度和溼度須控制在一定範圍內。此外，微感測器的測量對象還相對較少，有待進一步提高 MEMS 技術水準和開展相關研發來擴展。

1.2.2 集成微感測器

集成微感測器是對單一微感測器功能的擴展，採用 MEMS 工藝與集成電路製造技術，如 CMOS、Bipolar 和 BiMOS 工藝等，將微感測器、訊號處理器、數據處理器封裝在同一芯片上。微感測器的集成化一般包含三方面含義：其一是將微感測器與後端的放大電路、運算電路、溫度補償電路等實現一體化集成；其二是將同一類微感測器集成於同一芯片，構成陣列式微感測器；其三是將幾個微感測器集成在一起，構成一種新的微感測器。從功能上講，集成微感測器不僅可以包括多種資訊量的感知單元，還包括了訊號的處理、數據的傳輸等功能單元。目前，大多數的商業化微感測器芯片屬於集成微感測器。

例如 Analog Device 公司製造的單片 ADXL103/ADXL203 單軸/雙軸微加速度感測器，利用表面微加工技術製造的懸空多晶矽梳狀叉指電容，BiMOS 工藝製造的訊號處理電路分布在測量結構的周圍。當有加速度時，作用在質量塊上的慣性力使可動叉指和固定叉指之間的距離改變，引起叉指電容變化，透過周圍集成電路測量電容訊號，並將電容訊號轉換為加速度訊號。InvenSense 的 MPU-9250 九軸慣性測量單元（IMU），在 MEMS 單晶片上結合三軸加速度計、三軸陀螺儀，並整合了三軸磁力計，如圖 1.3 所示。該集成微感測器尺寸非常小，具有足夠高的線性加速度和旋轉角速度靈敏度以適應導航活動、虛擬現實遊戲等多種功能。此外，在生物醫療方面，現已開發出了可同時檢測鈉、鉀和氫離子的集成微感測器，該器件尺寸為 2.5mm×0.5mm，可直接用導管送到心臟內，用於檢測血液中鈉、鉀、氫離子濃度，對診斷心血管疾病有重大意義。

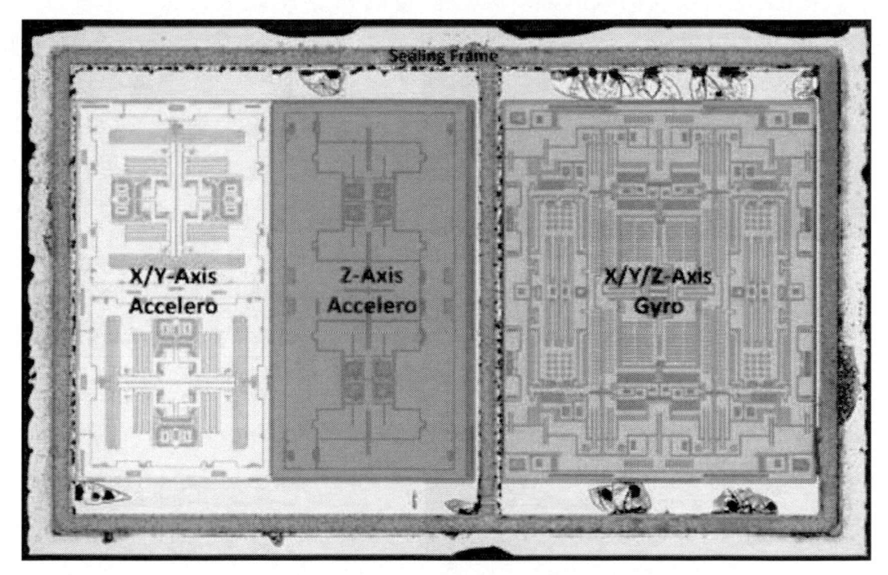

圖 1.3　InvenSense 的九軸慣性測量單元（IMU）

1.2.3　微感測器系統

伴隨著 MEMS 技術、電腦和通訊技術的發展，在實際應用中，常常需要多個微感測器、微執行器、微處理器以及通訊模塊等共同工作，甚至組成感測器網路實現異地聯網工作。採用多個微感測器為特徵的微感測系統逐漸成為微感測器研究的一個重要方向。例如，在進行環境監測或天氣預報時，需要在一定區域內布置多個微感測器節點，每個微感測器節點要監測溫度、溼度、氣壓、風速、大氣成分等多方面資訊，各種數據綜合分析才能得到比較準確的結果。

微感測器系統的實現需要三個方面的基礎，包括性能高、體積小、能耗低的微感測器，高性能的微電腦芯片，多種方式的資訊通訊技術。

首先，微感測器自身尺寸的小型化和能耗的降低，為構建微感測器系統提供了可能。其次，微感測器系統不僅僅是多個感測器的簡單堆疊，在系統中不同微感測器可以共享公共的計算資源和通訊資源。同時，無線通訊技術以及網路通訊技術的發展將微感測系統進一步擴展為無線感測網路（wireless sensor network）以及物聯網（internet of things）的概念。

無線感測網路（WSN）是由大量靜止或行動的感測器節點以自組織和多跳的方式構成的無線網路，目的是協作完成採集、處理和傳輸網路覆蓋區域內感知對象的監測資訊，並報告給使用者分析處理，如圖 1.4 所示。感測節點是無線感測網路的基本組成單元，單個感測器節點的能耗很低，但是一個感測器網路通常由成千上萬個節點組成，所以整體能耗是巨大的。通常情況下，感測器節點採用電池供電的方式，但是電池體積大，而且攜帶的能量十分有限，只能維持幾個月的供電，加上感測節點數量眾多，分布廣，部署區域複雜，有些區域甚至人員都無法到達，所以透過更換電池的方式給感測器節點補充能源是不現實的[2]。如何高效收集環境能源來最大化網路生命週期是感測器網路面臨的首要挑戰。因此，發展自供電無線感測節點是微感測系統的重要發展方向，這部分內容將在第 5 章進行詳細論述。

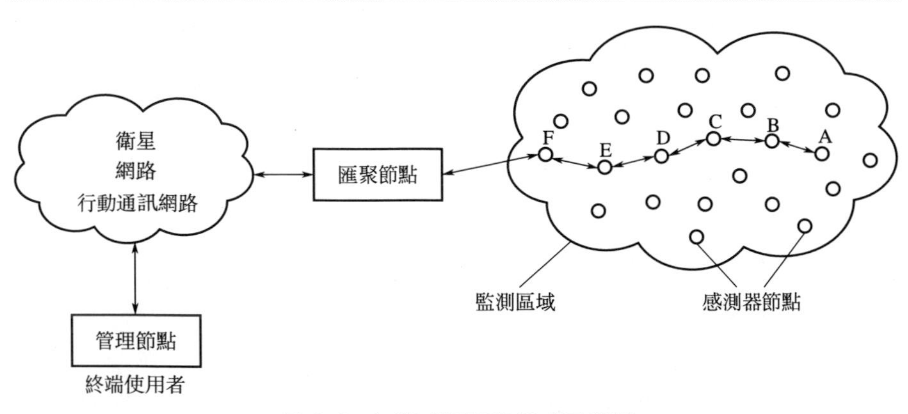

圖 1.4　無線感測網路構成示意圖

1.2.4 微感測系統的主要特點

相較於傳統（宏）感測器和（宏）感測系統，微感測器或微感測系統具有一系列特點和優點。

① 微結構，微尺寸。傳統（宏）感測器的最小構件尺寸通常是毫米（mm）量級，而微感測器的最小構件尺寸則是微米（μm）、亞微米（0.1μm）甚至奈米（nm）量級。因而傳統感測器的製造加工方法並不適用於微感測器製造，而應採用適於微米和奈米尺度的製造技術，即MEMS微加工技術。它包括光刻、刻蝕、薄膜沉積、外延生長、離子注入和擴散等（詳見第3章）。絕大多數基於MEMS工藝的矽基微感測器，可能包含薄膜、懸臂梁、兩端固定梁、敏感質量塊、梳狀齒等活動構件，以及孔、空腔、溝槽、錐柱體等各種微結構，與功能敏感材料和高性能微電子線路相結合構成能量變換裝置。

② 體積小，重量輕。由於微感測器的構件尺寸大多在微米級，這使得器件的整體尺寸也大大縮小，微感測器封裝後的尺寸大多為毫米量級，甚至更小。例如，壓力微感測器的體積可以小到放入血管內測量血液流動情況，或裝載到飛機或發動機葉片表面，測量氣體的流速和壓力。器件體積的大大縮小也帶來了重量的大幅減輕，微感測器的重量一般在幾克到幾十克之間，這對於航空航天領域的應用意義重大。例如，一架航天飛機需要安裝成百上千個各種用途的感測器，用質量只有幾克的微感測器取代宏感測器，可以極大減輕飛機重量、降低能源消耗和發射成本，同時節約了空間和重量後可以攜帶更多有用的設備。

③ 性能好，易於測量。微感測器測量精度高，具有溫度穩定性，不易受外界溫度的干擾。微感測器重量輕、慣性小，動態響應快，不會對系統的動態特性產生嚴重干擾。在動態應用中具有寬頻帶響應，使用範圍可從直流到兆赫（MHz）量級。微感測器體積小，便於安裝，不易受被測參數干擾，非常適合分布場測量。例如，在渦輪發動機的壓縮葉片上，常需要標定出紊流壓力分布場。為了不影響被測壓力場的完整性，採用分布貼片安裝微型壓力感測器陣列進行接近點壓力的測量，可如實反映渦輪發動機的性能狀況。

④ 能耗低。微感測器以及微感測系統一般採用電池供電。由於其工作電壓比較低，能耗低，這不僅延長了電池的使用時間，而且為系統在一定場合下的長時間工作提供了可能，也降低了更換電池的人力物力成本。

⑤ 成本低，易於批量生產。微感測器一般採用MEMS微加工工藝製造，與半導體制程工藝類似，該工藝的一個顯著特點是適合批量生產。大量生產使得微感測器芯片的生產成本大大降低。

⑥ 集成化，多功能化。在微感測系統中，可以充分利用MEMS微加工工藝的特點，實現集成化和多功能化。可以將微感測器與處理電路

集成，亦或將同類微感測器集成於同一芯片構成微感測陣列，甚至將幾個微感測器集成為新的微感測系統，從而能感知和轉換兩種以上不同的物理、化學參量。例如，把測量和控制氣動渦流和擾動氣流的 MEMS 單元（微感測器、微執行器和集成電路）分布嵌入飛機機翼表面，便可連續感知並對氣流擾動和渦流形成主動抑制，降低氣動阻力，改善飛行性能。又如，為確保微型衛星在規定空間軌道運行，需要精確控制衛星姿態，即控制空間位置和方位角。衛星姿態控制系統包括矽基光敏薄膜太陽感測器、慣性感測器（加速度計＋陀螺儀）、地球感測器、全球定位系統（GPS）接收器和衛星追蹤定位器，來精確校正衛星的姿態。

⑦ 智慧化，網路化。微感測系統引入微處理器技術，將單一敏感功能擴展為集資訊獲取、處理、儲存、傳輸等模塊為一體。系統具備自檢、自校、數位補償、雙向通訊、資訊總線兼容等功能，不僅提高了感測器的精度、動態範圍和可靠性，同時降低成本，這種系統稱為微感測系統的智慧化，或簡稱智慧微感測系統。隨著網路技術的發展，智慧微感測系統邁向更高層次，即智慧無線感測器網路（WSN）。WSN 中每個智慧感測器視為網路中的一個節點，節點之間用無線設備連通形成感知網路，該網路可進行環境變化監測、設備監測、結構體安全監測等，智慧感測節點透過無線通訊將監測數據發送到主機終端，如果有任何異常情況發生，可提前預警和遠端即時分析。

1.3 微感測系統的基本特性

1.3.1 微感測器的靜態特性

靜態特性是微感測器與測量系統的重要特性指標。微感測器的靜態特性是指在穩態條件下，微感測器的輸出與輸入之間的關係。微感測器靜態特性曲線可描述為：

$$y=f(x) \tag{1.1}$$

式中，y 為輸出量；x 為輸入量。

理想情況下的微感測器輸出-輸入特性曲線是線性的，如圖 1.5(a) 所示，即輸出與輸入之間的關係滿足：

$$y=k_1x+k_0 \tag{1.2}$$

式中，k_0，k_1 為常數。

實際情況下，許多微感測器的輸出-輸入特性曲線是非線性的，如果不考慮遲滯和蠕變效應，一般可用多項式表示為：

$$y=k_0+k_1x+k_2x^2+\cdots+k_nx^n \tag{1.3}$$

理想的線性輸出-輸入曲線很難得到。如果不考慮零位輸出，圖 1.5(b) 和 (c) 分別表示多項式［式(1.3)］僅有偶次非線性項（即 $y=k_0+k_1x+k_2x^2+k_4x^4+\cdots$）和僅有奇次非線性項（$y=k_0+k_1x+k_3x^3+k_5x^5\cdots$）。偶次項缺乏對稱性，線性範圍較窄。奇次項相對於座標原點對稱，一般具有較寬的近似線性範圍，因此成為相對比較理想的特性曲線。

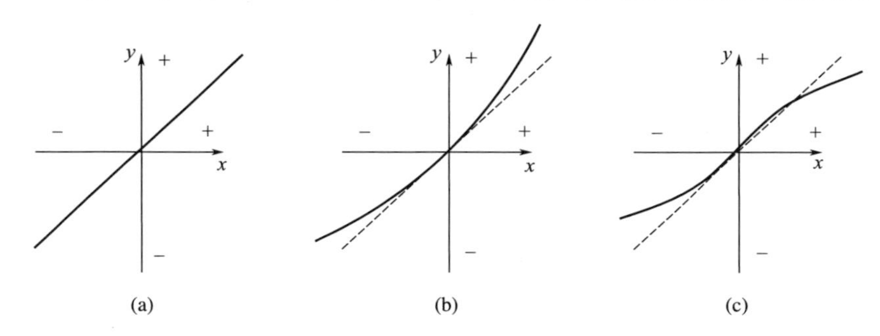

圖 1.5　微感測器的輸出-輸入特性曲線

採用差動結構的微感測器結構可以有效去掉特性曲線中的偶次非線性項。即微感測器的正向一邊輸出為 $y_1=k_0+k_1x+k_2x^2+k_3x^3+\cdots+k_nx^n$，另一邊反向輸出為 $y_2=k_0-k_1x+k_2x^2-k_3x^3+\cdots+(-1)\ k_nx^n$，則總輸出為二者之差，即 $y=y_1-y_2=2(k_1x+k_3x^3+k_5x^5+\cdots)$。顯然，採用差動結構後，不僅可以消除偶次項，增大線性範圍，同時可以使微感測器的靈敏度提高一倍。

下面給出微感測器常用的靜態特性參數。

(1) 靈敏度

靈敏度指的是微感測器的輸出變化量和輸入變化量的比值，用 S_0 表示。

$$S_0=\frac{\Delta y}{\Delta x}$$

對於線性或近似線性的微感測器，靈敏度就是微感測器特性直線段的斜率（如圖 1.6 中的 $\Delta y/\Delta x$）。對於非線性微感測器，靈敏度可用其一階導數形式表示。市場上的感測器一般會為使用者提供線性特性輸出段的靈敏度。如某位移感測器的靈敏度為 100mV/mm，表明該感測器對應 1mm 的位移量可有 100mV 的輸出變化量。靈敏度也存在誤差，稱為靈敏度誤差，即實際靈敏度偏離理論靈敏度的程度（如圖 1.6 中的虛線）。

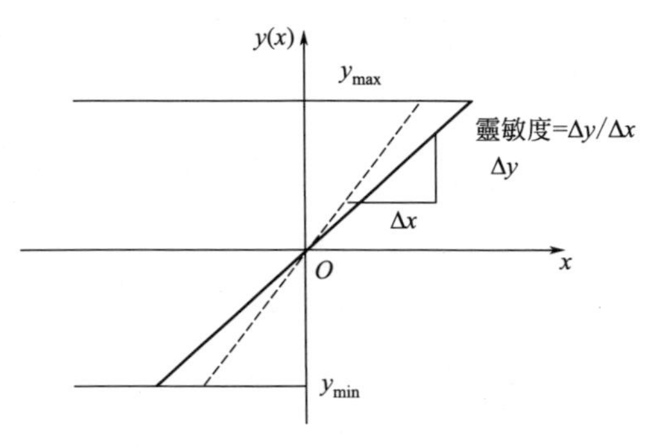

圖 1.6　微感測器的靈敏度

（2）線性度

微感測器的實際輸出-輸入特性只能接近線性，與理論直線相比往往有一定的偏差，實際曲線和理論直線之間的偏差稱為微感測器的非線性誤差。線性度指微感測器特性曲線與其規定的擬合直線之間的最大偏差 Δ_{max} 與微感測器滿量程輸出 y_{FS} 之比的百分數，即

$$\gamma_L = \frac{|\Delta_{max}|}{y_{FS}} \times 100\%$$

值得注意的是，線性度的數值與採取的直線擬合方法有關，不同的擬合直線可得到不同的線性度指標，如圖 1.7 所示。

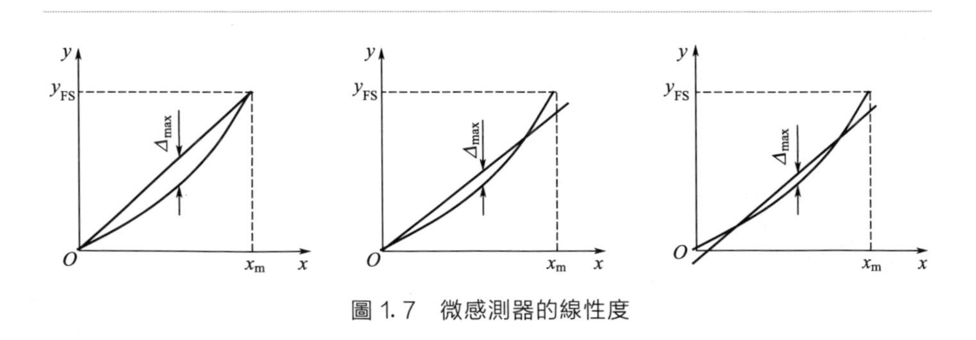

圖 1.7　微感測器的線性度

（3）遲滯

遲滯是指微感測器的正行程特性曲線和反行程特性曲線不一致的程度。如圖 1.8 所示，遲滯誤差一般用正、反行程特性曲線的最大差值與

滿量程輸出值之比的百分數表示，即

$$\gamma_H = \frac{|\Delta H_m|}{y_{FS}} \times 100\%$$

微感測器的遲滯現象使得當前的輸出值不僅取決於當前的輸入值，而且與過去的輸入值有關。對於物理量微感測器，遲滯一般是由於塑形變形或磁滯現象引起的，可透過對敏感元件的最佳化設計加以改善。對於以分子間相互作用為基礎的化學量微感測器而言，由於分子間的結合和分離很難做到完全，因此遲滯特性尤為重要，因此一般化學量微感測器均會給出這一指標。

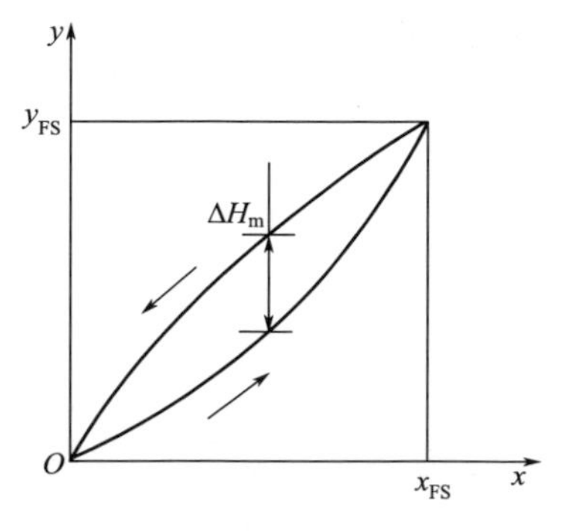

圖 1.8　微感測器的遲滯

(4) 重複性

重複性指微感測器輸入量按同一方向作全量程連續多次重複測量時，所得輸出-輸入曲線的不一致程度。重複性誤差用滿量程輸出的百分數表示，即

$$\gamma_R = \pm \frac{|\Delta R_m|}{y_{FS}} \times 100\%$$

(5) 精度

精度指微感測器測量值與被測真值之間的最大偏差。一種常見的表示方法是綜合考慮微感測器的線性度、遲滯、重複性三方面誤差，按照下式計算微感測器精度。

$$\gamma = \sqrt{\gamma_L^2 + \gamma_H^2 + \gamma_R^2}$$

(6) 閾值與解析度

當輸入量變小到某一值時，即測量不到輸出量變化，這時的輸入量稱為微感測器的閾值。解析度是指微感測器可測量到輸出量變化的最小輸入量變化值。微感測器的閾值以輸入量的值來衡量，往往與敏感機理或敏感元件的結構有關，因此對輸出訊號進行放大無助於該性能指標的提高。

(7) 量程

量程指微感測器允許測量的輸入量的最大值和最小值。如某壓力微感測器的量程為－300～＋300mmHg（1mmHg＝0.133kPa），說明該感測器當輸入壓力在－300～＋300mmHg之間變化時可有相應的線性輸出，超出這一範圍，微感測器的輸出值有可能會隨壓力變化而有一定的改變，但無法保證輸出量與輸入壓力值的對應關係。

(8) 穩定性

影響微感測器穩定性的因素較多，主要包括零點漂移和溫度漂移。其中，時間零點漂移指微感測器的輸出零點隨時間發生漂移的情況；溫度零點漂移指微感測器的輸出零點隨溫度變化發生漂移的情況；靈敏度溫度漂移指微感測器的靈敏度隨溫度變化發生漂移的情況。輸出零點的漂移可透過選擇高穩定性器件、最佳化電路參數等方法減小，而與溫度相關的漂移則可採用溫度補償的方法加以限制。

1.3.2 微感測器的動態特性

在實際測量中大量的被測量是隨時間變化的動態訊號，微感測器的輸出不僅需要精確顯示被測量的數值，還要顯示被測量隨時間變化的規律，即被測量的波形。微感測器測量動態訊號的能力用動態特性表示。動態特性是指微感測器對於隨時間變化的輸入量的響應特性，是微感測器的輸出值能夠真實反映輸入量變化的能力。動態特性好的微感測器，其輸出量隨時間變化的曲線與相應輸入量隨同一時間變化的曲線近似或相同，即輸出-輸入具有相同類型的時間函數，因此可即時反映被測量的變化情況。

微感測器動態特性和靜態特性的描述形式不同。靜態特性反映微感測器對穩定輸入的響應能力，與時間無關。而動態特性則反映微感測器對動態輸入的響應情況，與時間有關。例如，零階、一階和 n 階微感測器的動態特性可分別表示為：

零階 $$y(t)=kx(t)$$

一階 $$a_1\frac{\mathrm{d}}{\mathrm{d}t}y(t)+a_0y(t)=x(t)$$

n 階 $$a_n\frac{\mathrm{d}^n y}{\mathrm{d}t^n}+a_{n-1}\frac{\mathrm{d}^{n-1}y}{\mathrm{d}t^{n-1}}+\cdots+a_1\frac{\mathrm{d}y}{\mathrm{d}t}+a_0y(t)=b_0x(t)$$

用於描述微感測器動態特性的主要指標有兩個。首先，由於儲能元件的存在，微感測器對動態輸入訊號的響應一般與輸入訊號的時間函數不會完全相同，用於描述這種輸出和輸入間差異的參數即動態誤差。由於微感測器的動態特性與時間有關，因此微感測器的另一個重要指標為響應時間。

用於研究微感測器動態特性的激勵訊號多種多樣，常見的激勵訊號包括週期性的正弦輸入訊號、複雜週期輸入訊號、非週期性的階躍訊號輸入、線性輸入、瞬變輸入以及各種隨機輸入訊號等。其中，正弦輸入和階躍輸入是分析和標定微感測器動態特性的主要依據。當採用正弦輸入作為評價依據時，一般使用幅頻特性和相頻特性進行描述，評價指標為頻頻寬度，即頻寬。微感測器輸出增益變化不超過某一規定分貝值的頻率範圍，相應的方法稱為頻率響應法。當採用階躍輸入為評價依據時，常用上升時間、響應時間、過調量等參數來綜合描述，相應的方法稱為階躍響應法。

1.3.3 微感測器的分類

根據人們關注角度的不同，微感測器的分類標準也不盡相同，如圖 1.9 所示。根據在檢測過程中對外界能源的需求，可分為無源微感測器和有源微感測器。有源微感測器的特點在於敏感元件本身能將非電量直接轉換成電訊號，如壓電轉換、熱電轉換、光電轉換等。無源微感測器的敏感元件本身不能進行能量轉換，而是隨輸入訊號改變本身的電特性，因此必須外加激勵源才能得到輸出訊號，如熱敏電阻、壓敏電阻等。根據輸出訊號的類型，可將微感測器分為模擬和數位型兩類。模擬微感測器將被測量的非電學量轉換成模擬電訊號；數位微感測器將被測量的非電學量轉換成數位訊號輸出。微感測器還可以根據工作方式不同分為偏轉工作方式和零示工作方式。

從應用角度，最常用的微感測器分類方法一種是按照被測對象或用途來分類。如測量物理量的微感測器包括位移、速度、流量、液位、溫度、壓力等微感測器，測量化學生物量的微感測器包括嗅覺、味覺、化學成分、基因、蛋白質等微感測器。由於自然界需要測量的物理、化學、生物量幾乎有無限多個，因此這種按照被測對象分類的方式難以涵蓋所有類別。另一種被研究人員普遍採用的分類方式是按照微感測器的敏感原理或工作原理來分類。這種分類方式極大減少了微感測器的類別，也有助於研究人員直接了解器件的敏感工作機理，便於微感測器與後端訊號調理電路的研究。

從能量域的角度，微感測器屬於換能器的一種，可以實現訊號和能量由一種能量轉變為另一種能量。當前比較受關注的能域主要有六種：電能（E）、機械能（Mec）、磁能（Mag）、熱能（T）、化學能（C）、輻射能（R）。圖 1.10 列出了這六種主要能量域的常用參數。一個系統中的總能量可能由幾種不同能量域組成，同時，在不同的環境條件下，各能量域之間可以相互轉換。通常微感測器可以轉換不同能量域的激勵訊號，因此我們才能檢測到這些訊號，同時微感測器可以將激勵訊號轉換成電能，這樣訊號才能與控制器、記錄儀、電腦進行對接。例如熱電偶溫度感測器將溫度（熱能）訊號轉換為電壓（電能）訊號，利用處理電路就可以讀取溫度值。通常情況下，一種換能的實現並不限於一種敏感機理，如探測溫度變化利用電阻值變化、液體體積膨脹、輻射能變化、諧振量的諧振頻率變化、化學反應活性變化等都可以實現。

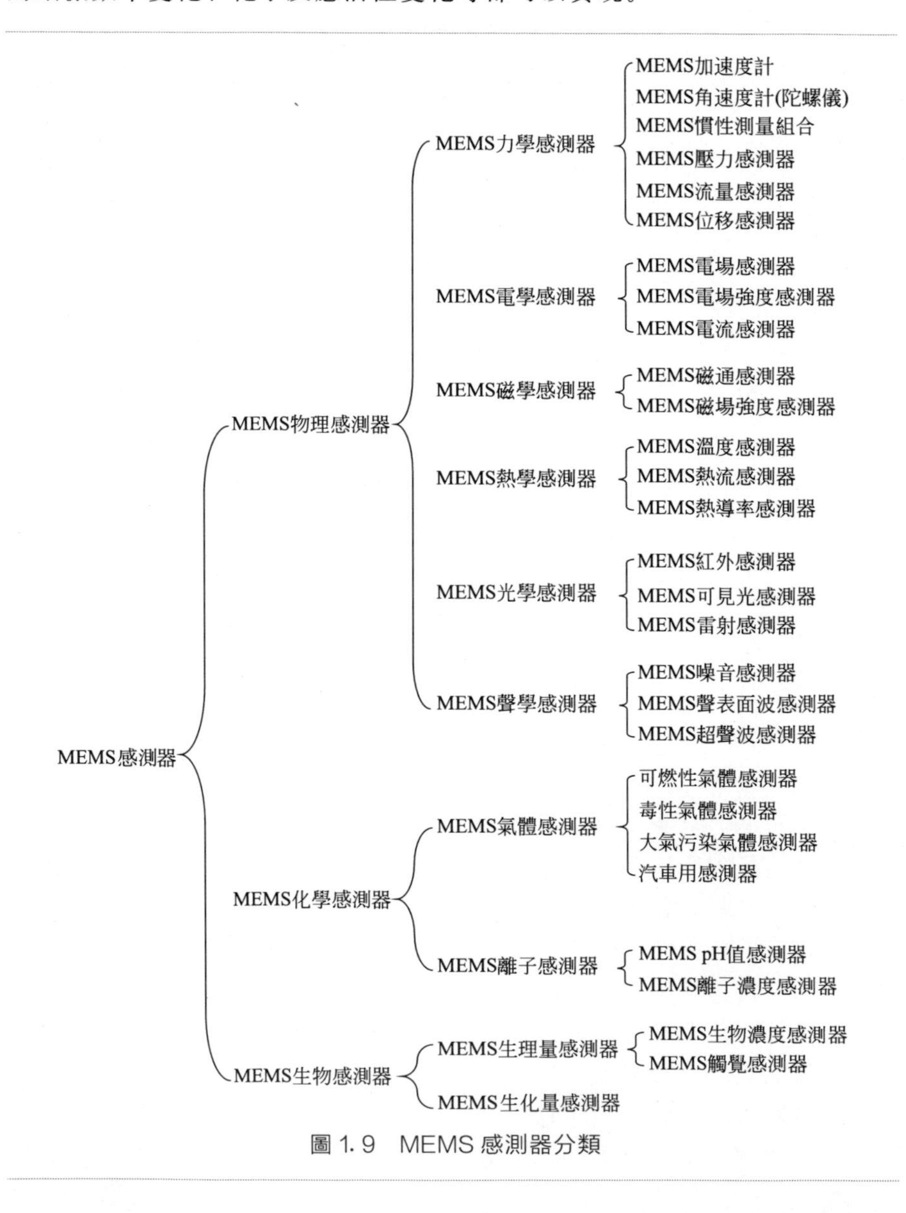

圖 1.9　MEMS 感測器分類

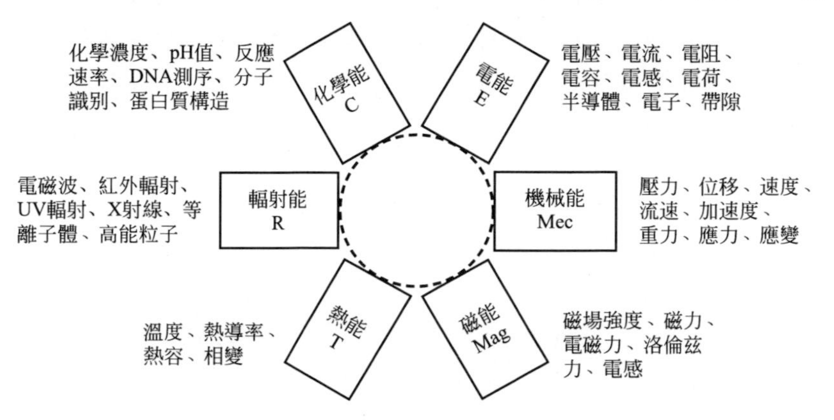

圖 1.10 六種主要能量域的常用參數

下面探討幾種典型的感測原理的能量域轉換。加速度感測（Mec→E 轉換）：在有加速度情況下，帶有質量塊的微懸臂梁會受到慣性力的作用。慣性力會使微懸臂梁產生一定的變形。該變形可用壓敏電阻測得或電容測量方法測得（Mec→E）。此外，慣性力會使加熱後的流體產生行動，因此可利用溫度感測測量（T→E）。嗅覺感測（C→E 轉換）：對於特定分子的濃度監測，可以透過多種方法實現。例如碳基材料可以吸附表面聲波器件傳輸通道中的某些分子，使器件的電阻率發生改變（C→E），同時也會改變器件的機械特性，如表面聲波傳輸速率（C→M→E）。此外，化學分子的結合可以改變某些化合物的顏色，利用光電二極管可以檢測顏色的變化（C→R→E）。

1.4 微感測系統的常用材料

1.4.1 單晶矽與多晶矽

單晶矽（Si）為中心對稱的立方晶體，如圖 1.11 所示為單晶矽的晶胞及其主要晶面——(100)、(110) 和 (111) 面，晶面的法線稱為晶向。在單晶矽的不同晶面上，原子密度不同，故其物埋性質如彈性模量、壓阻效應、腐蝕速率等表現出各向異性的特徵。單晶矽材料密度低，彎曲強度高，是不銹鋼的 3.5 倍，具有較高的剛度/密度比和強度/密度比。單晶矽具有很好的導熱性，是不銹鋼的 5 倍，但熱膨脹係數不到不銹鋼的 1/7，可以避免熱應力的產生。單晶矽的電阻應變靈敏度高，在同樣條件下可得到比金屬應變計更高的訊號輸出。單晶矽材質純，機械品質因數可達 10^6 量級。因此基於單晶矽的微感測系統能達到極小的遲滯、蠕變，極佳的重複性和長期穩定性。此外，單晶矽材料的製造工藝和集成電路工藝有很好的兼容性，這便於矽微感測系統生產的批量化、集成化。但是，單晶矽材料的電阻率和壓阻係數對溫度極敏感，基於矽壓阻效應的微感測器需要進行溫度補償。

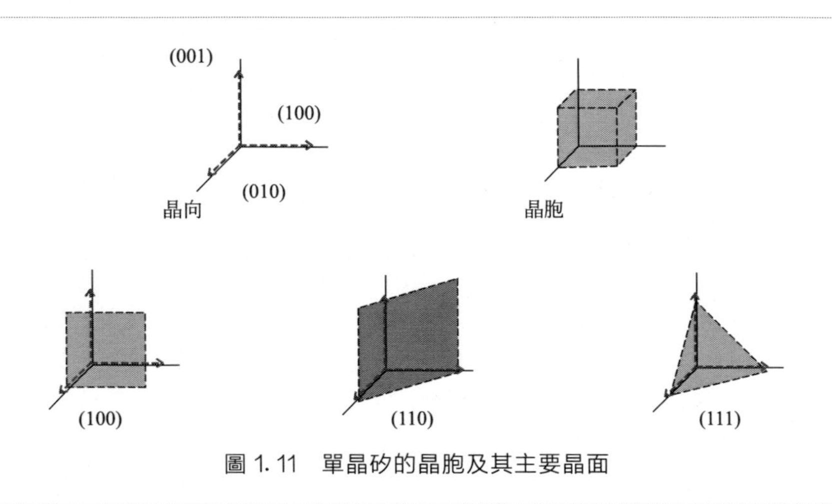

圖 1. 11　單晶矽的晶胞及其主要晶面

多晶矽（poly-Si）是由許多矽單晶晶粒無序排列組成的聚合物，故多晶矽沒有取向問題。每個晶粒內部有單晶的特徵，晶粒之間彼此隔開形成晶界阻擋層。晶界對多晶矽的物理性質影響明顯，但可以透過控制摻雜原子濃度來調節。多晶矽膜的電阻率比單晶矽的高，特別在低摻雜濃度下，多晶矽膜的電阻率會迅速上升。這是由於隨著摻雜濃度的降低，晶界阻擋層寬度增大，晶粒尺寸減小，電阻率變大。反之，當阻擋層寬度下降，晶粒尺寸增大，電阻率變小。不同摻雜濃度的多晶矽的電阻溫度係數在很大範圍内變化，低摻雜時會出現較大負值，隨著摻雜濃度的增加，電阻溫度係數逐漸升高並達到正值，並與單晶矽的電阻溫度係數趨近。多晶矽的電阻應變靈敏係數隨摻雜濃度的增加而略有下降。其中縱向應變靈敏係數最大值約為金屬應變計最大值的 30 倍，為單晶矽電阻應變靈敏係數最大值的 1/3。此外，雖然多晶矽壓阻膜的壓阻效應與單晶矽壓阻膜略低，但可以沉積在不同的襯底材料上，並且無 PN 結隔離問題，能適合更高的工作溫度。因此在微感測系統中較多採用多晶矽材料，利用其較寬的工作溫度、可調節的電阻特性、可調節的溫度係數、較高的應變靈敏係數等特性。

1.4.2 氧化矽和氮化矽

矽的氧化物（SiO_2）是一種常用的介電材料，其介電常數低，電阻率非常高，其容易成形、黏附力強。氧化矽不僅能掩蔽雜質的摻雜，而且能為器件表面提供優良的保護層。在矽微感測器中，常選用氧化矽作為絕緣層或起尺寸控制作用的襯底層，以及填充預備空腔的犧牲層。氧化矽的沉積工藝及應用技術已經非常成熟，在加工工藝中需要注意氧化矽的熱膨脹係數比矽小，因此矽襯底表面的氧化矽通常會受壓應力作用。

矽的氮化物（Si_3N_4）也是一種優良的介電材料，其介電常數低，電阻率非常高，且不會受氧化作用影響。相對於矽材料，氮化矽可耐受多種化學腐蝕，能為微感測器表面提供優良的鈍化層。氮化矽薄膜常用於覆蓋在矽微感測器的表面，起到防腐蝕、耐磨的作用。由於氮化矽具有很高的機械強度，適合製作膜片、梁等很薄的微結構。與氧化矽相反，氮化矽的熱膨脹係數比矽要大，因此通常處於拉應力狀態。

1.4.3 半導體敏感材料

以半導體矽為代表的半導體材料，是製作微感測器的重要敏感材料，因為它對光、熱、壓力、磁場、輻射、溼度、氣體、離子等都能夠響應並輸出電訊號。表 1.1 列舉出採用單晶半導體材料製作的典型微感測器的例子。可以看出，單晶半導體矽材料是非常優異的微感測器材料，可以響應多種物理量和化學量，而且它還能夠利用成熟的 IC 和 LSI 製造技術，成為微感測器集成化、智慧化必需的材料基礎。

表 1.1　採用單晶半導體材料製作的典型微感測器舉例

感測器	效應	材料	用途
光感測器	光生伏特效應	Si，a-Si，Ⅱ-Ⅵ族薄膜/Si-IC，Ⅱ-Ⅴ-Ⅵ族薄膜/Si-IC，螢光體/Si-IC	固體紫外可見光，圖像感測器
		Si-IC，Pt 或 Ir/Si-IC，Ⅱ-Ⅵ族/Si-IC，HgCdTe，InSnTe	固體可見光，圖像感測器
		Au-ZnS，Ag-ZnS，Si，Ge，InP，GaAs，InSb，InAs	光生伏特元件
		Si-IC，有機彩色濾光片/Si-IC	彩色感測器

續表

感測器	效應	材料	用途
光感測器	光導電效應	Se-As-Te,PbO	紫外光攝影管
		Se,CdS,CdSe,ZnO	光導電元件
		PbO,CdTe,PbO-PbS,a-Si	可見光攝影管
		ZnS-CdTe,Si,ZnCdTe	紅外光攝影管
	熱電效應	$PbTiO_3$/Si,PVF_2/Si	光攝影管
磁感測器	霍爾效應	Si-IC,InSb,InAs,Ge,GaAs	位置測量
	磁阻效應	Ni-Co/Si-IC,InSb,InAsBi	無接觸開關
壓力感測器	壓電效應	ZnO/Si-IC,PVF_2/Si-IC	觸覺感測元件
	壓阻效應	Si,Si-IC,Ge,GaP,InSb,InAsBi	壓覺感測元件
氣體感測器	吸附阻抗變化	陶瓷 Si-IC,SnO_2	
	吸附引起功函數變化	金屬/PET	
	氣體色譜法	Si-IC	攜帶式氣體分析儀
溼度感測器	吸附阻抗變化	聚合/Si-IC,Al_2O_3/Si-IC	
加速度感測器	壓阻效應	Si-IC	
	壓電效應	ZnO/Si-IC	
化學感測器	FET 的柵電壓變化	無機薄膜/Si-IC	pH 值,Na^+,K^+,酶激素,抗原,抗體等檢測
	門控制型二極管	生物體關聯薄膜/Si-IC	
溫度感測器	熱電動勢	Si-IC	熱電元件
	BIP 晶體管溫度測量	Si-IC	溫度計
流量感測器	BIP 晶體管溫度特性	Si-IC	氣體、液體的流量測量
感溫整流器	熱激勵電流的溫度特性	Si-IC	溫度控制
放射性監測器	光電導效應	Ge,Si	
超聲波感測器	光電導效應	ZnO/Si-IC	超聲波 CT
	壓電效應	PVF_2/Si-IC	探頭

1.4.4 陶瓷敏感材料

在微感測技術領域，採用陶瓷材料的敏感元件占有重要地位。陶瓷工藝與半導體特性的結合，促成了半導體陶瓷材料（簡稱半導瓷）的發展。表 1.2 列舉了採用半導體陶瓷材料製作的敏感元件和微感測器實例。

表 1.2　採用半導體陶瓷材料製作的敏感元件和微感測器

感測器	輸出	效應	材料	用途
溫度感測器	阻抗變化	載流子濃度(NTC)	NiO，FeO，CoO，MnO，CoO-Al_2O_3，SiC	溫度計，測輻射熱器
		隨溫度的變化(PTC)	半導體 $BaTiO_3$(燒結體)	過熱保護感測器
		半導體-金屬相轉移	VO_2，V_2O_3	溫度開關
	磁化變化	鐵磁性-順磁性轉移	Mn-Zn 係鐵氧體	溫度開關
	電勢	氧離子濃差電池	穩定性氧化鋯	高溫耐腐蝕性溫度計
位置、速度感測器	反射波的波形變化	壓電效應	PZT：鋯鈦酸鉛	魚群探測器、探傷計、血壓計
光感測器	電勢	熱電效應	$LiNdO_3$，$LaTaO_3$，PZT，$SrTiO_3$	紅外線檢測
	可見光	反斯托克斯定律	LaF_3(Yb，Fr)	紅外線檢測
		波數倍增效應	壓電體，$Ba_2NaNb_5O_{15}$(BNN)，$LiNbO_3$	紅外線檢測
		螢光	ZnS（Cu，Al），Y_2O_2S(Eu)	彩色電視機映像管
			ZnS(Cu，Al)	X 射線檢測器
		熱螢光	CaF_2	熱螢光線計量計
氣體感測器	電阻變化	可燃性氣體接觸燃燒反應熱	Pt 催化劑/氧化鋁/Pt 線	可燃氣體濃度計警報器
		利用氧化物半導體對氣體的吸附或解吸產生的電荷轉移	SnO_2，In_2O_3，ZnO，WO_3，γ-Fe_2O_3，NiO，CoO，Cr_2O_3，TiO_2，$LaNiO_3$(La，Sr)，CoO_3，(Ba，Ln)，TiO_3 等	氣體警報器
		利用氣體熱傳導散熱造成熱敏電阻溫度變化	熱敏電阻	高濃度氣體感測器
		氧化物半導體化學當量的變化	TiO_2，Co-MgO	汽車排氣感測器

續表

感測器	輸出	效應	材料	用途
氣體感測器	電動勢	高溫固體電解質氧氣濃度電池	穩定性氧化鋯（ZrO_2，CaO，MgO，Y_2O_3，LaO_3 等），氧化釷（ThO_3，Y_2O_3）	排氣感測器，鋼水中的氧含量分析計，CO 缺氧，不完全燃燒感測器
	電量	庫侖滴定	穩定性二氧化鋯	磷燃燒氧感測器
溼度感測器	電阻	吸溼離子傳導	LiCl，P_2O_5，ZnO-Li_2O	溼度計
		氧化物半導體	TiO_2，NiF_3O_4，ZnO，Ni 鐵氧體，Fe_3O_4 膠體	溼度計
	介電常數	利用吸溼改變介電常數	Al_2O_3	溼度計
離子感測器	電動勢	固體電解質濃度差電池	AgX，LaF_3，Ag_2S 玻璃膜，CdS	離子濃差感測器
	電阻	柵極吸附效應	矽（柵極 H^+：用於 Si_3N_4/SiO_2；S^{2-}：用於 Ag_2S，X^-：用於 AgX）	離子敏感性 FET（ISFET）

熱敏電阻是開發最早、發展最成熟的陶瓷敏感元件。熱敏電阻由半導體陶瓷材料組成，包括正溫度係數（positive temperature coefficient，PTC）、負溫度係數（negative temperature coefficient，NTC）和臨界溫度（critical temperature resister，CTR）熱敏電阻。PTC 熱敏電阻材料以高純鈦酸鋇為主晶相，透過引入微量的鈮（Nb）、鉭（Ta）、鉍（Bi）、銻（Sb）、釔（Y）、鑭（La）等氧化物進行原子價控制而使之半導化。同時，添加正溫度係數的錳（Mn）、鐵（Fe）、銅（Cu）、鉻（Cr）的氧化物，採用陶瓷工藝成形、高溫燒結而使鈦酸鋇及其固溶體半導化。NTC 熱敏電阻材料一般是利用錳（Mn）、銅（Cu）、矽（Si）、鈷（Co）、鐵（Fe）、鎳（Ni）、鋅（Zn）等兩種或兩種以上金屬氧化物進行充分混合、成形、燒結等工藝而成的半導體陶瓷。CTR 熱敏電阻的構成材料是釩（V）、鋇（Ba）、鍶（Sr）、磷（P）等元素氧化物的混合燒結體，是半玻璃狀的半導體，也稱 CTR 為玻璃態熱敏電阻。

光敏電阻和壓電陶瓷在微感測系統中也有非常重要的應用。光敏電阻的半導體陶瓷受到光的照射後，由於能帶間的躍遷和能帶-能級間的躍遷而引起光的吸收現象，在能帶內產生自由載流子，從而使電導率增加。光敏元件就是利用這種光電導效應製成的。其中燒結硫化鎘多晶（CdS）

製作的光敏元件可檢測從短波 X 射線到紫外光，CdS 中摻雜銅等雜質製成的薄膜多晶光敏元件可用於檢測可見光，紅外光感測器主要利用錳、鎳、鈷係複合氧化物陶瓷材料。壓電陶瓷元件在某一方向受力時，在相應的電極處會產生與應力成比例的電壓輸出，根據壓電陶瓷的這種力敏特性可將機械能轉化為可檢測的電訊號。最常用的壓電陶瓷是鋯鈦酸鉛（PZT）、鈦酸鋇和鈮酸鋰（$LiNbO_3$）。

溼敏元件是利用水蒸氣或氣體在通過陶瓷材料孔隙時，在陶瓷內部擴散並吸附於粒界表面，引起界面電導率的變化而製成的。利用某些鐵氧體的多孔性和表面吸溼後電阻率下降的特性，可製成鎳係、鋰係鐵氧體溼敏元件。氣敏陶瓷的電阻值隨氣體的濃度做有規則的變化。氣敏陶瓷材料種類很多，較常用的如 SnO_2、ZnO、γ-Fe_2O_3、WO_3、ZrO_2 等氧化物係的陶瓷材料。表面吸附氣體分子後，電導率將隨著半導體類型和氣體分子成分而變化。

1.4.5 高分子敏感材料

高分子材料是以高分子化合物為主要原料，加入各種填料或助劑製成的材料。由於可以控制和改變摻入的添加劑，使得高分子材料呈現出多種多樣的特性，因此在微感測系統中得到廣泛應用。使用高分子材料製作的微感測器有溼度微感測器、氣體微感測器、機械微感測器（觸覺、形變、壓力、加速度等）、聲學微感測器、離子選擇微感測器、生物醫學微感測器等。高分子敏感材料包括非導電性高分子材料、導電性高分子化合物高分子電解質、導電性合成高分子薄膜、吸附性高分子材料、離子交換薄膜、選擇性滲透膜以及光敏高分子材料等。下面就上述主要材料作簡單介紹。

非導電性高分子材料是一種絕緣材料。然而在某些特定條件下，帶電電荷的引力中心可以被改變。絕緣材料的介電常數描述材料在電場中的極化性，而自發極化強度矢量則是在無電場時存在。極化性可透過機械壓力或溫度變化來改變，前者稱為壓電效應，後者稱為熱電效應。比較典型的壓電/熱電高分子材料是經過極化的聚偏二氟乙烯（PVDF）及其共聚物（PVDF-TrFE），這些材料在機械、聲學和紅外輻射微感測器中應用廣泛。具有高自發極化強度的非導電性材料稱為駐極體，比較典型的材料是電子束極化聚四氟乙烯（PTFE），可用於電容型聲感測器。

導電性高分子化合物是在絕緣高分子基體中摻雜導電性填充物。電阻係數的變化與填充物的濃度有關。通常基體材料是聚乙烯、聚酰亞胺、聚酯類、聚乙酸乙烯酯、聚四氟乙烯（PTFE）、聚氨酯、聚乙烯醇（PVA）、環氧樹脂、丙烯酸樹脂等，使用的填充材料包括金屬、炭黑，以及半導體金屬氧化物。可成功用於 PTC 熱敏電阻、壓阻式壓力、觸覺、溼度和氣體感測器。

含有離子單體成分或無機鹽成分的有機高分子材料展現出離子導電性，因而稱之為高分子電解質或聚合物高分子電解質。在敏感電解質薄膜中，電導性的提高可透過增加離子載體數量來實現，如提高高分子電解質分解的程度和離子載體的遷移率。離子導電性聚合體被廣泛應用於電化學微器件中，作為固態電解質用於探測各種氣體和離子成分。碱性的鹽-聚醚混合物，如聚丙烯氧化物（PPO）、聚乙烯氧化物（PEO）等已經被成功用於溼度感測器。

表 1-3 列舉了高分子敏感材料中可能的敏感效應、材料、選擇性添加劑和感測器應用。

表 1-3 部分高分子敏感材料和感測器

编號	敏感機理	高分子材料	典型添加劑	感測器類型
1	撓性、彈性	PI、PE		機械量
2	壓阻	PI、PVAC、PIB	金屬粉末	機械量
3	滲透性	PTFE、PMMA	炭黑	溫度
4	滲透、膨脹	聚酯類、環氧樹脂類、PE、PU、PVA	V_2O_3、PPy	化學
5	壓電	高分子厚膜合成物、PVDF、PZT		機械、聲學
6	駐極體	PTFE、特氟龍-FEP		聲學
7	介電常數、厚度和反射係數	CA、PI、PEU、PS、PEG、聚矽氧烷(PDMS)	功能組	光熱電效應
8	熱導率	SPC、ECP 及共聚物	鹽、離子合成物	化學
9	電位	SPC、ECP 及共聚物	鹽、離子合成物	氣體及液體中的溼度、離子、分子
10	電位	PVCP(VC/A/Ac)	可塑性、離子載體	
11	重力	CAB、PHMDS、PDMS、PE、PTFE、PCTFE、PIB、PEI、PC-MS、PAPMS、PPMS	功能組、超分子、感受器	
12	測熱法	PDMS、PSDB	催化劑	

續表

編號	敏感機理	高分子材料	典型添加劑	感測器類型
13	分子分離	CA、PE、PTFE、PVC、PP、FEP、PCTFE、PDMS、PS、PHEMA、PU、PVA、矽橡膠		
14	色度、螢光	PVP、PAA、PVC、PVI、PTFE、PS、PHEMA、PMMA 纖維素、環氧樹脂	染色劑	
15	酶免疫反應	PVC、PAA、PVA、PE、PHEMA、PEI、PUPy、PU、PMMA、ECPs(如 PPy)	酶、抗體	生物感測器

1.4.6 機敏材料

兼具敏感材料和驅動材料特徵，即同時具有感知和驅動功能的材料，稱為機敏材料或智慧材料，如形狀記憶材料、電致（磁致）伸縮材料、功能凝膠等。這些材料可根據溫度、電場、磁場的變化改變自身的形狀、尺寸、位置、剛性、頻率、阻尼、結構，因而對環境具有自適應功能。

形狀記憶材料可分為形狀記憶合金（SMA）、形狀記憶陶瓷和形狀記憶高分子聚合物三類。其中，形狀記憶合金是研究最早的一種材料。形狀記憶合金在經歷溫度變化過程中可恢復到某種特定的形狀，在較低溫度下，這類材料可發生塑性變形，當在較高溫度下時，又恢復到形變前的形狀。一些金屬在加熱過程中顯示形狀記憶效應，稱為單程形狀記憶特性；有些金屬在加熱和冷卻過程中都顯示形狀記憶效應，稱為雙程形狀記憶特徵。形狀記憶合金的記憶效應的產生原因在於高溫下長程有序的奧氏體向馬氏體轉變的相變過程。目前最常見的形狀記憶合金是 Cu 合金，它成本低，熱導率高，對環境溫度反應時間短，這對熱敏元件而言是極為有利的。性能最佳的形狀記憶合金是 Ti-Ni 合金，這種合金可靠性好，在強度、穩定性、記憶重複性與壽命方面都優於 Cu 合金，但加工複雜，成本高，熱導率比 Cu 合金要低幾倍甚至幾十倍。此外，Fe 基形狀記憶合金也受到人們的關注。

電致伸縮材料主要是指壓電材料，壓電材料是一種同時兼具正、逆電-機械耦合特性的功能材料。若對其施加作用力，則在它的兩個電極上將感應產生等量異號電荷，反之，當它受外加電壓作用時，會產生機械變形。基於正、逆壓電效應，壓電材料被廣泛用在各種微感測器和微驅動器上。常用的壓電材料大致分為三類：第一類是無機壓電材料，如壓電晶體（石英）和壓電陶瓷（鈦酸鋇、鋯鈦酸鉛、偏鈮酸鉛、鈮酸鉛鋇鋰）等；第二類是有機壓電材料，如聚偏氟乙烯（PVDF）等有機聚合物；第三類是複合壓電材料，這類材料在有機聚合物基底材料中摻雜片狀、棒狀或粉狀無機壓電材料構成。壓電材料已經在水聲、電聲、超聲、醫學等微感測領域中得到廣泛應用。

磁致伸縮材料是一種同時兼具正、逆磁-機械耦合特性的功能材料，當受到外加磁場作用時，便會產生彈性形變；若對其施加作用力，則其形成的磁場將會產生相應的變化。故磁致伸縮材料在微機電系統中常被用作微感測器和微執行器。磁致伸縮材料的代表合金包括 Ni、NiCo、FeCo、鎳鐵氧體等，以及稀土化合物，還包括常溫巨磁致伸縮材料 $TbFe_2$、$SmFe_2$ 等。

功能凝膠又稱為癒合材料，這是一類具有特異功能和極強黏合力的高分子材料。它可以隨環境條件（溫度、壓力、應力等）而變化，並能及時向結構供給能量與物質。

1.4.7 奈米材料

奈米材料是指材料幾何尺寸達到奈米級尺度水準，並且具有特殊性能的材料。奈米材料由於其結構的特殊性，如大的比表面積以及一系列奈米級效應（小尺寸效應、界面效應、量子效應和量子隧道效應）決定了其不同於傳統材料的獨特性能。與傳統材料相比，奈米材料具有許多優良「品質」。例如，奈米銅的自擴散係數比晶格銅大 10^{19} 倍；奈米矽的光吸收係數要比普通單晶矽大幾十倍，奈米陶瓷（TiO_2）可變成韌性可彎曲材料等。某些奈米材料還具有抗紫外線、抗紅外線、抗可見光、抗電磁干擾等諸多奇異功能。

隨著奈米技術的發展，今後會有更多新效應的奈米材料問世，從而給奈米感測系統的發展提供物質基礎。微奈米感測器的誕生，將極大推動微感測系統的技術水準，拓寬應用領域。例如，在生命醫學領域，用奈米感測器深入細胞內部獲得各種生化反應、化學資訊和電化學資訊，從而深化對生命科學的理解和致病機理的研究。在臨床手術中，利用奈米感測器提供即時資訊，以提高成功率。

1.5 微感測系統的產業現狀與發展趨勢

1.5.1 產業現狀

MEMS 自 1950 年代伴隨著半導體技術的發展而產生，在之後的 60 年間不斷發展和完善，取得了一系列令人矚目的成果。其中壓力、加速度、陀螺、磁、麥克風和 IMU 等微感測器，以及列印機噴嘴、微鏡、諧振器、開關、濾波器等微執行器已經實現大量商業化生產，而微光學器件、BioMEMS 和微流體芯片等也顯示出巨大的市場潛力。

近年來，受益於汽車電子、消費電子、醫療電子、光通訊、工業控制、儀表儀器等市場的高速成長，MEMS 行業發展勢頭迅猛。據預測，全球 MEMS 市場規模將從 2014 年的 111 億美元成長到 2020 年的 220 億美元以上，年複合成長率在 12％以上，增速超過半導體市場，如圖 1.12 所示。智慧手機和平板電腦的巨大市場需求帶動 MEMS 產業發展進入快車道，預計未來可穿戴和物聯網市場將繼續驅動 MEMS 發展，尤其是生物醫療、工業與通訊領域的應用增速更加可觀，生物醫療 MEMS 成長率可達 23.8％。

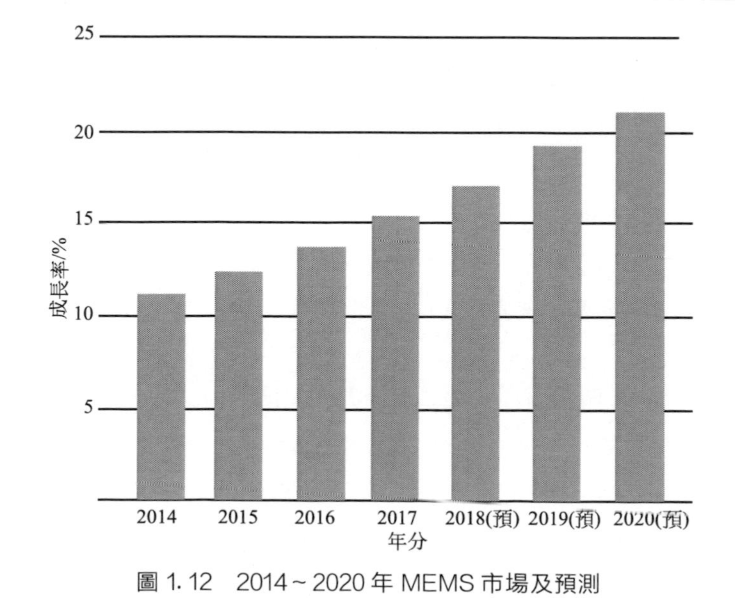

圖 1.12　2014～2020 年 MEMS 市場及預測

從感測器類型上看，使用最廣泛的微感測器包括壓力感測器、加速度計、慣性組合、微流控芯片等。壓力感測器是最早成功量產的 MEMS 感測器，目前壓力感測器的主要製造商包括 Bosch、Honeywell、Murata、ST、Freescale 等。多數 MEMS 壓力感測器採用膜片式壓阻結構，但其量程和溫度方面的局限性使得電容式和諧振式壓力感測器近年來發展迅速。MEMS 壓力感測器最主要的應用市場是汽車、醫療和工業領域，其中汽車占 70% 以上的市場占有率，醫療和工業各占 10% 左右的市場占有率。其他應用領域還包括航空航天、軍事和消費電子等。隨著輪胎壓力監測和多自由度慣性感測器系統的廣泛普及，壓力感測器仍會保持高速發展態勢。加速度感測器於 1990 年代開始進入批量化生產，主要應用於汽車、消費電子、軍事國防等領域。近年來，單封裝 3 軸加速度感測器、3 軸陀螺和磁感測器集成的多軸慣性測量系統產品不斷推出。目前 MEMS 加速度感測器和陀螺的主要製造商包括 Bosch、ST、Invensense、ADI 等。

從應用領域來看，MEMS 感測器的主要市場是消費電子、汽車、生物醫學、通訊、工業、國防和航天等，如圖 1.13 所示。消費電子的應用需求主要來自於智慧手機、平板電腦、遊戲機等。智慧手機透過集成多個 MEMS 感測器及系統，可實現人機交互和智慧控制，其中橫線的功能仍處於開發過程中。蘋果公司具有突破性的 iPhone 4 產品首次使用了微陀螺和 3 軸加速度感測器實現位姿和動作測量，還應用了 RF MEMS 發射模塊和矽微麥克風消除噪音。隨著汽車領域對燃油經濟性、安全性、舒適性要求的不斷提高，汽車電子領域強烈依賴於各種微感測系統實現資訊的即時獲取。目前全球平均每輛汽車包含 10 個 MEMS 感測器，在高檔汽車中採用 25～40 個 MEMS 感測器，其應用方向和市場需求包括車輛防鎖死煞車系統、車身穩定系統、安全氣囊、電動手剎、燃油控制、引擎防抖、安全帶檢測、胎壓監控、定速巡航、停車輔助等。以汽車 MEMS 壓力感測器為例，常見的有電容式、壓阻式、差動變壓器式、聲表面波式等，主要用於檢測氣囊儲氣壓力、傳動系統流體壓力、注入燃料壓力、發動機機油壓力、進氣管道壓力、空氣過濾系統流體壓力等。汽車電子產業被認為是 MEMS 器件的第一波浪潮的推動者，2014 年全球車用 MEMS 市場達到了 31 億美元，隨著汽車智慧化進程的加快，預計到 2020 年將達到 55 億美元。

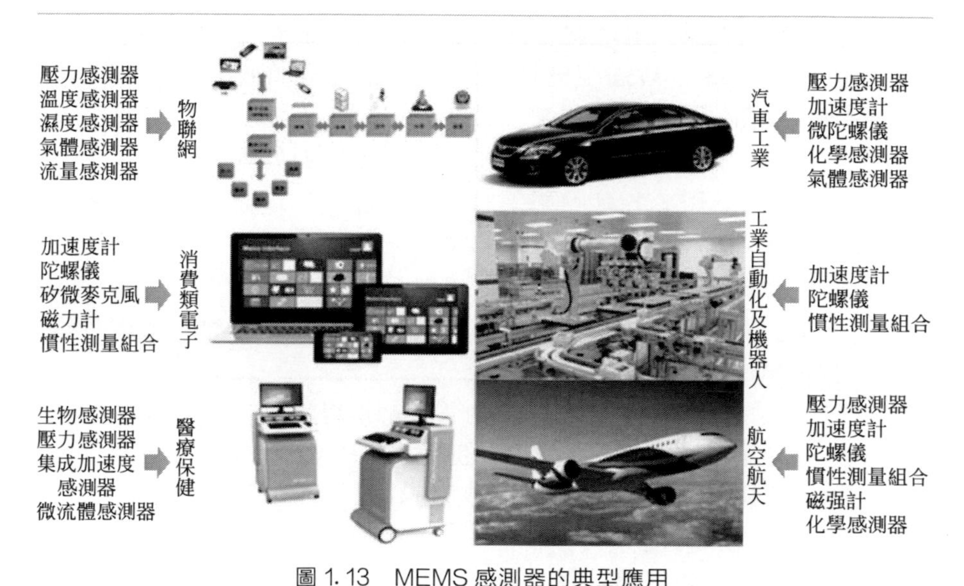

圖 1.13　MEMS 感測器的典型應用

1.5.2　發展趨勢

MEMS 產品的發展一般會經歷概念期、發展期、成熟期和衰退期。在經過前期技術研發、可靠性測試後，MEMS 產品逐漸進入市場。隨著市場的擴大進入高速發展的成熟期。隨著市場需求的減少或替代技術的出現，部分產品的市場開始顯著下降，進入衰退期。迄今為止量產的 MEMS 產品中，列印機噴墨頭從 2012 年開始進入較為明顯的衰退期，這是由於雷射列印機逐漸替代噴墨列印機的市場主導地位。然而在個別 MEMS 產品進入衰退期的同時，新興 MEMS 產品不斷涌現，如化學和輻射感測器、掃描微鏡、微流控芯片、RF MEMS、光學 MEMS 器件、微能量收集器、微型燃料電池等，這必將帶動 MEMS 領域持續發展。

汽車電子和消費電子曾經推動了 MEMS 兩次發展浪潮。在未來幾年內，消費電子仍是 MEMS 產品的主要市場，如智慧手機和平板電腦等。MEMS 市場的成長將依賴於現有功能的替換和新功能的引入，如包括血壓、脈搏、呼吸等人體生理參數的測量；包括溫度、顆粒物濃度、化學氣體濃度等環境參數的測量，都依賴於 MEMS 感測器和執行器的新技術。此外，汽車電子仍將是 MEMS 最大市場之一。未來面向夜視輔助成像、主動消噪、汽車網路、碰撞預警、無人駕駛等應用的

MEMS感測器將會大量進入汽車領域。無線通訊和感測器網路的發展，使得MEMS產品逐步應用於物聯網等新興領域，物聯網時代將推動MEMS發展的第三次浪潮。MEMS是當前行動終端創新的方向，透過對MEMS產品持續改進，最終滿足更小、更低能耗、更高性能的需求，才能更加適用於各種物聯網場合，無線感測網路在遠端醫療、健康監護、可穿戴電子器件、環境監測、智慧電網、工業設備控制與故障診斷等領域的應用發展將會帶動相關領域MEMS產品的快速發展，如植入式感測器、柔性MEMS器件、無線通訊模塊、微能源器件以及各種工業MEMS感測器。

在MEMS產品不斷發展的背後，市場需求起到了關鍵的拉動作用，同時微加工技術的不斷進步也是推動MEMS持續發展的動力，每一次製造技術的進步都直接推動了MEMS產品或成本的革命性變化。MEMS產品的優勢在於小型化、高性能、低成本。未來，進一步擴展MEMS產品的優勢，更大程度上依賴於封裝技術，如何將多個感測器的功能融入單一封裝是目前的主要任務。但多感測器集成化對於MEMS製造工藝依然是不小的挑戰，因為集成模塊的製作工藝更難，生產良品率也會顯著下降，只有充分掌握MEMS和IC技術，才能保證器件的性能穩定性。近幾年，ST、Bosch、Invensense等各大廠商也將研發的注意力轉移到封裝集成方面，從而減小體積、降低成本。多個公司都發布了集成3軸加速度感測器或6軸慣性測量單元以及訊號處理單元的微感測系統模塊。目前MEMS製造主要廣泛使用150mm晶圓及設備，少量已經進入200mm級晶圓，未來發展300mm圓片必然成為重要的發展趨勢。

隨著中國MEMS設計、製造、封測等多個環節的技術和工藝正在逐步成熟，同時受益於物聯網產業的發展，中國MEMS產業初具規模。近年來國家從政策、資金和產業環境等多方面給予MEMS產業強有力的扶持。2014年《國家集成電路產業發展推進綱要》明確提出要大力發展微機電系統（MEMS）等特色專用工藝生產線，增強芯片製造綜合能力，以工藝能力提升帶動設計水準提升，以生產線建設帶動關鍵設備和材料配套發展。2015年在《中國製造2025》重點領域技術圖中，六大領域都明確了感測器的重要意義和策略地位，MEMS產業作為其中具有策略地位的一環，地位凸顯。微型化、智慧化、多功能化和網路化的MEMS感測器將成為市場新焦點。MEMS產品將在消費電子、汽車電子、工業控制、軍工、智慧家居、智慧城市等領域得到更為廣泛的應用。

中國 MEMS 市場規模有望繼續保持高速成長。2015 年，中國 MEMS 市場規模達到 308.4 億元，占據全球市場的 1/3，見圖 1.14 和圖 1.15。中國是智慧終端製造基地，市場龐大，近幾年中國 MEMS 市場增速一直高於全球市場的成長水準，預計未來幾年仍將保持高速成長。2016 年中國 MEMS 器件市場增速高達 16.30%，而中國集成電路市場增速為 9%；MEMS 器件市場的增速近兩倍於集成電路市場。2017 年，中國 MEMS 市場規模達到 420.0 億元，2014～2017 年複合成長率為 17%。從產品結構來看，壓力感測器和加速度計細分產品市場占有率占據前兩位。中國 MEMS 產業初具規模。

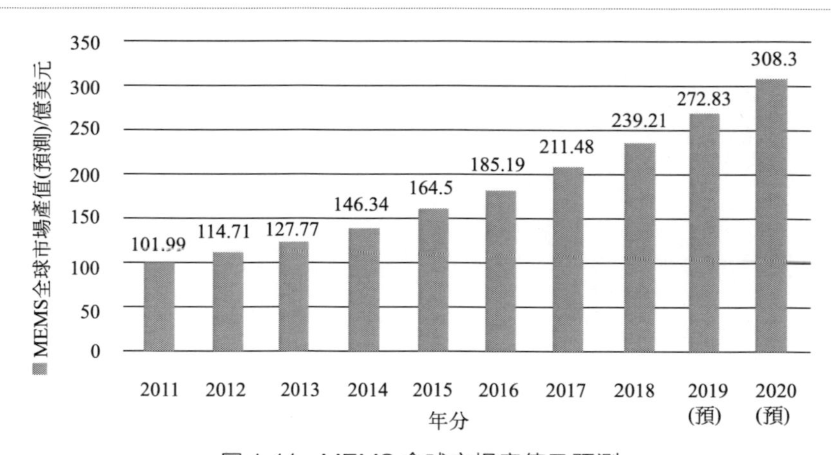

圖 1.14　MEMS 全球市場產值及預測

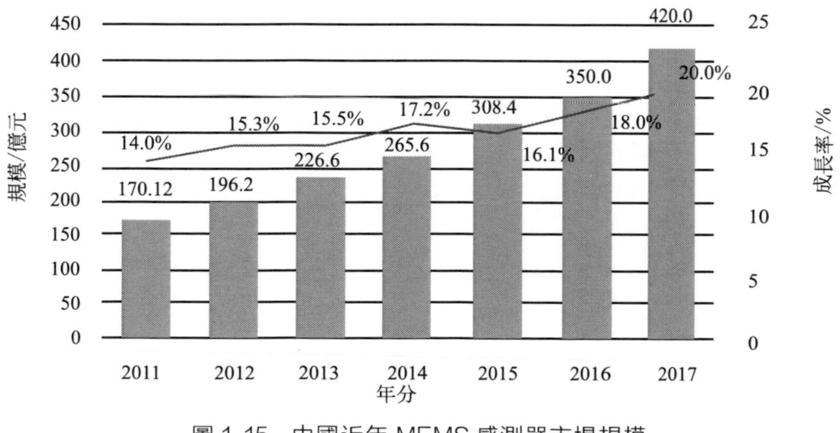

圖 1.15　中國近年 MEMS 感測器市場規模

參考文獻

[1] 歐毅．MEMS 與智慧化微系統[M]．北京：電子工業出版社，2005.
[2] 徐開先，錢正洪，張彤，劉沁．感測器實用技術[M]．北京：國防工業出版社，2016.
[3] 王喆垚．微系統設計與製造[M]．北京：清華大學出版社，2008.
[4] 馬颯颯．無線感測器網路概論[M]．北京：人民郵電出版社，2015.

第2章

微系統製造技術

2.1 微製造概述

微製造技術是指尺度為毫米、微米和奈米量級的零件，以及由這些零件構成的部件或系統的設計、加工、組裝、集成與應用技術。微製造技術是微感測器、微執行器、微結構和功能微納系統製造的基本手段和重要基礎[1,2]。

微製造技術目前有兩種不同的工藝方式：一種是基於半導體製造工藝的光刻技術、LIGA 技術、鍵合技術、封裝技術等；另一種是機械微加工技術，是指採用機械加工、特種加工及其他成形技術等傳統加工技術形成的微加工技術[1,3～5]（圖 2.1）。微機械加工是用於生產微工程設備的結構和行動部件的技術，其主要目標之一是將微電子電路集成到微機械結構中以生產完全集成的系統。這種集成系統可以具有與微電子工業中生產的矽芯片相同的低成本、高可靠性和小尺寸的優點。

圖 2.1　微製造工藝加工的元件

自 1970 年代以來，微製造技術的進步促進了微機電系統（MEMS）的發展，並且逐漸成為一種在現代生活中廣泛應用的技術[4]。現代 MEMS 常見於手機的微陀螺儀、投影儀中的數位光處理器、噴墨列印機中的機頭、汽車安全氣囊中的加速度計、芯片實驗室的 DNA 診斷工具、汽車的壓力感測器、射頻（RF）MEMS、氣體感測器、光電子學系統和藥物輸送等[6～9]。

MEMS 和半導體中都包含電子電路，其區別在於 MEMS 製造的額外需求是結合了大尺寸、高縱橫比的微結構，這些微結構受到動態運動、機械應力和彈性變形。例如，一些常規MEMS結構包括受到雙軸應力的壓力感測膜、受到彎曲應力的內部感測微尺度懸臂以及受到扭轉剪切應力的掃描微鏡支撐結構等[8]。與半導體IC製造類似，摻雜的單晶矽或多晶矽是MEMS微加工中使用的主要結構材料，這是因為它們的材料特性(強度、導電性、高彈性和無應力滯後)、工藝參數（沉積、刻蝕）以及製造過程中的焊接、黏接、封裝和堅固性已經能夠很好地控制並且能夠被可靠地預測[10,11]。此外，從生產的角度來看，矽材料具有良好的工藝再現性、性能可靠性和低單位成本，這也有助於鞏固其在MEMS微加工領域無可爭議的地位。

MEMS製造主要涉及設計、製造、封裝和測試的重複過程。首先，利用通用或專用軟體包進行MEMS器件的設計和模擬。其次，微機械元件採用兼容的微製造工藝加工。MEMS透過將矽基微電子技術與微機械加工技術結合在一起，使得在芯片上實現完整系統成為可能。MEMS封裝是一項特定於應用的任務，它占MEMS器件成本的最大部分。MEMS封裝應避免將機械應變、熱、壓力等傳遞給封裝中的所有設備。MEMS為IC封裝行業引入了新的接口、工藝和材料。由於MEMS的集成電子和機械特性，MEMS器件的測試比IC更加複雜[12]。

由於MEMS器件使用批量製造技術製造，這一點類似於IC，因此可以以相對低的成本在小型矽芯片上提供前所未有的功能、可靠性和複雜性。MEMS微加工利用了大量半導體IC的製造技術，包括：光刻、溼/乾刻蝕、薄膜沉積（化學/物理氣相沉積、熱氧化)、後端工藝（如晶圓切割)、引線鍵合、氣密封裝和測試等技術。其中，光刻用於定義光罩，這是微製造的關鍵因素，它定義了選擇性刻蝕工作的模式。微製造工藝薄膜的沉積使得能夠在先前圖案化層的頂部上沉積不同材料的薄層，使用光罩的選擇性刻蝕能夠從沉積層中選擇性地去除材料。摻雜透過添加「雜質」改變了材料性質（主要是電阻率)，摻雜也有助於產生「刻蝕停止」，例如在不必精確地對刻蝕進行定時的情況下，化學刻蝕可以停止在位於所需深度的表面。氧化和外延生長用於生長一些材料，例如二氧化矽和具有特定晶體取向的矽。鍵合有多種形式，包括晶圓與晶圓鍵合、不同材料之間的黏合、芯片與封裝基板的黏接等用於封裝的管芯鍵合和引線鍵合使得微芯片與外部宏連接器接口連接[7,13,14]。

有必要說明的是，儘管MEMS和IC在封裝和外觀上具有相似性，但實質上MEMS在芯片設計和製造工藝方面與IC不同。IC一般是平面器件，透過數百道工藝步驟，在若干個特定平面層上使用圖案化模板製造而成，表現出特定的電學或電磁學功能來實現模擬、數位、計算或儲存等特定任務。理想狀態下，IC 基本元件（晶體管）是一種純粹的電學器件，幾乎所有的 IC 應用和功能方面具有共通性[2,7,15～18]。

主要的 MEMS 製造技術包括表面微機械加工技術、體微機械加工技術和 LIGA 技術等。目前，由於深度反應離子刻蝕技術的出現，表面和體微機械加工之間的界限已經變得模糊。

表面微機械加工是對互補金屬氧化物半導體（CMOS）工藝的改進。表面微加工基本上是薄膜加/減的過程，主要透過化學/物理氣相沉積或熱氧化、光刻圖案化和溼法/乾法蝕刻進行薄膜沉積，以產生所需的形狀。矽晶片上的薄膜沉積通常透過三種途徑進行[18,19]：物理氣相沉積（例如，各種金屬或非金屬的蒸發或濺射）、化學氣相沉積（例如，二氧化矽、氮化矽、碳化矽）和矽的熱氧化。一旦沉積完成，便可以進行光刻操作，在這個過程中首先沉積光致抗蝕劑，然後進行軟烘烤並經由光光罩將光致抗蝕劑暴露於 UV 光下圖案化。接著將曝光的光致抗蝕劑浸泡在顯影劑中以除去未交聯的光致抗蝕劑，然後進行硬烘烤，並準備下一步驟的刻蝕。在表面微機械加工中，使用反應離子可以實現各向異性蝕刻，這裡各向異性刻蝕可以是溼法的（例如：用於二氧化矽的氫氟酸刻蝕）或乾法的（例如：用於矽或金屬的氙二氟化物刻蝕）。對於體微機械加工，通常可以使用氫氧化鉀（KOH）、乙二胺鄰苯二酚（EDP）、氫氧化四甲基銨（TMAH）或深反應離子刻蝕（DRIE）工藝來實現各向異性矽刻蝕，以產生深腔、通孔或模具。最後，如果需要，可以重複進行上述薄膜沉積、光刻和刻蝕步驟。

對於由金屬製成的高縱橫比微結構，通常使用 LIGA 工藝。LIGA 是德語「Lithographie，Galvanoformung，Abformung」的首字母縮寫，分別代表光刻、電鍍和成形。LIGA 工藝的關鍵特徵是使用厚光刻膠、X 射線或紫外光暴露和電鍍技術。以光刻系統中使用的曝光源種類為特徵，LIGA 工藝可以分為兩種主要類型：X 射線 LIGA 和 UVLIGA[20]。在 X 射線 LIGA 中，來自同步輻射源的 X 射線用於曝光厚光刻膠，如聚甲基丙烯酸甲酯（PMMA，一種 X 射線敏感聚合物）。而對於 UVLIGA，通常使用較厚的光致抗蝕劑，例如 SU-8，在光致抗蝕劑沉積之前沉積諸如鎳或銅之類的導電層，然後將光致抗蝕劑暴露於光源，透過光致抗蝕劑顯影劑除去光致抗蝕劑。現代 LIGA 工藝可以實現 100 的縱橫比（高度/寬度），但是這些高度精確和專業化的工藝中的每一步通常都是由具有專業操作經驗的人員在 1/100 級專用 MEMS 潔淨室中操作複雜設備完成的[15]。通常，MEMS 器件的圖案化需要多個光刻步驟，每個步驟都需要由特別訂製的光罩限定，這使得光刻成為最關鍵同時也是最昂貴的處理過程。此外，對於更大、更高的 MEMS 器件來說，高比率微結構的平面製造的困難度和局限性正變得越來越明顯[3,21～24]。

除了上述 LIGA 工藝、溼法刻蝕和深反應離子蝕刻外，實現高精度比三維 MEMS 結構和腔體的最常用方法是透過晶圓鍵合。透過堆疊和層壓多個晶片，可以透過晶片鍵合產生空腔和貫穿的導管。然而，鍵合過程主要還是取決於工藝參數，如表面處理和溫度分布等，在此過程中也極有可能會導致界面和體積缺陷。

雖然 MEMS 製造工藝已經比較成熟，但是隨著工程應用需求的提高，目前對於 MEMS 製造技術存在如下迫切需求：

① 可以在大氣環境下和潔淨室環境外製造而無需光刻步驟的製造技術；

② 對於快速和低容量原型製作而言，減少加工過程同時降低加工成本；

③ 可以生產更複雜和獨立的 3D 結構而無需大量材料和精細的刻蝕工藝；

④ 除了矽和電鍍金屬之外，對更豐富的材料選擇的需求還需要除表面微機械加工、體微機械加工和 LIGA 工藝之外的其他製造技術。

2.2 矽基 MEMS 加工技術

矽基微加工技術源於矽基集成電路（IC）技術，是 MEMS 製造的主流技術，市場上大多數 MEMS 產品都是採用這種技術製造的。矽基微加工技術可分為兩類：表面微加工技術和體微加工技術[1,2,25]。

① 體微加工技術：它應用於各種刻蝕程序，可以選擇性地去除材料，通常有化學附著物，其刻蝕性質取決於塊狀材料的晶體結構。

② 表面微加工技術：從材料晶圓開始，但不像體微加工技術那樣，晶圓本身被用作去除材料以限定機械結構的原料，表面微機械加工經由基板表面工作，透過沉積並刻蝕交替存在的結構層和犧牲材料層。由於層壓結構和犧牲材料層的刻蝕材料透過對晶體結構不敏感的工藝完成，表面微機械加工能夠製造形式複雜及多組件集成的電子機械結構，從而使得設計者能夠設想和構建透過體微加工工藝無法實現的器件和系統。

MEMS 中的組件通常使用微製造技術集成在單個芯片上。一般微製造技術有三個主要步驟。

① 沉積工藝：將薄膜材料放置在基板上。

② 平版印刷：在薄膜頂部施加圖案化光罩。

③ 刻蝕工藝：選擇性地刻蝕薄膜以提供光罩輪廓後的浮雕。

雖然溼法和乾法刻蝕技術都可用於體微加工技術和表面微加工技術，但是體微機械加工通常使用溼法刻蝕技術，而表面微機械加工主要使用乾法刻蝕技術。

2.2.1 體微機械加工技術

體微機械加工的特點是選擇性地刻蝕矽襯底以在 MEMS 器件上產生微結構。在所有微加工技術中，體微機械加工是最古老的技術。為了使用體微機械加工技術製造小型機械部件（圖 2.2），通常選擇性地刻蝕諸如矽晶片的基板材料。體微加工工藝可分為兩大類：溼法體微加工（WBM）和乾法體微加工（DBM）[25,26]。

圖 2.2 體微機械加工工藝製造的元件

2.2.1.1 溼法體微加工

溼法刻蝕是指使用化學試劑刻蝕掉晶片表面的技術。溼法刻蝕是體微機械加工的主要使用技術。通常，使用光罩將一層二氧化矽圖案化到矽晶片上，圖案化二氧化矽以保護矽襯底的某些區域免於刻蝕。使用的刻蝕劑由所需的刻蝕速率以及所需的各向異性和選擇性水平決定。最常見的矽各向同性刻蝕劑是氫氟酸、硝酸和乙酸（HNA）的混合物[3,27]。但是，由於 HNA 也會腐蝕鋁，因此與 CMOS 工藝不兼容。此外，使用的其他常用刻蝕劑還包括氫氧化鉀（KOH）、乙二胺鄰苯二酚（EDP）、$(CH_3)_4NOH$，也稱為 TMAH。大多數溼法刻蝕劑是各向同性的，這意味著它們在所有方向上均勻地刻蝕矽。這就導致了微電子工業中一種常見的現象：底切。底切是指由於各向同性刻蝕而在保護層下刻蝕矽的現象。為了防止出現與底切相關的功能性問題，必須設計用於沉積保護層的光罩，以便實現所需的線寬。這是透過從所需線寬減去刻蝕深度的兩倍來完成的。

圖 2.3 顯示了立方單位矽中的三個主要晶面。

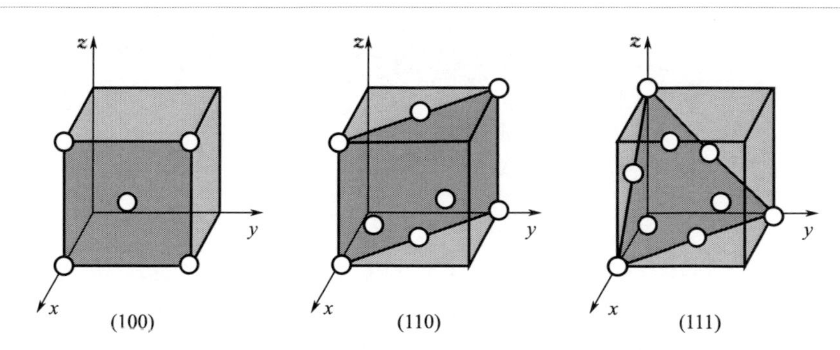

圖 2.3　三個主要晶面方向（100）和（110），（111）是垂直於平面的相應方向

在矽各向異性刻蝕中，平面（111）比所有其他平面都慢的速率刻蝕。導致平面（111）刻蝕速率慢的原因是，在該方向上暴露於刻蝕劑溶液的高密度矽原子和在平面下方的矽原子擁有三個矽鍵。圖 2.4 示出了矽襯底的典型溼法刻蝕中各向異性刻蝕的示意圖和 Si 的典型溼法微機械加工的 3D 圖[28]。

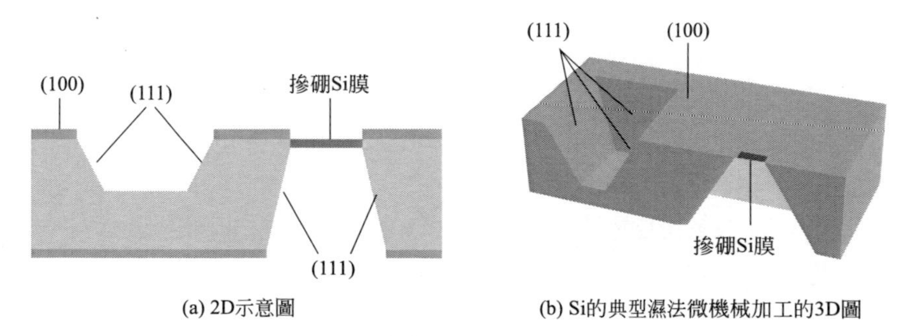

圖 2.4　矽的典型各向異性刻蝕示意

由於高刻蝕速率和選擇性，溼法微加工技術在 MEMS 工業中很流行。但是其存在一個嚴重缺點，即在正常刻蝕過程中光罩也會被刻蝕，因此需找到比矽襯底溶解速率慢得多或少量溶解的光罩。在溼蝕刻中，

刻蝕速率和選擇性可以透過各種方法改變，例如：①改變刻蝕溶液的化學組成；②改變襯底中的摻雜劑濃度；③調節刻蝕溶液的溫度；④改變基板的晶體學平面。

體微加工中的溼法刻蝕可以進一步細分為兩部分。

① 各向同性溼法刻蝕，其中刻蝕速率不依賴於基板的結晶取向，並且刻蝕在所有方向上以相同的速率進行，如圖 2.5(a) 所示。

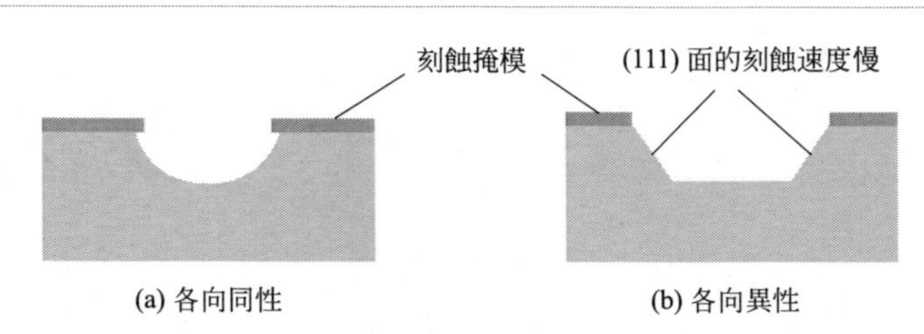

圖 2.5 （a）體微加工中各向同性和（b）各向異性溼法刻蝕之間的差異

② 各向異性溼法刻蝕，其中刻蝕速率取決於基板的晶體取向，如圖 2.5(b) 所示。

為了控制刻蝕工藝和晶片上的均勻刻蝕深度，通常會使刻蝕停止。在微加工中常用的三種刻蝕停止方法分別是：摻雜劑刻蝕停止、電化學刻蝕停止和介電刻蝕停止。

2.2.1.2 乾法體微加工

體微機械加工中的乾法刻蝕分為三種：反應離子刻蝕（RIE）、氣相刻蝕和濺射刻蝕。

反應離子刻蝕使用物理和化學機制來實現高水準的材料去除解析度。該過程是工業和研究中最多樣化和最廣泛使用的過程之一。由於該過程結合了物理和化學相互作用，因此該過程反應速率更快。來自電離的高能碰撞將有助於使刻蝕劑分子解離成更具反應活性的物質。在 RIE 工藝中，陽離子由反應氣體產生，反應氣體以高能量加速到基板並與矽發生化學反應。Si 的典型反應離子刻蝕氣體是 CF_4、SF_6 和 BCl_2+Cl_2[29,30]。

物理和化學反應都會在加工過程中發生。如果離子具有足夠高的能量，它們可以將原子從待刻蝕的材料中敲出而不會發生化學反應。開發乾法刻蝕工藝以平衡化學和物理刻蝕是非常複雜的任務。透過改變平衡，可以影響刻蝕的各向異性，其中化學部分是各向同性的而物理部分是高度各向異性的，因此該組合可以形成具有從圓形開始不斷發展到垂直形狀的側壁。

深度反應離子刻蝕（DRIE）近年來迅速普及。在這個過程中，可以實現數百微米的刻蝕深度和幾乎垂直的側壁。DRIE 的主要技術基於所謂的「Bosch 工藝」，該工藝是以提交原始專利的德國公司 Robert Bosch 命名的。在該工藝中存在兩種不同的氣體組成在反應器中交替作用，第一氣體組合物刻蝕基底，第二氣體組合物在基底表面上形成聚合物。聚合物立即被刻蝕的物理部分濺射掉，但這種濺射僅發生在水平表面而不是側壁上。由於聚合物僅在刻蝕的化學部分中非常緩慢地溶解，因此可以在側壁上積聚並保護它們免於被刻蝕，此外還起著鈍化的作用。在圖 2.6(a) 中，SF_6 刻蝕矽，而在圖 2.6(b) 中，C_4F_8 起著鈍化的作用。再次參照圖 2.6(c)，SF_6 又繼續進行刻蝕。這樣便可以實現 1～50 的刻蝕縱橫比。該工藝可以很容易地用於完全刻蝕矽襯底，並且刻蝕速率比溼刻蝕高 3～4 倍。

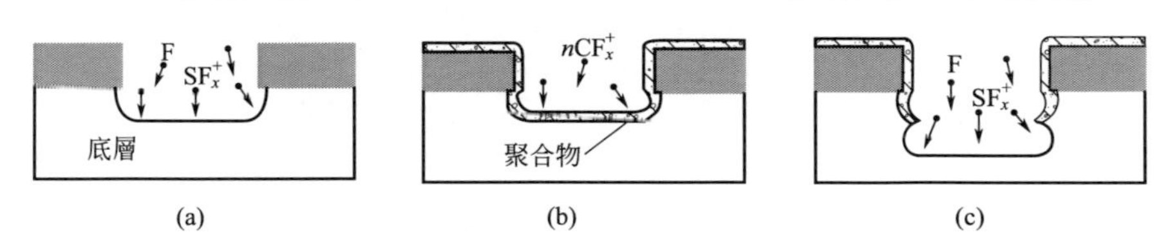

圖 2.6　DRIE 中刻蝕和鈍化的示意圖

2.2.2 表面微機械加工技術

表面微機械加工中使用的材料通常與 CMOS 加工技術中使用的材料相同，但它們在機械部件中起不同的作用。

① 二氧化矽（SiO_2）或 Si 的氧化物是最常用作犧牲層和硬光罩的薄膜。

② 多晶矽結晶是最常用作結構層的薄膜。

③ 氮化矽是作為絕緣材料和作為硬光罩的薄膜（如在壓力感測器中）。

④ 自組裝單層（SAM）塗層在不同步驟沉積，可以使表面疏水並減少摩擦部件的摩擦和磨損。

表面微機械加工是使用沉積在基板表面上的薄膜層來構造 MEMS 的結構部件的過程。與在基板內構建組件的體微機械加工技術不同，表面微機械加工構建在基板的頂部。該過程從矽晶片開始，在矽晶片上沉積結構層和犧牲層。結構層是形成所需結構的層。犧牲層是被刻蝕掉的層，並且用於支撐結構層直到它們被最後刻蝕掉。通常，透過熱和化學氣相沉積工藝的組合形成二氧化矽層的犧牲層。磷矽酸鹽玻璃（PSG）也經常用作犧牲層，因為它在氫氟酸中具有較高的刻蝕速率。在多晶矽結構層選擇性地沉積在犧牲層的頂部之後，使用氫氟酸刻蝕掉二氧化矽，該過程對於形成懸臂梁、橋和密封腔是有用的。透過使用多層多晶矽重複該過程，便可以形成更加複雜的機械結構，例如渦輪機、齒輪係和微電機等。圖 2.7 是經由表面微機械加工的 MEMS 器件實例，圖中顯示的器件是一個掛在螞蟻腿上的齒輪。

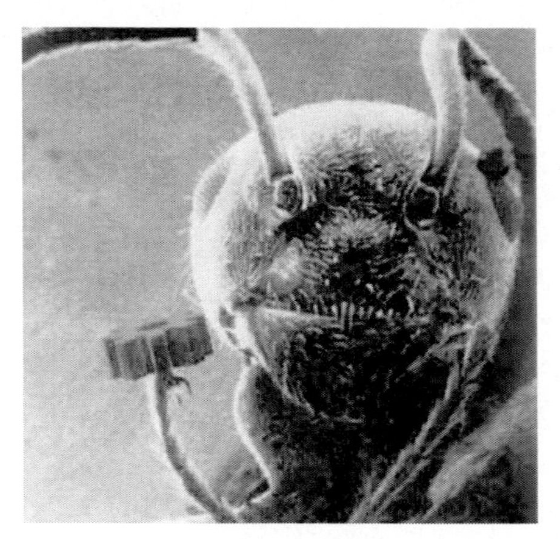

圖 2.7　表面微機械加工的微型齒輪[31]

乾表面微機械加工技術通常透過產生等離子體以刻蝕晶片，這種技術也被稱為離子轟擊。該過程需要在真空室中的低壓環境中進行，通常，壓力需要降至 10^{-6} Torr（1Torr＝133.32Pa）。RF 激發系統用於電離氣體，通常是氬氣，其以受控量引入真空室。氬是優選的，因為它是惰性氣體，其性質比較穩定。在此過程中應盡量減少不需要的化學反應，這方面也明顯需要真空室以盡量減少外部顆粒的數量，以免外部顆粒無意中嵌入晶片中。

表面微機械加工的第一步是將二氧化矽薄膜生長到矽晶片的表面。這一步將產生兩個氧化矽層，該第一、二氧化矽層將被用作絕緣體和支架，它們在氧化爐中熱生長。圖 2.8 顯示了一個氧化爐腔室的主要組成。值得注意的是，這是一個批處理過程，因此一次可以處理多個晶圓。

在熱氧化中使用兩種氧化方法：乾氧化和溼氧化。

乾氧化使用氧氣（O_2）形成二氧化矽。

$$Si(固體)+O_2(氣體)\longrightarrow SiO_2(固體)$$

溼氧化使用水蒸氣形成 SiO_2。

$$Si(固體)+2H_2O(氣體)\longrightarrow SiO_2(固體)+2H_2(氣體)$$

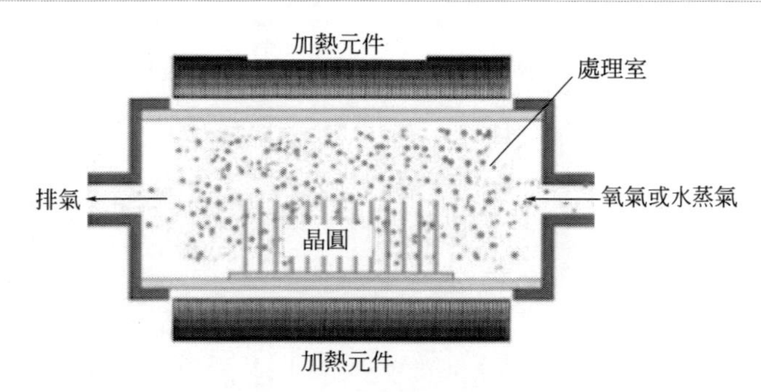

圖 2.8　氧化爐的處理室

在乾燥和溼潤的兩個過程中，過程溫度影響氧化速率（SiO_2 層生長的速率）。溫度越高，氧化速率越大（氧化物生長量/時間）。而且，在任何給定溫度下，溼氧化具有比乾氧化更快的氧化速率。這種效應可以在鐵的氧化和鐵銹（氧化鐵）的形成中看出，例如在潮溼氣候下，鐵銹的生長速度會比在乾燥氣候下快得多。

化學氣相沉積（CVD）工藝被用於沉積後續的結構和犧牲層處理中。CVD 是最廣泛使用的沉積方法。在 CVD 處理過程中沉積的膜是反應氣體之間以及反應氣體與基板表面原子之間發生化學反應的結果。

表面微機械加工中所使用的 CVD 工藝包括以下四種。

① 大氣壓化學氣相沉積（APCVD）系統：在反應室中使用大氣壓或在 1 個大氣壓進行處理。

② 低壓 CVD（LPCVD）系統：使用真空泵將反應室內的壓力降低至小於 1 個大氣壓再進行處理。

③ 等離子體增強 CVD（PECVD）：使用低壓腔和等離子體，在低溫下提供比 LPCVD 系統更高的沉積速率（見圖 2.9）。

④ 高密度等離子體增強型 CVD（HDPECVD）：使用磁場來增加腔室內等離子體的密度，從而產生更高的沉積速率。

使用物理氣相沉積（PVD）工藝（例如濺射和蒸發）沉積用作導電層的金屬層的過程中，一旦沉積了一層，就需要對其進行圖案化。圖案化是透過光刻法完成的。光刻法使用光敏材料塗層作為光致抗蝕劑，其在曝光於圖案光之後顯影。當使用正性光致抗蝕劑時，在顯影期間可以除去曝光的抗蝕劑，而未曝光的抗蝕劑則保留在晶片表面上並保護下面的表面免受隨後的刻蝕（見圖 2.10）。

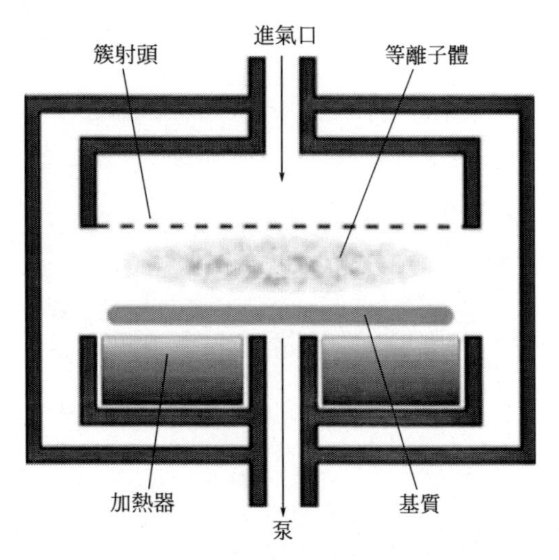

圖 2.9　等離子體增強 CVD 系統

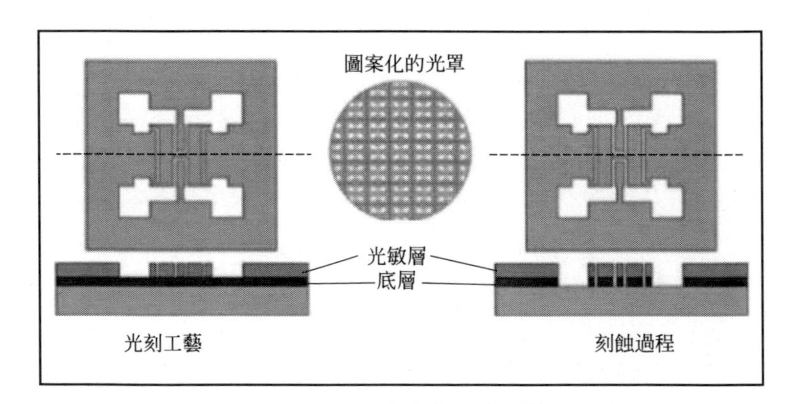

圖 2.10　圖案化示意圖

在顯影工藝之後，使用溼法或乾法刻蝕工藝刻蝕（去除）下層的暴露區域。一旦抗蝕劑圖案已經轉移到下面的材料層，就去除剩餘的抗蝕劑（即抗蝕劑剝離），留下圖案化的材料層。

2.2.3 小結

體微機械加工技術通常應用於製造包括像溝槽和孔一類的微結構。

這些結構通常用於生產壓力感測器、矽閥和矽氣囊加速度計等。體微機械加工技術廣泛用於 MEMS 結構以及 CMOS 的加工製造中。體微機械加工相較於表面微機械加工所具有的巨大優勢是可以在大晶片表面區域上快速且均勻地使用體溼法刻蝕技術，這種過程使得在成本和時間方面有嚴格限制的時候，體微加工的產品品質都能得到滿足。不過，體微機械加工的缺點在於它不易與微電子器件集成，該缺陷主要是由於溼法刻蝕的各向同性限制了線寬解析度。

表面微機械加工可用於形成自由行動的微結構，包括使用體微機械加工技術無法實現的基本旋轉結構。表面微加工是高度各向異性的，但由於它依賴於高速、高能離子碰撞，因此晶片表面被輻射損壞的可能性很高，這使得有時可能會局限其使用。同時，這種輻射通常會降低表面微加工工藝的產量，使得該工藝比體微機械加工更昂貴。此外，表面微機械加工技術通常比體微機械加工技術更耗時。溼法刻蝕技術通常的加工速度為 1μm/min，而乾法刻蝕技術的加工速度為每分鐘僅幾分之一微米。

2.3 聚合物 MEMS 加工技術

1990 年代引入的基於聚合物的 MEMS 加工技術在推動 MEMS 應用於新的研究領域方面發揮了重要作用，特別是在生物醫學 MEMS 領域[32,33]。微機械加工的聚合物可用作結構、功能元件以及包含其他裝置的柔性基底。這種多功能性是由開發高分子材料特有的各種加工技術所提供的。例如，對簡單的聚合物結構元件進行鑄造或光學圖案化處理可以避免對矽材料處理中所需的複雜刻蝕步驟和光刻光罩的需要，從而降低製造微米和奈米結構的成本。

聚合物的性質在驅動新應用和器件性能方面也起著重要作用。例如，低楊氏模量的聚合物膜可以與柔韌的細胞和組織進行微妙、非破壞性的相互作用，在這些生物系統內創造有利的環境；體力學性能通常可在很寬的範圍內調節，以此滿足不同需求。許多聚合物還表現出體外或體內（例如植入物）應用所需的化學和生物惰性。此外，聚合物表面易於官能化的性質可以將其表面性質改變為所需的規格。

目前在 MEMS 中，SU-8、聚酰亞胺和聚對二甲苯作為自由層基底和雜化矽聚合物器件上的結構元件的使用率正在上升。因為與其他聚合物相比，這三種聚合物可以與更標準的微製造技術兼容（即光刻和溼/乾刻蝕），這促使業界大力開發基於這三種聚合物的用於加工和裝置構造的新策略。

2.3.1 SU-8

SU-8 是一種環氧型光刻膠，第一次被報導在 MEMS 中使用是在 1997 年被作為 LIGA 工藝中 X 射線光刻的替代品，這個工藝後來被稱為「UV-LIGA」或「poor man's LIGA」。後來，SU-8 被 MicroChem Corporation（Westborough，MA）、Gersteltec（Pully，Switzerland）和 DJ DevCorp（Sudbury，MA）商業化，每個供應商都在創建材料的專門配方，例如 MicroChem 的 SU-8 2000 採用環戊酮溶劑配製而成，具有優異的塗層和附著性能。

通常，SU-8 的光刻涉及一組類似於標準厚光刻膠的處理步驟：

① 在基板上沉積（一般以旋塗方式）；

② 軟烘烤以蒸發溶劑；

③ 曝光以交聯聚合物；

④ 曝光後烘烤以完成交聯；

⑤ 顯影以顯示交聯結構。

SU-8 顯影劑包括甲基異丁基酮（MIBK）和丙二醇甲醚乙酸酯（PGMEA）。曝光後，未交聯的抗蝕劑通常在 PGMEA 中顯影，但是首先浸入 γ-丁內酯（GBL）中可以改善高深寬比（HAR）通道的顯影。通常，幾百微米的厚膜可以用傳統的紫外線曝光系統構建，這歸因於 SU-8 的低分子量和近紫外光譜中的低吸光度（在 365nm 波長中約為 46%）。這種負性色調的環氧樹脂型抗蝕劑具有許多有利的性質，並且因其作為 MEMS 材料的多功能性而被廣泛使用。

2.3.1.1 性質概述

SU-8 的芳香結構和高度交聯使其具有高的熱穩定性、化學穩定性及質子輻射耐受性。目前，由於其可調的電、磁、光及力學性能，SU-8 已被廣泛應用。然而，SU-8 的性質根據加工條件不同而有很大差異。

由於其化學穩定且機械堅固的結構，圖案化的 SU-8 結構可作為用於軟光刻的模具和基於矽酮的 LOC/微流體裝置的構造。此外，SU-8 在寬波長範圍內具有高折射率和低損耗，這使其成為製造光波導的理想材料。據報導，SU-8 在體內和體外應用中具有良好的化學和生物相容性，但仍未達到 USP VI 級材料的生物相容性等級。

2.3.1.2 微加工策略

(1) 光圖案工藝

SU-8 的一個加工優勢是可以簡單地在很大的厚度範圍內產生厚的薄膜和結構。SU-8 層可在旋轉中達到大於 500μm 的單層厚度，多次旋轉可實現 1.2mm 厚，深寬比為 18 的薄膜[18,19,31]。

使用 SU-8，還可以在多個層上使用多個曝光步驟，然後在單個顯影中釋放。在這種方法中，第一個 SU-8 層旋轉並曝光。然後，旋轉並曝光第二層 SU-8 而不是直接進行顯影。重複施加 SU-8 層並曝光，直到處理器件的最終層。在最終步驟中，所有未曝光區域將在單個顯影步驟中被顯影，這樣便大大簡化了製造過程［如圖 2.11(a)］。然而，當使用這種技術時，每個後續覆蓋層的尺寸必須小於或等於相鄰下層的尺寸，以防止下層暴露。圍繞該限制的一種方法是使用具有較低濃度的光酸引發劑稀釋的 SU-8 抗蝕劑用於下層，以產生不太敏感且對 UV 具有較低吸收的抗蝕劑；然後，在覆蓋層的曝光期間，該基層將不易受到不希望的曝光。採用類似的方法，也可以透過在下面的層曝光之後使用光酸引發劑，使其擴散到覆蓋層中來構造圓形 SU-8 結構。

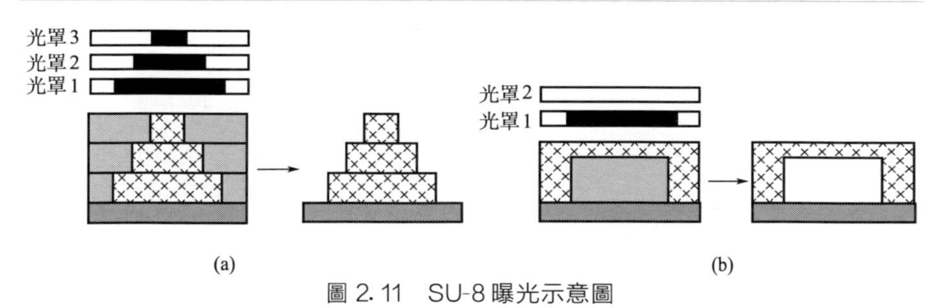

圖 2.11　SU-8 曝光示意圖

(a) SU-8 的多次曝光步驟示意圖，其中一層 SU-8 旋轉然後用光罩 1 曝光。然後旋轉第二層 SU-8 並用光罩 2 曝光，然後旋轉最後一層 SU-8 並用光罩 3 曝光，在顯影之後，金字塔結構被釋放。(b) 使用兩個光罩在 SU-8 柱上形成帽的示意圖，光罩 1 用於暴露厚的 SU-8 層以形成柱，光罩 2 用於暴露層的頂部表面以形成帽

(2) 刻蝕工藝

SU-8 的交聯性質賦予其化學穩定性，但這同時又使得固化的 SU-8 難以刻蝕。實際的去除加工需要機械技術（例如裂紋、剝離或破裂）或強化學反應。用於 SU-8 的典型溼刻蝕配方包括熱 *N*-甲基吡咯烷酮 (NMP)、(H_2SO_4、H_2SO_4/H_2O_2) 和 HNO_3 刻蝕。此外還可利用商用 SU-8 刻蝕劑，包括 NANO TM RemoverPG、ACT-1、QZ3322、MS-

111、Magnastrip、RS-120 和 K10 熔鹽浴。臭氧溶液也可以去刻蝕 SU-8，但去除率很慢，而使用臭氧（氣）則可以提高去除率。

物理方法如水噴射、熱解和準分子雷射圖案也可用於刻蝕 SU-8。最後一種方法由於再沉積的碎片而導致奈米級粗糙度，這可能產生超疏水表面。SU-8 使用乾法刻蝕也是可以的，不過刻蝕速率較慢。

（3）剝離工藝

SU-8 薄膜可以與基板分離以形成自由膜，典型的方法是使用由金屬薄膜組成的剝離層，如鋁（Al）、鈦（Ti）、銅（Cu）、鉻（Cr）等。當與底層材料的黏合性差時，SU-8 薄膜也可以透過直接機械剝離釋放，這避免了長時間暴露於化學試劑中，但反過來也可能影響 SU-8 結構。

（4）黏接工藝

透過經由訂製或商業晶片/管芯鍵合系統的熱壓縮（即，施加熱和壓力）來結合 SU-8 表面，可以實現封蓋裝置的構造。該工藝可以包圍微通道或與標準晶圓和模具級器件黏合一起使用，並且在旋塗之後，在軟烘烤步驟期間或甚至在交聯之後用 SU-8 膜完成。乾式 SU-8 薄膜也可以透過層壓施加。在氧等離子體處理的幫助下，SU-8 與其他聚合物如 PDMS 的結合也已實現。

（5）製造挑戰

膜的性質高度依賴於加工參數（即軟烘烤、曝光劑量和曝光後烘烤），這些參數對於獲得無裂縫薄膜和保持結構尺寸精度非常重要。例如，SU-8 膜容易受到「T 形頂部」現象的影響，其中側壁輪廓由於較短波長的較高吸收而具有 T 形，通常伴隨著使用寬帶 UV 源進行曝光而加劇。在曝光期間 SU-8 與基板、光罩和晶片卡盤之間的衍射和反射也會導致不希望的曝光，這會損害尺寸精度和解析度。SU-8 與基材之間的高密度交聯和大的熱膨脹係數（CTE）差異會使 SU-8 層和基板之間產生大的應力，這可能導致明顯的變形（例如收縮或晶圓彎曲）、斷裂和器件失效。

2.3.1.3 重要應用

SU-8 製造的簡單性使其成為生產廉價的軟光刻模具或 MEMS 應用的結構器件的普遍選擇。SU-8 已被用於構建 LOC 裝置的微流體通道，以及用於光學應用的波導、反射鏡和包層。SU-8 也是作為皮質植入物的波導和基質（圖 2.12）。SU-8 也被用於形成用於光遺傳學應用的傾斜鏡的結構。

圖 2.12　使用背面曝光技術圖案化用於光遺傳學的可植入 SU-8 波導的 SEM 圖像

除了用作結構層之外，人們還研究了 SU-8 作為自由膜器件的基板。在微型飛行器（MAV）的開發中，SU-8 被用於製造翅膀（機翼）。相比之下，與其他聚合物相比，其結構剛度和低水滲透性是其作為可植入壓力感測器的外殼材料的主要原因。機械性能和水分阻隔性能還導致靈活的神經探針的開發，其中使用 SU-8 作為結構和基底材料，如用於藥物遞送的集成微流體通道。SU-8 也被研究作為生產用於藥物遞送應用的自組裝膠囊的材料。

2.3.2 聚酰亞胺（PI）

聚酰亞胺具有悠久的歷史，可追溯到 1908 年，是當時合成的第一種芳香族物質。但直到 1960 年代才開始商業化，僅由杜邦公司以薄膜形式製造。現在，聚酰亞胺可以做成塊狀（作為薄膜或帶有壓敏膠黏劑的膠帶），或者在光刻圖案化和非光刻圖案化中旋塗為薄膜。這種多功能聚合物在結構上可以是線性（脂肪族）或環狀（芳族），固化材料可以表現出熱固性或熱塑性。聚酰亞胺的合成通常從聚酰胺酸前體開始，其在高溫（通常 300～500℃）下的氮氣環境中酰亞胺化以形成最終的聚酰亞胺結構。酰亞胺化過程涉及溶劑去除和芳香結構中的後續閉環。聚酰胺酸前體可溶於極性無機溶劑，包括 *N*-甲基吡咯烷酮（NMP）、二甲基甲酰胺（DMF）和二甲基亞碸（DMSO）。

從歷史上看，聚酰亞胺首先在微電子學中用作絕緣體，其次用作多層互連中的平面化的封裝材料，並形成多芯片模塊。聚酰亞胺的另一個早期應用是模制光柵圖案化的 X 射線光罩。早期，人們主要探索了聚酰亞胺作為感測器陣列的靈活基質和神經假體微電極陣列（識別其潛在的生物相容性和生物穩定性）的應用。

2.3.2.1 性質概述

聚酰亞胺的關鍵特性包括高玻璃態轉變溫度、高熱穩定性（高達 400℃）、低介電常數、高機械強度、低模量、低吸溼性、化學穩定性和耐溶劑性。這些特性的結合使其在電子產品中被引入作為陶瓷的替代物，並且作為更通用的電鍍光罩用於鹼性或酸性浴。聚酰亞胺的化學和熱穩定性也使它們成為具有吸引力的犧牲層材料。聚酰亞胺可以接受不同程度的化學改性，使其可以適合各種應用。通常用於 MEMS 應用的多種形式的聚酰亞胺可從 HD MicroSystems（Parlin，NJ）和 DuPont（Wilmington，DE）商購獲得。對於生物學應用而言，有利的性能如柔韌性、惰性和低細胞毒性都被作為選擇聚酰亞胺的原因。

2.3.2.2 微加工方法

（1）光刻圖案化工藝

光敏聚酰亞胺利用聚酰胺酸前體，可以使用標準光刻工藝圖案化為正膠或負膠，這主要取決於聚合物結構。在旋轉和初始軟烘烤之後，可以使用 UV 曝光來圖案化該光敏層，並且使用溶劑（也取決於配方）使未曝光/曝光區域顯影。然後固化最終結構以完成酰亞胺化過程並形成聚酰亞胺聚合物。

由於傳統的曝光系統和光刻在用聚酰亞胺製造 3D 結構時可能是耗時且昂貴的，因此無光罩和直接寫入技術已經被開發為更快捷的替代方案。在無色聚酰亞胺的灰度光刻中使用無光罩系統，證明了在單次旋轉中構建多級 3D 結構的可能性。

（2）刻蝕工藝

與 SU-8 膜類似，固化的聚酰亞胺難以透過溼法刻蝕去除，但可以使用熱鹼和非常強的酸去除。研究人員同時還研究了 Cr/Au、PECVD 氮化矽、氧化物和碳化矽（SiC）等作為光罩。已經注意到氧化物光罩可以優於 Al 和 SiC，這是由於它們對聚酰亞胺的黏附力更強並且更容易去除。由於具有較低的殘餘應力，因此氧化物也是優選的。此外，等離子（如 O_2、CF_4、CHF_3 和 SF_6）刻蝕也被用於去除聚酰亞胺犧牲層。

（3）剝離工藝

聚酰亞胺經常用作柔性基底或從晶片釋放的獨立結構。雖然可以簡單地從 Si 晶片上剝離聚酰亞胺，但這種技術並不適用於所有場合，因此已經研究了幾種材料作為犧牲層。Si 襯底的釋放可以透過在 HF：HNO_3（1：1）刻蝕中進行底切來實現，或者透過用 HF 底切來從 SiO_x 犧牲層中實現。對於—OH 封端的 SiO_2 表面（例如氧化的 Si 或 Pyrex 晶片），可以透過浸入熱 DI 水中然後緩衝 HF（BHF）來釋放聚酰亞胺膜。許多金屬犧牲層同樣被使用，包括 Al（用磷酸-乙酸-硝酸和水的混合物溼法釋放，在氯化鈉中的陽極溶解和電化學侵蝕），厚電鍍 Cu（氯化鐵釋放 15～50μm 厚的膜），Cr（HCl：H_2O，1：1 刻蝕）和 Ti（在稀 HF 中除去）。

(4) 黏接技術

聚酰亞胺層也可用於各種乾式黏合工藝，以連接整個晶片或單個模具。RF 電介質加熱方法可以透過在玻璃態轉變溫度下夾在兩個 Si 晶片之間的聚酰亞胺膜（5～24μm 厚）上加熱旋轉來永久地將兩個 Si 晶片連接在一起。

(5) 製造挑戰

聚酰亞胺在某些材料（例如 Al）黏附性較差，但該挑戰已經被解決。並且，酰亞胺化過程中，在圖案化的聚酰亞胺結構中可能發生顯著的尺寸變化。據相關研究表明，在固化過程中特徵的收縮率高達 20%～50%，在器件設計過程中必須考慮到這一點。

2.3.2.3 重要應用

聚酰亞胺的早期主要應用在生物醫學方面，特別是建立在柔性基底上的電子神經假體裝置以改善體內性能。柔性聚酰亞胺襯底用於製造用於耳蝸假體的微電極陣列（MEA）。聚酰亞胺膜也用作 MEA 中的絕緣體，用於體外和體內應用的電生理學記錄。鑒於這些早期的例子，許多人已經在具有平面和 3D 電極的柔性聚酰亞胺基板上構建 MEA。在最近的工作中，微流體通道和奈米多孔細胞也已與聚酰亞胺基神經探針整合用於藥物遞送。還開發了各種自由薄膜感測器，包括熱、觸覺和溼度感測器，其中聚酰亞胺位於感測機構的核心（例如，聚酰亞胺作為溼度感測器的吸水器）或作為基質。目前，在開發「智慧皮膚」方面，研究人員也在努力為由聚酰亞胺製成的柔軟的「皮膚狀」基板增加感測功能。

2.3.3 Parylene C

Parylenes 是聚對二甲苯的商業名稱，最初被描述為「蛇皮」狀聚合物，由 Michael Mojzesz Szwarc 於 1947 年首次合成[1,33]。但直到威廉·戈勒姆（William Gorham）在 Union Carbide 開發出穩定的二聚體前體並最佳化化學氣相沉積（CVD）工藝後，Parylene 才成為商業上可行的材料。Gorham 的工藝以粒狀二聚體前體二對二甲苯開始，將其蒸發，然後在高於 550℃的溫度下熱解以將二聚體裂解成其反應性自由基單體。在沉積室內，反應性單體吸附到所有暴露的表面並開始自發聚合以形成共形聚對二甲苯薄膜。該方法不僅能夠控制沉積參數（例如熱解溫度和室壓），還可以在室溫下進行，從而使其與熱敏材料相容。具有不同官能團的 Parylenes 的各種化學變體可用於 MEMS 中。迄今為止，有超過 10 種市售的 Parylenes 變體。研究中最常見的是 Parylene N、Parylene C、Parylene D 和 Parylene HT（也稱為 AF-4）。Parylene C 是生物應用中最受歡迎的，因為它是 Parylenes 變體中第一個獲得 ISO 10993，USP VI 級評級的（塑料的最高生物相容性評級），它具有優異的水和氣體阻隔性能。值得注意的是，Parylene N 和 Parylene HT 也已獲得 ISO-10993，USP VI 級評級。Parylene HT 越來越受歡迎主要是因為它具有改進的性能：更低的介電常數、更高的紫外線穩定性、更好的縫隙滲透性、更高的熱穩定性和更低的吸溼性。目前，Parylenes 的商業市場由兩家公司主導，Specialty Coating Systems（SCS，商品名「Parylene」）和 Kisco Conformal Coating LLC（商品名「diX」）。儘管人們已經為不同的應用生產了許多 Parylene 的化學變體，但主要用於生物 MEMS 的聚合物是 Parylene C（以下稱為 Parylene）。

2.3.3.1 性質概述

與 SU-8 和聚酰亞胺非常相似，Parylene 具有理想的阻隔應用性能，因為其具有優異的化學惰性和均勻的保形沉積。Parylene 因其簡單的沉積工藝與標準微機械加工和光刻工藝的兼容性作為 MEMS 材料而普及。塗層工藝與各種 MEMS 材料和結構兼容，主要是由於其氣相、室溫下無針孔聚合。沉積的薄膜具有低至無的內應力特性，儘管在經過加熱薄膜的加工（例如等離子體處理）之後應力會增加。此外，Parylene 也是需要光學透明性應用的理想選擇，因為它在可見光譜中表現出很小的光學散射和高透射率，這一點很像 SU-8。然而，沉積條件的變化會顯著改變 Parylene 的材料特性。一般來說，更快的沉積速率會增加聚對二甲苯的表面粗糙度。

Parylene 特別適用於生物 MEMS，同時也因其化學結構賦予其經過驗證的生物相容性和化學惰性而被廣泛採用。由於沉積工藝不需要任何添加劑（與環氧樹脂不同）並且沒有有害副產物，因此 Parylene 已成為可植入裝置塗層的標準以及用於生物醫學裝置的結構 MEMS 材料。許多已發表的研究已經在體外和體內測試了 Parylene 的生物相容性，其生物穩定性、低細胞毒性和抗水解降解作用是其作為生物醫學材料使用的有力論據。

2.3.3.2 微加工方法

(1) 沉積工藝

如前所述，由於 Parylene 的 CVD 是可調節的方法，是已經研究了標準塗布方法的變體。形成 Parylene 結構的一種常見技術是在模具上沉積。透過將薄膜沉積到結構模具（例如光致抗蝕劑、矽、PDMS）上以形成半球形凸起電極，用於矽芯片構建 3D Parylene 器件和 3D 微電極陣列。

除了模具之外，Parylene 在不同表面上的沉積也被用於製造具有獨特性能的薄膜。Parylene on liquid deposition（PoLD）技術，也稱為固體液相沉積（SOLID）工藝，涉及在低蒸氣壓液體（如甘油、矽樹脂）上沉積聚對二甲苯以形成獨特的結構。該技術已被用於製造複雜的光學器件，包括微液體透鏡、液體稜鏡和用於顯示器的微液滴陣列。或者液體可以作為犧牲層來製造微流體裝置，從而不需要模具、聚合物犧牲結構或通道黏合。此外，干擾沉積過程的方法也被用於合成新結構，包括：用作超濾器的多孔 Parylene 薄膜，其在沉積過程中使用蒸發的甘油蒸氣來阻礙聚合物生長。

(2) 刻蝕工藝

與前面提到的聚合物非常相似，由於其高化學惰性，聚對二甲苯的蝕刻技術主要限於物理和乾燥過程。有報導稱使用氯萘或苯甲酸苯甲酰酯溼法刻蝕聚對二甲苯，但僅限於極端溫度（＞150℃）。已發現乾刻蝕技術是刻蝕 Parylene 最有效和實用的方法。

(3) 剝離工藝

通常，由於對 Si 表面的天然氧化物層的黏附性差，使用手工剝離可以相當容易地釋放聚對二甲苯。如前所述，脫模劑如 Micro-90（在沉積前施用）或在剝離期間浸入水中可有助於該過程。然而，如果已將 A-174 施加到基板表面，則難以手動釋放裝置，並且需要犧牲釋放層。通常使用光致抗蝕劑或薄的金屬（如 Al、Ti）釋放層，其可透過溶劑或透過化學刻蝕除去。

(4) 黏接技術

溫度和壓力的應用促進 Parylene 聚合物用於各種應用，例如形成微通道結構。透過將 Parylene 聚合物構造物暴露於高溫（大於 Parylene 的玻璃化轉變點 60～90℃）同時施加結合壓力，可以實現 Parylene 機械熔合到第二聚合物中以形成鍵。Parylene C 層的等離子體活化以產生自由基物質可以進一步有助於該過程。

2.3.3.3 重要應用

由於聚合物在生物醫學應用中具有出色的生物相容性和最佳材料特性，因此 Parylene 裝置（結構纖維和游離纖維）主要與生物 MEMS 相關。作為混合裝置，傳統的 LOC 結構如 Parylene 微通道或細胞芯片已經使用標準 Parylene 沉積在模具上構建。Parylene 薄膜也被用作這些設備的關鍵元素，包括用於壓力感測器的膜、pH 感測器的感測元件、用於電池芯片的半透性擴散膜、用於波紋管的膜片元件以及藥物輸送裝置。Parylene 混合裝置也被設計為新型皮質探針以記錄來自神經元的電訊號［圖 2. 13(a)］。這些裝置將 Parylene 的生物相容性和柔韌性與剛性矽、金屬或 SU-8 區域相結合以增加剛度，使其更容易插入皮質組織。

聚對二甲苯的自由薄膜裝置主要構造為具有 Parylene 結構元素的柔韌的 Parylene 基底。Parylene 自由薄膜器件的一個優點是製造工藝與感測器、電子元件（例如線圈、分立電子元件和芯片）的集成兼容，以及靈活的電氣連接（例如電纜）成單個封裝結構，構成晶圓上器件的所有元件。這種類型的技術在神經修復術中作用很突出，其中基於 Parylene 的神經電極在穿透［圖 2. 13(b)］和非穿透取向中具有重要應用。

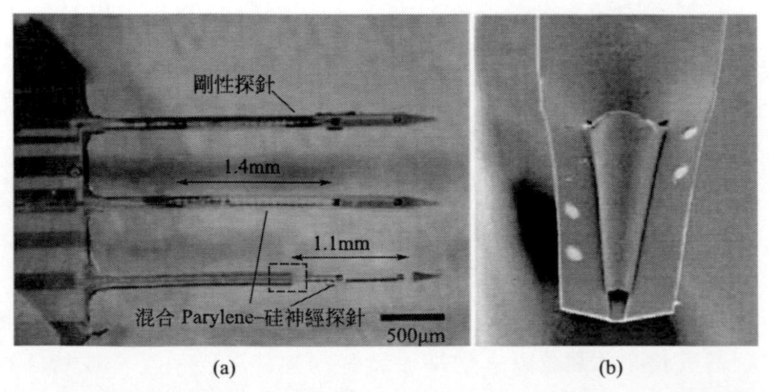

圖 2. 13 （a）具有局部柔性區域的混合 Parylene-矽神經探針的光學顯微照片和（b）熱形成的可植入聚對二甲苯鞘電極，具有 Parylene 3D 錐形結構的封裝電極

2.4 特種微加工技術

傳統的機械加工方法在加工過程中存在著切削力，如果應用於加工微米尺度的零件，會導致零件變形、發熱等問題，並且精度也難以控制，無法滿足生產加工需求。特種加工採用電能、光能、化學能、聲能等去除或增補材料，以實現對工件的加工，其加工方式多為非接觸式，在微小尺度零件的加工中有著不可替代的優越性。特種微加工技術包括電火花微加工技術、雷射束微加工技術、電化學微加工技術、超聲微加工技術等[9,13-15,27,28]。

2.4.1 電火花微加工技術

電火花加工（EDM）是現有的非常規加工工藝之一，電火花加工透過在充當電極的切削工具和導電工件（材料）之間的一系列重複放電過程來去除材料。放電過程發生在電極和工件之間的電壓間隙中，利用放電產生的熱量蒸發工件材料的微小顆粒。單次放電的過程主要涉及以下幾個階段：介電擊穿等離子體和氣泡形成，電極熔化和蒸發，等離子體和氣泡延伸，等離子體坍塌和材料噴射。電火花加工主要用於加工難加工材料和高強度耐高溫合金，並且由電火花加工的工件材料必須是導電的。在電火花加工中選擇最佳加工參數是重要的一步，選擇不當的參數可能會導致嚴重的問題，如短路、電線/工具斷裂和工作表面損壞。

電火花微加工的基本過程機制基本上類似於常規電火花加工，但其所用刀具的大小、供應電流和電壓的電源以及 X、Y 和 Z 軸運動的解析度明顯不同，在工具製造方法、放電能量、間隙控制、介電液沖洗和加工技術方面也存在顯著差異。電火花微加工系統的伺服系統具有微米級的最高靈敏度和位置精度，最小放電間隙寬度也能達到微米級。因此，該技術可用於常規精密工程以及微模具、微鑲片和一般微結構等微構件的製造。

電火花加工是一種非常有效的金屬加工方法。由於放電產生的溫度超過任何材料的沸點，加工材料的熔點、沸點、導熱效率和熱容等熱性能僅在很小程度上影響加工過程。電火花微加工技術能夠在難以切割的金屬和合金上加工不同複雜程度的微觀結構，也能夠在導電和半導電材料上產生無應力的微尺寸空腔形狀。

電火花微加工性能受各種條件和多個學科（如電動力學、熱力學和流體動力學）的影響，因此很難完全解釋材料去除機理。此外，電火花微加工需在非常短的時間內並且在非常狹窄的空間中發生放電和材料去除，因此難以準確地觀察材料去除過程或測量溫度分布。直到現在，電火花加工期間的介電流體擊穿、材料去除和能量分布的研究仍然存在爭議。由於材料去除過程的複雜性，實際影響因素不能用常規電火花加工過程的參數統一縮放，因此，縮小處理參數和電極的整體或局部幾何尺寸時存在與電火花微加工性能值的比例外推值的偏差，即存在尺寸效應。

在微電火花加工中，由介質流體分隔的工件（陽極）和工具（陰極）兩個電極提供脈衝電壓。圖 2.14 顯示了電火花加工單元的示意圖。工件和工具被拉近，直到介質被擊穿，並允許電流透過它，過程中看起來像產生了火花。透過改變電壓、頻率、電流、占空比等電氣工藝參數，可以控制火花的能量。在放電能量為微焦耳級別範圍內施加脈衝電壓，可以連續地去除材料。微電火花加工技術為製造微細結構、微元器件乃至製造 MEMS 器件提供了巨大的可能性。

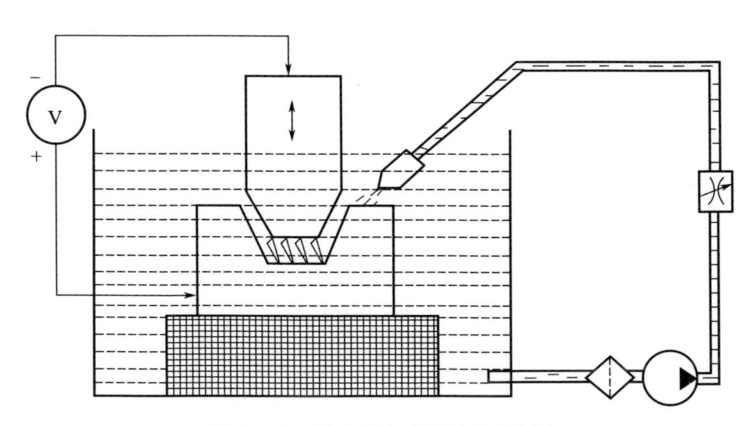

圖 2.14　電火花加工單元示意圖

電火花微加工過程是一種熱過程，透過提供的電能產生熱效應以去除材料。因此，控制加工過程的輸入電功率很重要。電火花微加工的工藝參數分為電參數和非電參數，透過調整工藝參數，能夠達到最佳測量性能。電參數包括電壓、頻率、脈衝導通時間、脈衝關斷時間、放電能量及占空比等。非電參數包括介電流體、沖洗壓力、誘導振動頻率等。另外，加入一些微米和奈米尺寸的顆粒能夠提高加工速度（材料去除率，MRR）和刀具磨損率（TWR）兩項性能指標，提高電火花微加工工藝的效率。

在電火花微加工過程中，隨著電壓的增加，材料去除率提高。這是因為電極的能量放電隨著電壓的增加而增加，而由於放電能量的增加，在電極之間產生更高的溫度，從而產生更高的材料去除率。當電容增加時，放電的能量也增加，也能提高材料去除率。而增加加工過程的火花隙，則會導致材料去除率降低，這是因為當電極之間的距離增加時，放電能量（熱）朝向工件的濃度較低，導致材料去除率較低。峰值電流表示放電加工中使用的功率量，是電火花微加工中的重要參數。使用更高的電流能夠提高材料去除率，但會對表面光潔度和工具磨損程度產生影響。一般在粗加工操作或加工大表面區域過程中需要使用更高的電流強度。加工過程的脈衝以微秒為單位，一個週期有一個持續和關閉時間，脈衝的持續時間和每秒的循環次數很重要，材料去除量與持續時間產生的能量成正比。在加工過程中所施加的能量控制著峰值電流和持續時間，脈衝持續時間和脈衝關閉時間稱為脈衝間隔，如果脈衝持續時間較長，那麼更多的工件材料將被熔化掉，然而，如果超過每個電極和工作材料組合的最佳脈衝持續時間，材料去除率將開始降低。脈衝間隔也影響切口的速度和穩定性，理論上，間隔越短，加工操作就越快。同時，脈衝間隔必須大於去電離時間，以防止在一個點上持續產生火花。在理想條件下，每個脈衝過程都能產生火花。然而，實際上如果持續時間和間隔設置不當，許多脈衝會失效，導致加工精度降低，這些脈衝被稱為開放脈衝。

電火花微加工技術被運用的更多的是加工微盲孔和通孔、微通道、微溝槽、微縫、三維結構和紋理表面等微觀特徵。這些特性的加工在工業上具有很大的需求，並且也可以透過用電火花微加工來達到很高的精度。電火花微加工技術在加工噴墨列印機的噴嘴、渦輪葉片的冷卻孔、微流體分析中的微通道、微型模具、蜂窩結構等方面有廣泛應用。

2.4.2 雷射束微加工技術

利用短脈衝和超短脈衝雷射進行微機械加工是一種新興的技術，使許多行業發生了革命性的變化。高強度短或超短雷射脈衝是產生廣泛材料微特徵的強熱源，這種技術可以精確地燒蝕各種類型的材料，而很少或不會產生附帶的損壞。

雷射輻射具有許多獨特的性質，如高強度的電磁能流、高單色性和高時空相干性。雷射可以以非常窄的光束行進，並且高空間和時間相干的特性使其具有高度定向性，從而可以聚焦在具有非常高輻射的小區域上。作為直接能量源，雷射器可以透過改變其結構來沉積、去除材料，改變材料性能。雷射作為材料加工的熱源的優點在於它能有效地控制深度和能量。雷射束具有橫向解析度高、熱輸入低、靈活性高等特點，適合於微加工技術。

雷射束微加工（LBMM）利用超短雷射的特性，在產生材料內部的微特徵時獲得異常程度的控制，而不會對環境造成任何附帶損害。在雷射束微加工中，雷射能量透過多光子非線性光吸收和雪崩電離沉積成小體積。熱擴散時間為納秒到微秒的時間尺度，而大多數材料的電子-聲子耦合時間在皮秒到納秒的範圍內。當雷射能量沉積的時間尺度比熱傳輸和電子-聲子耦合的時間尺度短得多時，不會產生附帶損傷。在雷射束微加工中，特徵尺寸取決於光束質量、波長和用於聚焦的透鏡的焦距比值。由於非線性光學製造工藝，雷射束微加工用於產生小於襯底內不同深度的衍射極限的特徵尺寸。目前，在微光學、微電子、微生物學和微化學等各個領域越來越多地開始使用雷射束微加工。它可以用於製造三維亞微米尺寸的結構、微型光子器件、光通訊網路中使用的只讀儲存器芯片和中空頻道波導、光數據儲存器和生物光學芯片等。

在雷射束微加工過程中，從氣體或固體雷射器獲得的短雷射脈衝和超短雷射脈衝都用於選擇性去除材料。當熱擴散深度等於或小於光穿透深度時，雷射脈衝被稱為超短脈衝。雷射束微加工使用各種各樣的雷射器，它們提供從深紫外到中紅外的波長。紅外雷射的波長轉換可以使光透過適當的非線性光學晶體，如鈮酸鋰和硼酸鋇。

雷射燒蝕是微加工的最有效的物理方法之一。在該方法中，透過強雷射輻射實現靶（主要是固體）的燒蝕，從而產生其成分的噴射並形成奈米團簇和奈米結構。如圖 2.15 所示，雷射燒蝕的材料去除率（燒蝕率）通常超過每脈衝單層的 1/10，從而在微觀長度尺度上改變表面形狀或組成。在長脈衝寬度下，線性吸收是不透明材料的主要吸收機制，而在超短脈衝寬度下，非線性吸收機制占主導地位。對於透明材料，吸收是透過雷射誘導光擊穿發生的，在該過程中，透明材料首先轉變為吸收等離子體，等離子體吸收雷射能量以加熱工件。材料的消融發生在某一閾值通量之上。閾值通量的大小不僅取決於吸收機制、材料特性、微觀結構、表面形態和存在的缺陷，還取決於雷射參數，如波長、脈衝持續時間等。典型的閾值通量，如金屬為 $1\sim10J/cm^2$，無機絕緣體為 $0.5\sim2.0J/cm^2$，有機材料為 $0.1\sim1J/cm^2$。在雷射束微加工過程中，材料去除伴隨著從照射區域噴射的高度定向的羽流。在高雷射強度下，雷射脈衝的電場可能超過光學擊穿的閾值，使燒蝕的材料轉變成等離子體。使用超短雷射脈衝的雷射燒蝕導致極端的非平衡情況。在蒸發期間離開液體的顆粒在稱為 Knudsen 層的表面上方的小區域中建立速度的平衡分布。在 Knudsen 層上方，蒸氣羽流迅速膨脹，從而壓縮環境氣體並形成衝擊波尖端。

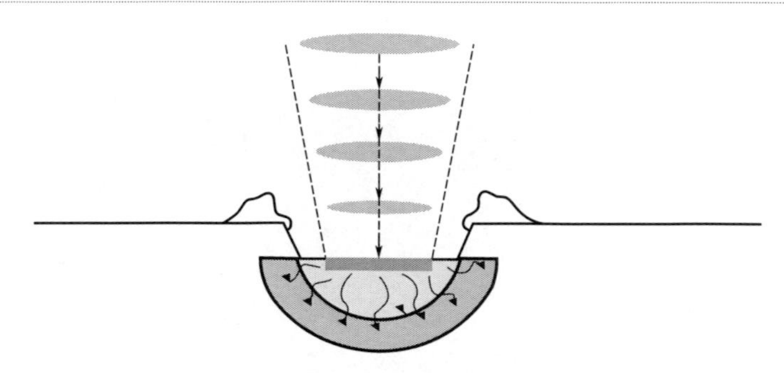

圖 2.15　脈衝雷射束的雷射物質相互作用

典型的雷射微機械加工系統（皮秒雷射鑽孔）如圖 2.16 所示。它由一個發射超短脈衝的雷射源和一個用於在目標上高速準確地引導光束的可編程的電流計掃描器組成。快速振鏡快門用於切換雷射束，光束擴展望遠鏡用於增加光束的直徑。光束被引導透過四分之一波片以在目標上獲得圓偏振雷射束，從而可以在加工區域周圍獲得相同的吸收特性。然後透過線性偏振器旋轉半波片來衰減總脈衝能量。雷射束用聚焦透鏡聚焦，圓形孔位於聚焦透鏡之前，以消除空間分布的雷射束的低強度部分。

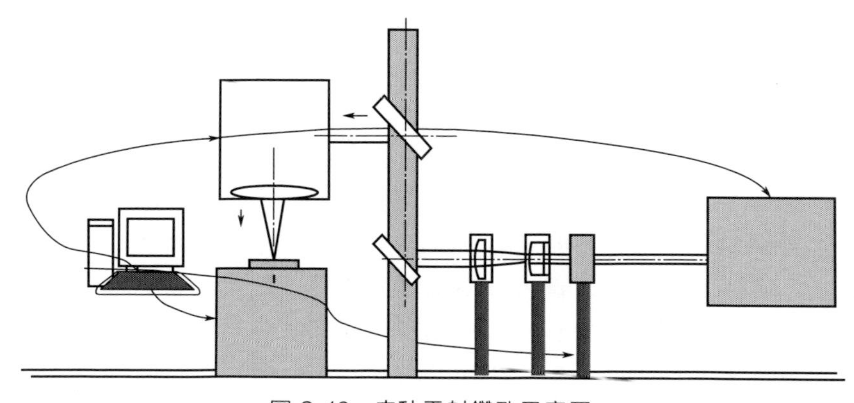

圖 2.16　皮秒雷射鑽孔示意圖

雷射束微加工可用於精確加工所有金屬，並且雷射束微加工技術也可以實現矽晶片的離散加工或晶圓上器件的微結構化，可以用於不同光學材料的高品質微加工，如砷化鎵（GaAs）、鈮酸鋰、鉭酸鋰、磷化銦等，可以對多種材料樣品進行選擇性微加工。此外，雷射束微加工還可用於精確加工含氟聚合物，用於開發微型芯片實驗室技術。超短雷射脈衝可用於合成 CVD 金剛石的雷射處理，用於 IR 光學應用、探測器、感測器、熱管理系統和渦輪機（如圖 2.17 所示）。

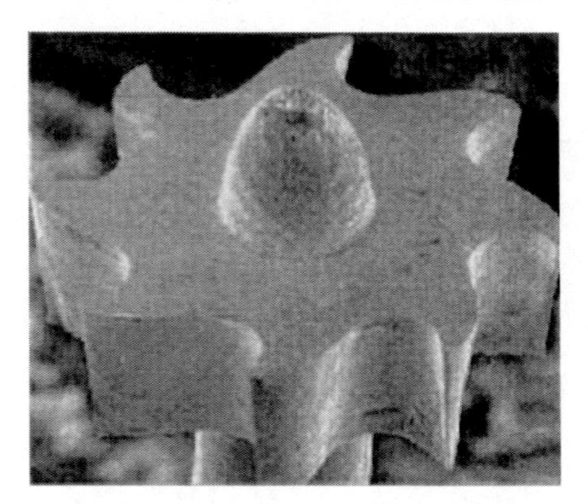

圖 2.17 鎳血管內轉子微型渦輪機

2.4.3 電化學微加工技術

電化學微加工（micro-ECM）是一種非常規的微加工技術，能夠在導電和難切削材料上製造高縱橫比的微孔、微腔、微通道和凹槽。電化學微加工技術具有良好的加工性能，加工得到的工件具有較高的表面光潔度，沒有工具磨損，並且沒有熱致缺陷。此外，為了加工具有極端性能的新型材料，正在開發新型混合電化學微加工技術。利用混合電化學微加工技術，電化學微加工的功能可以透過將其與其他過程相結合來擴展。為了充分利用其潛力以及改進電化學微加工技術和相關的混合過程，需要廣泛的多學科知識。

電化學微加工透過控制工件的陽極溶解實現材料去除。將工件作為陽極，將工具電極作為陰極。在陽極處，金屬工件經歷氧化從而釋放電子。在使用電化學微加工鑽孔時，專用工具電極被送向工件，並且在高頻短脈衝電源的作用下發生溶解。由於外部沖洗的側隙非常小，通常採用內部沖洗。在深孔鑽削期間，沖洗變得困難，並且可能由於氣泡的產生而發生放電現象，這會影響加工精度和表面完整性。為了便於在更高的深度進行沖洗，需要使工具旋轉起來，但同時必須使跳動最小化，因為它會影響加工精度並可能導致頻繁的短路。透過提供先進的 CAD/CAM 技術和多軸加工平臺，可以實現電化學微加工銑削微通道、微槽、微腔。

維持所需的電極間間隙對於加工過程中的電化學微加工工藝穩定性至關重要。射流電化學微加工技術能夠快速生產具有微細尺寸的複雜表面幾何形狀。透過將電流集中在電解質射流中來實現從金屬中去除材料，電解質射流以約 20m/s 的速度從噴嘴噴射。將噴嘴用作陰極，工件製成陽極。該過程的電流密度約為 $1000A/cm^2$。在較低的電流密度下，加工表面的表面粗糙度較高，而在較高的電流密度下，表面粗糙度會降低。為了獲得高電流密度，通常採用高工作電壓和高電導率電解質。圖 2.18 展示了射流電化學微加工裝置示意圖。射流電化學微加工過程的準確性受到射流形狀的強烈影響，但在實驗過程中難以預測，需要大量的建模工作。可以利用空氣輔助透過去除噴嘴周圍的電解質膜來提高加工精度，也可以透過電流和噴嘴直徑和位置來控制材料去除。研究發現與脈衝電化學微加工工藝相比，射流電化學微加工產生更高的材料去除率。使用射流電化學微加工技術，可以透過限制射流中的電流來進行微機械加工。射流電化學微加工可透過改變噴嘴位置和選擇合適的電流設置來製造微結構表面和複雜的三維微觀幾何結構。

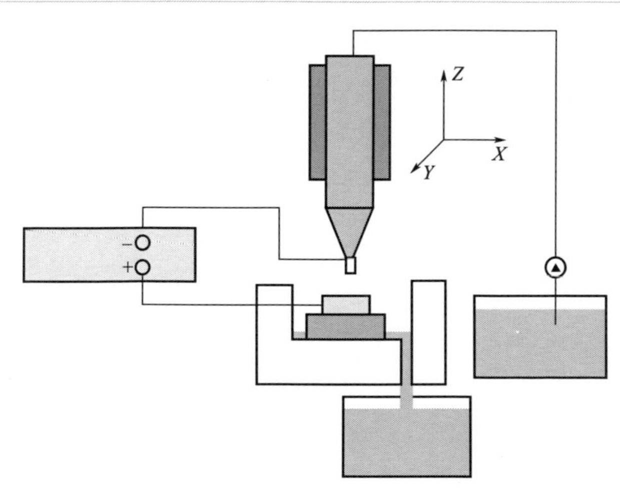

圖 2.18　射流電化學微加工裝置示意圖

基於掃描微電化學流通池的電化學微加工（SMEFC）是一種用於表面微加工和精加工的局部電化學微加工工藝（圖 2.19）。它可以將電解質限制在小液滴中，從而允許材料去除的局部化。SMEFC 系統由電解質循環系統、中空工具電極和透過電解質回收罐連接到管的真空插入件組成。電解液循環的機理是電解液透過空心電極泵送，隨後周圍流動空氣沿電極外壁上升，在電極和工件之間形成電化學液滴，與鋁發生反應。SMEFC 電化學微加工中，真空間隙是影響電解液滴形狀和加工精度的重要參數。真空間隙越大，液滴彎月面越寬，空腔寬度越大。由於其特殊的電解液循環機制，不需要將工件浸入到電解液中，這使得 SMEFC 電化學微加工技術成為一種集成的、靈活的技術。這種技術已經被用於中尺度空腔、溝道的製造和表面的精加工。

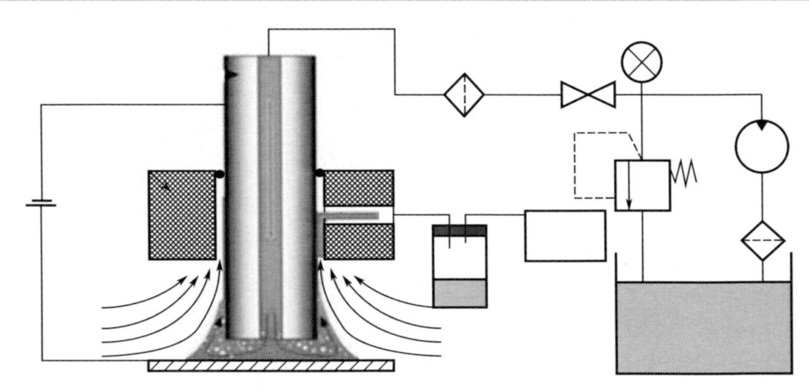

圖 2.19　掃描微型電化學流動池示意圖

線電化學加工類似於線切割加工，可用於切割厚且硬的工件材料。材料去除的原理是在電解質存在下工件的陽極溶解，這與電火花加工工藝中的電火花腐蝕不同。加工過程中，將電極或線工具朝向工件進給，直到加工間隙適合於引發所需的電化學溶解。由於沒有重鑄層和熱影響區，沒有熱誘導材料去除，這使得線電化學加工工藝區別於其他工藝，具有很好的前景。此外，它也不會影響加工後高縱橫比特徵的力學性能。在線電化學加工期間，電線不會發生尺寸變化或磨損，並且可以重複使用。此外，電解液可以方便地供應到加工區，而不需要複雜的電解質供應系統。線電化學加工工藝可用的材料有鎢、銅和鉑。線電化學加工的精度主要取決於加工間隙，這取決於線材的進給速率、脈衝電壓和脈衝接通時間。加工間隙隨著進給速率的增加而減小，提高了加工精度。相反，加工間隙隨著脈衝電壓和脈衝導通時間的增加而增加，從而降低了加工精度。研究發現，採用最佳的工件振動和鋼絲行動速度可在線電化學加工過程中達到更好的表面光潔度。

以直流電為工藝能源的傳統電化學加工存在腐蝕性和雜散材料去除、

氧化層形成、鈍化膜和空化等問題。為了減少這些問題，引入了脈衝電化學加工。在脈衝電化學加工過程中，電流以脈衝的形式提供。電源開關單元是用來產生脈衝的主要元件。控制脈衝接通時間和占空比等參數可以用來控制加工過程。在加工過程中，脈衝參數對加工間隙、加工時間、加工精度和表面粗糙度均有顯著影響。

在電化學微加工過程中，刀具形狀被復製到工件表面。微加工工藝的復製精度和效率也取決於模具形狀。無論是微鑽、微銑還是自由曲面加工，刀具都起著重要作用。近年來，為了提高電化學微加工的工藝性能，研究者們提出了許多標準和訂製的工具。

對於微細電解加工來說，工具材料應該具有高的導電性和導熱性，足夠堅硬以承受高壓電解質，並且具有良好的耐腐蝕性。可用作電化學微加工工具電極材料通常為鉑、黃銅、鈦、鎢、不銹鋼、鉬和銅等。刀具材料的選擇主要取決於待鑽工件的材料去除所需的電化學性能。

良好的電化學微加工工具設計應使電解液流動有恰當的空間，工具的直徑根據要加工的特徵的尺寸確定。此外，由於需要足夠的工具電極強度來承受電解質壓力和橫向力，需要對最小尺寸有所限制。具有標準尺寸的商用工具電極現已在市場上出售。

2.5 封裝與集成技術

微機電系統（MEMS）器件的封裝是整個系統製造過程的重要組成部分，它確保了系統的機械穩定性以及所需的機電功能。封裝的目的在於提供機械支撐、電氣連接，並保護精密集成電路，使其免受機械和環境源（如集成電路產生的溼氣阻隔和熱量）的所有可能影響。封裝不足是微系統失效的主要原因，85％的微感測器是由於封裝不當而失效的。

封裝是微機電系統（MEMS）的關鍵技術之一，微機電系統的性能和可靠性受封裝工藝的影響很大。其難點在於：

① 矽模具與有機襯底之間的熱膨脹係數不匹配。並且由於熱應力是殘餘應力的形式，這種不匹配現象難以避免；

② 由於空氣溼度而導致的材料強度損失普遍存在；

③ 材料在熱循環和機械振動過程中會產生斷裂和磨損。

對微機電系統的封裝，應該滿足：

① 提供足夠堅固的保護以承受其工作環境的影響；

② 允許環境接入和物理域連接（光纖、流體饋線等）；

③ 最小化電氣設備內部和外部的干擾影響；

④ 能夠消散產生的熱量並承受高工作溫度；

⑤ 最大限度地減少外部負載的壓力；

⑥ 能處理電氣連接導線的電源，保證不會造成訊號中斷。

微系統封裝分為三個級別，即設備級別、系統級別和芯片級別。設備級封裝又稱單芯片封裝，為整個芯片提供所有必要的互連、機械支持和保護。如果將多個芯片封裝在單個模塊中，則稱為多芯片封裝。設備級封裝的主要問題包括接口要求和環境要求。接口要求如精密模具和核心元件與封裝產品的其他部分尺寸不同。環境要求主要涉及溫度、壓力以及工作介質和接觸介質的性質等因素。系統級封裝也稱為基片封裝或組裝封裝，它以同質或異質的方式提供多芯片的堆疊。系統級在同一個室內提供封裝，芯片之間具有互連，通常透過金屬外殼獲得對機械和電磁因素的屏蔽作用。相較於在設備級別的封裝，裝配公差在這個級別的封裝中更加重要。芯片級封裝也稱為板級封裝，可在印刷電路板上封裝由銅線製成的高密度互連。最終的封裝包括組裝各種板以製造系統。

焊接技術　焊接是將封裝的半導體集成電路組裝到載體上的標準互連技術。焊料焊接過程的物理可逆性使得修理和無損地更換焊接部件較為容易。焊接過程主要使用具有良好的導熱性的共晶焊料。光電器件的可靠性取決於它的類型和加工，通常將軟釺料用於光學封裝，以減少芯片載體和芯片之間的應力。歐盟關於限制某些有害物質在電氣和電子設備（RoHS）中使用的規定正在促進無鉛工藝在焊接技術中的應用。

基板技術　首先應選擇基板材料以支持電氣接口，然後選擇元件和封裝的機械和熱界面。為了滿足要求，通常使用陶瓷來封裝高速光子器件。它們具有以下優點：較低的 CTE 和高溫穩定性、優良的導熱性、高頻低衰減性能。在光電封裝中廣泛應用的材料是氧化鋁（Al_2O_3）和氮化鋁（AlN）。矽、碳化矽等材料具有與芯片材料更接近的熱膨脹性和更高的導熱性，因此可以用作芯片載體。

外殼技術　外殼影響封裝的成本、重量和屏蔽性能，為系統提供物理接口，並影響模塊的機械和熱特性。根據要求，外殼可以使用各種材料，如金屬、陶瓷和聚合物等。目前，MEMS 元件的大多數標準外殼都是微電子封裝的衍生產品，如晶體管外形（TO）和扁平封裝（或碟形）。對於長途和潛水應用，包裝是密封的，通常使用金屬或陶瓷材料，防止水分滲透導致的部件和連接的化學降解，並確保長期可靠性。如需要降低成本，則使用塑料封裝。

2.5.1 引線鍵合技術

在微系統封裝中，引線鍵合仍然是最常用和最具成本效益的方法。引線鍵合在微電子和光電子器件之間形成細間距互連。通常，鍵合線由金和一些用於改善線的加工性能的添加劑製成。引線鍵合適用於滿足ITRS要求的所有外圍焊盤間距的封裝，變形力遍布模具的整個下側，而不會對活動區構成影響。目前，有兩種基本的鍵合方法：球鍵合和楔形鍵合。

熱壓鍵合和超聲波鍵合是傳統的鍵合技術。運用熱壓鍵合時，模具和線材需要被加熱至250°C，因此，該技術不適用於不能承受高加工溫度的設備。超聲波引線鍵合依靠超聲波振動（通常頻率為60kHz）將引線壓在鍵合表面上。熱超聲引線鍵合兼具二者的優點，方便可靠。過去，由於對光子器件靈敏度的要求，使用熱壓鍵合代替超聲波鍵合。而現在，熱超聲引線鍵合占據主導地位。帶狀鍵合基於楔-楔鍵合。帶狀線的矩形截面提供了較低的電感和較低的損耗，並且可以用於高頻（高於30GHz）的應用。採用特殊工具、典型截面為12.5μm×50μm的帶材可以橋接焊盤間距為250μm、環高為50μm的焊盤。引線鍵合的新概念和技術改進推動了其實際的物理極限向前發展。銅線的使用降低了微電子器件的封裝成本，金線主要用於光電子應用，使用較小的線徑（小於20μm）（如圖2.20）解決了互連的密度要求。

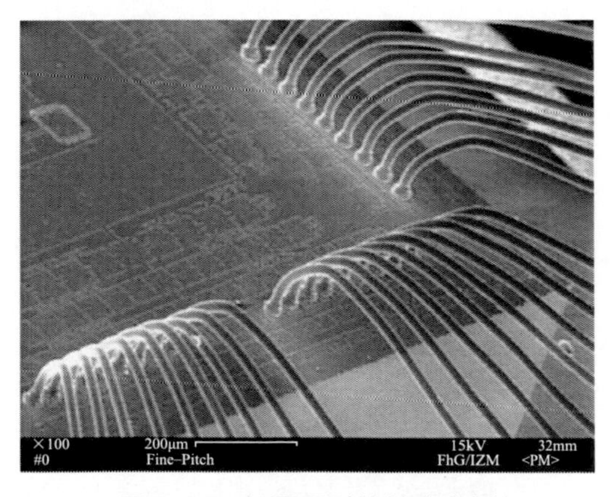

圖2.20 細間距引線鍵合實例

2.5.2 倒裝芯片技術

倒裝芯片組裝是一種將芯片連接到基板的標準工藝[28,29]，這是 IBM 最初開發的一種組裝技術，也稱為可控塌陷芯片連接（C4）技術。倒裝芯片具有出色的性能，可為具有高輸入/輸出計數的單元提供經濟高效的互連（如圖 2.21）。為了實現倒裝芯片的安裝，需要接觸凸點，這些接觸凸點有效地實現組件與基板的電連接、機械連接和熱連接。由於 Au 具有極好的導電性、導熱性，以及良好的延展性，因此適於用作凸點材料。另外，Au 會在Ⅲ-Ⅴ半導體上沉積為最終金屬化層，這使得 Au 具有作為凸點材料的良好相容性。

圖 2.21 高亮度倒裝芯片 LED

倒裝芯片工藝包括下凸點金屬化過程，以防止焊料成分擴散到器件中，並使其能夠很好地黏附到模具上的頂部金屬層。焊料凸點可以利用晶片凸點工藝製造，印刷和電鍍是兩種常用的製造方法。常見的焊料材料有共晶 SnPb、SnSb 和 SnAg 等。印刷技術能夠很好地控制焊料成分。相較於電鍍而言，印刷通常更便宜，但電鍍可以最小化間距。在電鍍 Au/Sn 凸點的情況下，典型的凸點直徑為 30～100μm，凸點高度為 30～60μm；可獲得直徑為 20μm、最小間距為 50μm 的凸點（如圖 2.22）。

螺栓凸點（如圖 2.23）是引線鍵合過程的一種改進形式。它適用於單芯片與基板之間的鍵合，其中可使用 Au、Ag、Pt、Pd 和 Cu 等作為材料。對於機械式金螺栓凸點，可以採用 15～33μm 的線徑來達到 30nm～80μm 的螺栓凸點直徑，最小間距可達 50μm。銅不僅是線材焊接的替代材料，而且已成為鋁金屬化中柱頭焊接的替代材料，與金相比，銅的優點是降低了導線的成本。此外，還有導電黏合劑凸點、導電 Ag 填充聚合物凸點和 Cu 柱凸點。

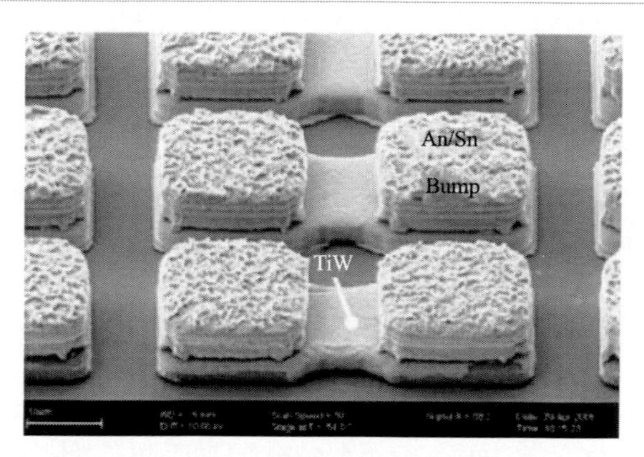

圖 2.22 直徑為 18μm 的 Au/Sn 凸點的 SEM 照片

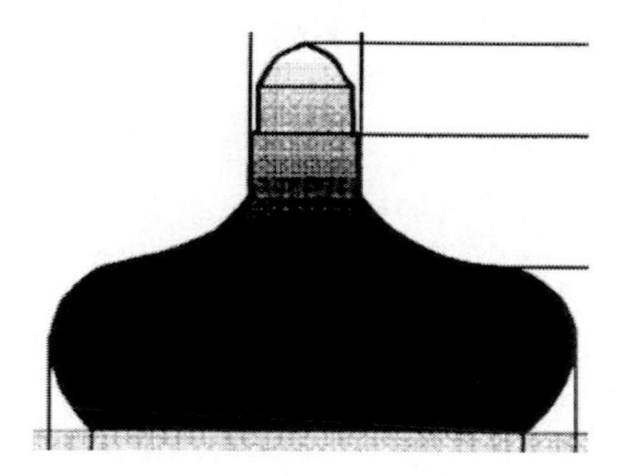

圖 2.23 單芯片 Au 螺栓凸點

倒裝芯片封裝技術的優點是其自對準功能，這能夠避免在焊接的情況下由半導體管芯和襯底之間的 CTE 不匹配而引起的應力，但是不能用於倒裝芯片器件的熱壓接合。

2.5.3 多芯片封裝技術

多芯片封裝技術（MCM）使用傳統的厚膜技術實現 MEMS 器件在單個基板上的集成和封裝。使用陶瓷、矽和印刷電路板層壓板作為基板材料，可以將各種管芯類型附著到或嵌入基板表面內。可以透過引線鍵合、倒裝芯片或直接金屬化來連接管芯。透過提供低噪音布線並且在某些情況下消除不必要的連接，每個管芯的緊密靠近，改善了系統性能。

在多芯片封裝技術中，如何有效地連接不同的芯片組件是一個關鍵問題，目前通常有兩種方法：一是將芯片固定在基板上，透過金屬絲將芯片連接在基板上；二是在芯片的頂部表面透過連接層，利用金屬絲鍵合或倒裝芯片技術實現芯片之間的連接。通常，MEMS 器件在使用之前要經過刻蝕，以形成三維結構或可行動部件，然而，MEMS 器件上的微結構相對脆弱，容易損壞。因此，多芯片封裝技術應用的另一個問題是刻蝕工藝是在封裝之前還是之後進行。從 MEMS 器件的角度來看，封裝後最好能完成這一過程，但是芯片上的微電子結構可能存在刻蝕，這種刻蝕造成損傷的問題需要在實踐中加以解決。

2.5.4 3D 封裝技術

MEMS 器件通常由三維結構、複雜形狀結構和運動部件組成，與傳統的二維封裝技術相比，需要特殊的封蓋和三維封裝。為了獲得更好的性能、更低的功耗、更小的占地面積以及更低的成本，進一步的技術改進不能僅透過縮小幾何尺寸來實現，也要求能夠實現更緊密地集成系統級組件。傳統的封裝和互連技術不能滿足提高性能、減小尺寸、降低功率以及降低成本的要求。在互連密度、熱管理、頻寬和訊號完整性方面存在傳統技術無法解決的限制。3D 封裝技術允許兩種或更多種不同的工藝技術堆疊和互連。

參考文獻

[1] Tsuchizawa T, Yamada K, Fukuda H, et al. Microphotonics devices based on silicon microfabrication technology [J]. IEEE Journal of Selected Topics in Quantum Electronics, 2005, 11 (1): 232-240.

[2] Ayoub A B, Swillam M A. Ultra-sensitive silicon-photonic on-chip sensor using microfabrication technology [C]// Spie Opto. 2017.

[3] Teh K S. Additive direct-write microfabrication for MEMS: A review[J]. Frontiers of Mechanical Engineering, 2017, 12 (4): 1-20.

[4] Petrov A K, Bessonov V O, Abrashitova K A, et al. Polymer X-ray refractive nano-lenses fabricated by additive technology [J]. Optics express, 2017, 25 (13): 14173-14181.

[5] Cicek P V, Elsayed M, Nabki F, et al.

A novel multi-level IC-compatible surface microfabrication technology for MEMS with independently controlled lateral and vertical submicron transduction gaps[J]. Journal of Micromechanics & Microengineering, 2017, 27 (11): 115002.

[6] Popa M, Ilie C, Lipcinski D, et al. Coupling and Assembly Elements Using Microfabrication Technologies[J]. 2017, 21 (3): 23-25.

[7] Becker H, Gartner C. Polymer microfabrication methods for microfluidic analytical applications. [J]. Electrophoresis, 2015, 21 (1): 12-26.

[8] Shin H, Jeong W, Kwon Y, et al. Femtosecond laser micromachining of zirconia green bodies[J]. International Journal of Additive and Subtractive Materials Manufacturing, 2017, 1 (1): 104-117.

[9] Gherman L, Gleadall A, Bakker O, et al. Manufacturing Technology: Micro-machining[M]//Micro-Manufacturing Technologies and Their Applications. Springer, Cham, 2017: 97-127.

[10] Kostyuk G K, Zakoldaev R A, Sergeev M M, et al. Laser-induced glass surface structuring by LIBBH technology [J]. Optical and Quantum Electronics, 2016, 48 (4): 249.

[11] Cheng H L, Li J Z, Xu S H, et al. Prediction of Tool Wear in Pre-Sintered Ceramic Body Micro-Milling [C]//Materials Science Forum. Trans Tech Publications, 2017, 893: 89-94.

[12] Behera R R, Babu P M, Gajrani K K, et al. Fabrication of micro-features on 304 stainless steel (SS-304) using Nd: YAG laser beam micro-machining [J]. International Journal of Additive and Subtractive Materials Manufacturing, 2017, 1 (3-4): 338-359.

[13] Kim B J, Meng E. Review of polymer MEMS micromachining [J]. Journal of Micromechanics and Microengineering, 2015, 26 (1): 013001.

[14] Classen J, Reinmuth J, Kälberer A, et al. Advanced surface micromachining process—A first step towards 3D MEMS [C]//IEEE International Conference on Micro Electro Mechanical Systems. 2017.

[15] Keshavarzi M, Hasani J Y. Design and optimization of fully differential capacitive MEMS accelerometer based on surface micromachining [J]. Microsystem Technologies, 2018, 22 (1): 3-7.

[16] Li X H, Wang S M, Xue B B. Technology of Electrochemical Micromachining Based on Surface Modification by Fiber Laser on Stainless Steel [J]. Materials Science Forum, 2017, 909: 67-72.

[17] Elsayed M Y, Cicek P V, Nabki F, et al. Surface Micromachined Combined Magnetometer/Accelerometer for Above-IC Integration [J]. Journal of Microelectromechanical Systems, 2015, 24 (4): 1029-1037.

[18] Qu H. CMOS MEMS fabrication technologies and devices [J]. Micromachines, 2016, 7 (1): 14.

[19] Ruhhammer J, Zens M, Goldschmidt-boeing F, et al. Highly elastic conductive polymeric MEMS [J]. Science and technology of advanced materials, 2015, 16 (1): 015003.

[20] Ge C, Cretu E. MEMS transducers low-cost fabrication using SU-8 in a sacrificial layer-free process[J]. Journal of Micromechanics and Microengineering, 2017, 27 (4): 045002.

[21] Rahim K, Mian A. A review on laser processing in electronic and MEMS

packaging [J] . Journal of Electronic Packaging, 2017, 139 (3): 030801.

[22] Giacomozzi F, Mulloni V, Colpo S, et al. RF-MEMS packaging by using quartz caps and epoxy polymers[J]. Microsystem Technologies, 2015, 21 (9): 1941-1948.

[23] Teh K S. Additive direct-write microfabrication for MEMS: A review[J]. Frontiers of Mechanical Engineering, 2017, 12 (4): 490-509.

[24] Sarkar B R, Doloi B, Bhattacharyya B. Electrochemical discharge micro-machining of engineering materials [M]//Non-traditional Micromachining Processes. Springer, Cham, 2017: 367-392.

[25] Chavoshi S Z, Luo X. Hybrid micromachining processes: A review[J]. Precision Engineering, 2015, 41: 1-23.

[26] Mishra S, Yadava V. Laser beam micromachining (LBMM) -a review [J]. Optics and lasers in engineering, 2015, 73: 89-122.

[27] Schaeffer R. Fundamentals of laser micromachining[M]. CRC press, 2016.

[28] Saxena K K, Qian J, Reynaerts D. A review on process capabilities of electrochemical micromachining and its hybrid variants [J]. International journal of machine tools and manufacture, 2018, 127: 28-56.

[29] Beyne E. The 3-D interconnect technology landscape [J] . IEEE Design & Test, 2016, 33 (3): 8-20.

[30] Seal S, Glover M D, Wallace A K, et al. Flip-chip bonded silicon carbide MOSFETs as a low parasitic alternative to wire-bonding [C]//2016 IEEE 4th Workshop on Wide Bandgap Power Devices and Applications (WiPDA) . IEEE, 2016: 194-199.

[31] Mouawad B, Li J, Castellazzi A, et al. Low parasitic inductance multi-chip SiC devices packaging technology [C]//2016 18th European Conference on Power Electronics and Applications (EPE ' 16 ECCE Europe) . IEEE, 2016: 1-7.

[32] Lau J H. Recent advances and new trends in flip chip technology[J]. Journal of Electronic Packaging, 2016, 138 (3): 030802.

[33] Fan C, Li X, Shao X, et al. Study on reflow process of SWIR FPA during flip-chip bonding technology [C]//Infrared Technology and Applications XLII. International Society for Optics and Photonics, 2016, 9819: 98191A.

第3章

矽基微感測技術與應用

3.1 矽基壓阻式感測器

矽基壓阻式感測器是利用單晶矽的壓阻效應製成的。該類型感測器依據其靈敏度高、測量數據精準的特點從而在各領域廣泛應用，有著很好的發展前景。壓阻式感測器常用於壓力、拉力、壓力差和可以轉變為力變化的其他物理量（如液位、加速度、重量、應變、流量和真空度等）的測量和控制[1]。矽基壓阻式感測器可以繼續加工、改進出更加精確的半導體壓阻式感測器，也可以透過尋找更加適合作為電阻的半導晶體材料來提高感測器的靈敏度與精確度[2]。

3.1.1 矽基壓阻式感測器原理

半導體器件在外力的作用下其電阻值發生變化的現象被稱為壓阻效應。當壓阻材料被施加外力時，其形狀和電阻率都會發生變化，透過測量其電阻阻值的變化即可實現對外力的測量。半導體壓阻特性的研究和應用開始於 1954 年 Smith 發現矽和鍺的壓阻效應。目前，壓阻效應是 MEMS 感測器中應用最多的敏感方式之一。常用的半導體壓阻材料是矽或多晶矽，透過擴散或者注入的方式在特定的區域摻雜出需要的電阻率和電阻值。壓阻元件多為柵欄形結構，透過絕緣層或者反偏 PN 結與襯底進行絕緣。

矽基壓阻感測器的優點是：

① 製造簡單，敏感壓阻可直接集成製造在換能元件上，不需要鍵合；

② 矽具有比較大的壓阻係數，容易獲得較大的靈敏度；

③ 矽基壓阻感測器容易實現與電路的集成，並且後續測量電路比較簡單；

④ 矽基壓阻感測器尺寸很小，容易測量應力等與位置有關的參量。

3.1.2 典型的矽基壓阻式感測器

(1) 矽基壓阻式壓力感測器

傳統的採用四個端子電極的導體結構通常稱為範德波（Vander Pauw，VDP）感測器，如圖 3.1(a) 是基於 Vander Pauw 開發的應用於薄層電阻測量技術的壓阻應力感測結構。與常規應力或壓力感測器相比，

VDP 感測器具有較高的應力靈敏度。VDP 感測器通常由矽基壓阻材料製成，其電阻可以根據電流（I_{AB}）和電壓（V_{CD}）來測量，即在端子電極 A 和 B 處提供電流，並在端子電極 C 和 D 處測量電壓，電阻 R 或電阻變化 ΔR 由 V_{CD}/I_{AB} 計算。歸一化電阻變化需要從相鄰側面兩個提供電流的單獨電阻處測量。Jaeger 提出了四線橋模式操作的數值和實驗結果，如圖 3.1(b) 所示，這裡消除了上述傳統方形 VDP 感測器所需的兩個單獨的電阻測量。等效的四線橋接測量方法需要跨越一條對角線將電壓施加到器件，同時從另一條對角線測量輸出電壓，從而產生與面內剪切應力或正常值成正比的單個四線測量應力差。值得一提的是，與兩個獨立的相鄰電流負載測量相比，單對角線電流負載測量更方便，更省時。因此，對角電壓負載特別適用於 IC 實現。

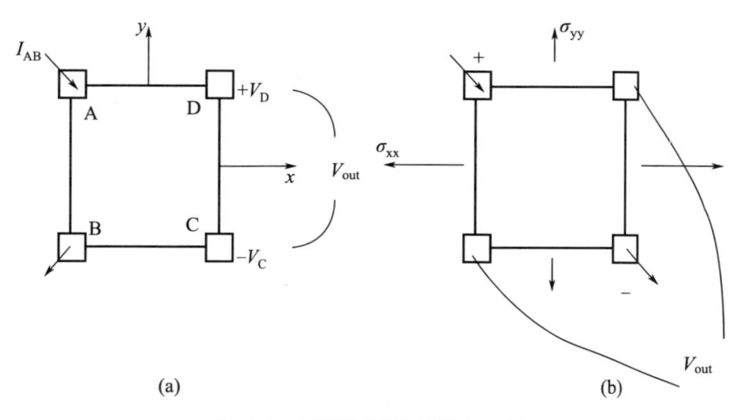

圖 3.1 四端感測器測量方案

圖 3.2 為 MEMS 工藝製備的高溫壓力感測器。該設計實現了耐高溫封裝結構和感測器的初級包裝。最後，對高溫壓力感測器基本性能進行測量，並比較其與正常的 MEMS 壓力感測器電阻溫度特性及漏電流的溫度特性。實驗結果表明，耐高溫壓力感測器能在 350℃高溫環境下工作。經測試，研製的高溫壓力感測器基本性能優異，一致性好，是一種可在 3.5MPa 和 350℃高溫環境下應用的壓力感測器。在恆流源 5V 供電的情況下，滿量程輸出約 93mV；非線性約 0.13% FSO；壓力遲滯約 0.05% FSO；非重複性約 0.05%FSO。

壓力感測器在環境監測中起著重要作用，並且隨著物聯網的發展，壓力感測器的應用領域得到了擴展。針對現實中壓力感測器靈敏度較低的不足，研究人員設計了一種增強橫梁膜結構的增強型壓阻式壓力感測器，如圖 3.3 所示[3]，感測器透過與 CMOS 工藝兼容的工藝製造。測量結果表明，該結構的靈敏度明顯提高，與平膜結構相比，改進約 3.8 倍。

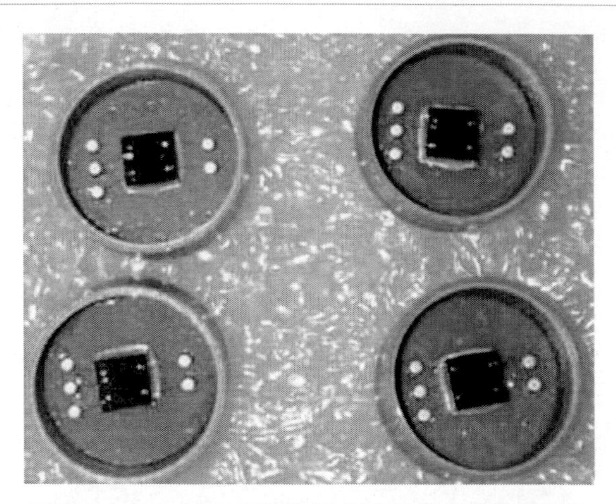

圖 3.2　MEMS 工藝製備的高溫壓力感測器實物圖

圖 3.3　增強型壓阻式壓力感測器

(2) 壓阻式加速度計

隨著矽微加工技術的發展，矽壓力感測器和加速度計已被廣泛應用於工業和商業領域。隨著汽車、航空航天和便攜式電子設備等市場的拓展，可大規模製造的高可靠性、低成本單片集成矽複合感測器的研究開發成為近年來研究的焦點。

圖 3.4 為高性能矽壓阻式加速度計[4]。這個加速度計由兩個玻璃蓋和一個 Si 感測裝置組成結構體，感應結構尺寸為 3.3mm×2.05mm×0.15mm。它由「質量塊」「框架」和 4 個「感應梁」組成。加速度計的

靈敏度為 $9.6\times10^{-8}\mathrm{s}^2/\mathrm{m}$，品質因子為 18。

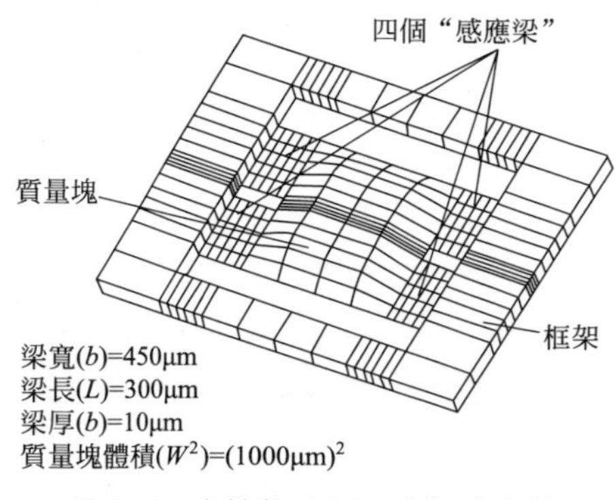

圖 3.4　高性能矽壓阻式加速度計

圖 3.5 是一種新型的單片複合 MEMS 感測器[5]。這種複合感測器在一個芯片上集成了壓阻式壓力感測器和壓阻式加速度計。加速度計採用雙懸臂質量結構，雙懸臂可以減小不敏感方向的橫向敏感性，質量結構可以增加敏感方向的靈敏度；壓力感測器具有矩形膜片結構。

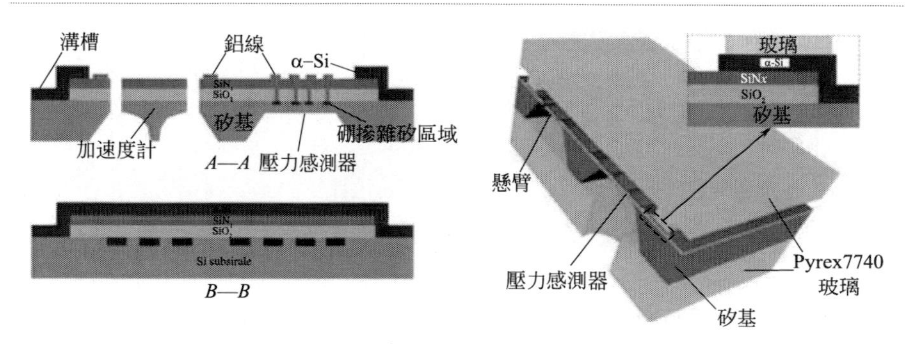

圖 3.5　新型的單片複合 MEMS 感測器

圖 3.5 顯示了由加速度計和壓力感測器組成的陽極接合工藝之前的單片複合感測器結構。加速度計具有雙懸臂結構，壓力感測器具有矩形感測膜結構。在單面溼式各向異性刻蝕之後，加速度計的矩形膜片和壓力感測器的矩形膜片同時成型。隨後，使用深反應離子刻蝕（DRIE）來釋放加速度計的隔膜並形成懸浮的雙懸臂結構。加速度計膜片的厚度設計為與壓力感測器膜片相同的 15μm，溼法刻蝕後加速度計的質量設計最大，以提高加速度計的靈敏度。襯底上的硼摻雜矽區域作為加速度計和壓力感測器的壓敏電阻工作。沉積 SiO_2 層和 LPCVD 低應力 SiN_x 層，

並在襯底上形成鈍化層。在焊接區域附近，鈍化層被刻蝕為露出矽的溝槽。沉積 1μm 厚的 LPCVD α-Si 層，然後圖案化，以將溝槽中暴露的矽連接矽襯底，這有助於在 α-Si 玻璃陽極氧化時保護壓敏電阻免受 PN 結斷裂的影響。為了確保接合強度和氣密性，在 SiO_2/SiN_x 鈍化層下方埋置了大量摻雜硼的矽區，從而將 Al 線與 Al 焊盤電連接。玻璃-矽玻璃夾層結構在頂部形成 α-Si 玻璃陽極接合，底部形成了 Si 玻璃陽極結合。

加速度計雙懸臂結構的尺寸參數如圖 3.6 所示[6]。兩個摺疊的硼摻雜矽壓阻電阻器（R_1'，R_2'）分別平行地沿著<110>方向布置在兩個懸臂的中心上，另外兩個（R_3'，R_4'）平行布置沿另一個方向在基板上。四個壓敏電阻器形成了帶參考電阻 R_3'和 R_4'的惠斯通半橋。壓阻電阻的尺寸參數設計為 100μm(長)×10μm(寬)×3μm(摻硼深度)。加速度計的隔膜和懸臂的厚度設計為 15μm，與壓力感測器的隔膜相同。兩個懸臂設計為 80μm×60μm，距離為 60μm。隔膜的尺寸參數為 785μm×260μm，刻蝕質量塊與基板邊緣之間的距離為 770μm。

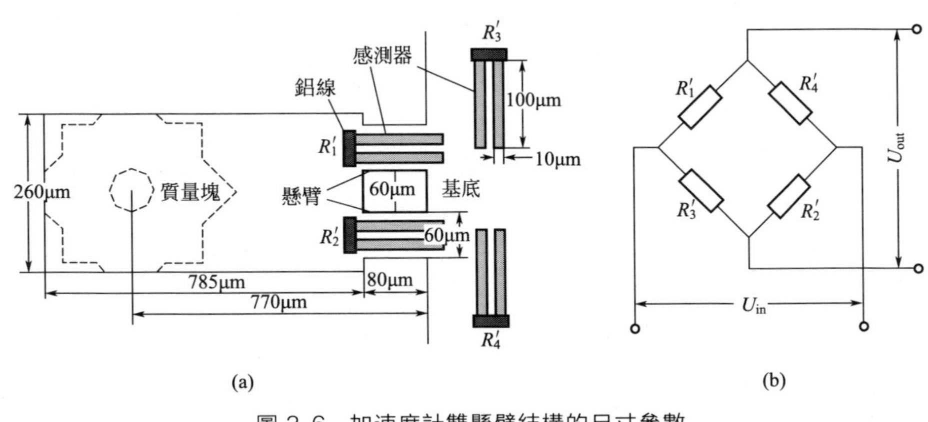

圖 3.6 加速度計雙懸臂結構的尺寸參數

為了提高靈敏度，加速度計的質量應該被刻蝕最大[7]。這裡採用單光罩各向異性溼法刻蝕工藝，並且使用凸角補償刻蝕技術來設計最大質量。由於矽襯底的厚度為 380μm，加速度計的隔膜的厚度為 15μm，溼法刻蝕深度為 365μm。質量刻蝕光罩設計如圖 3.7 所示。光罩框的尺寸參數為 1550μm（長）× 960μm（寬），以確保 365μm 深後的隔膜面積為 865μm（長）×260μm（寬）溼法刻蝕工藝。大的 440μm 邊長的方形的中心距離邊緣為 1080μm，八個小的 200μm 邊長的方形圍繞大方塊的四個角落進行溼法刻蝕補片。

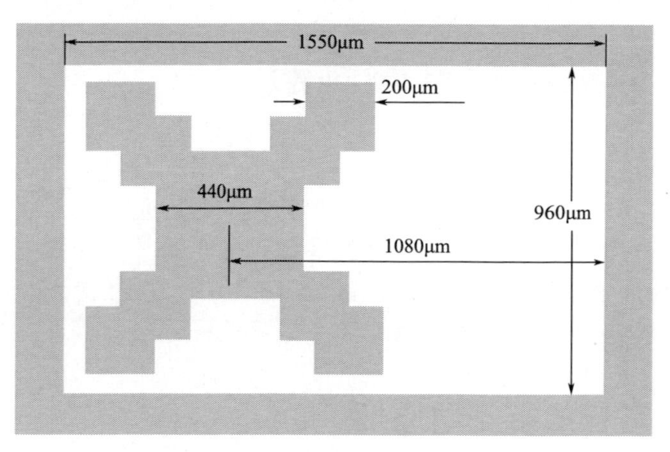

圖 3.7 質量刻蝕光罩設計[7]

(3) 具有壓阻金屬層的流量計

傳統的流量計是透過檢測溫度差來測量流量。然而，這種流量計需要測量流體中心的熱量，這可能會對周圍環境產生影響。相比之下，牽引力型的流量計透過測量材料的彎曲速度來檢測空氣流量，這種方法中不需要加熱部件。由於它對周圍環境影響不大，因此這種流量計適用於小面積檢測。但是，在進行小面積檢測的情況下，包括壓阻材料的測量部件和感測器體也應該減小。然而，在傳統的光刻工藝中，難以獲得亞微米尺寸的圖案。為了解決這個問題，研究者使用聚焦離子束（FIB）系統加工亞微米尺寸的壓阻材料，進而製造了一個具有亞微米級壓阻層的流量計。如圖 3.8 所示[8]，該流量計選擇鉑層作為壓阻材料，並用 FIB 系統獲得亞微米尺寸的寬度。感測器體由氮化矽層構成，並採用傳統的 MEMS 工藝製成。

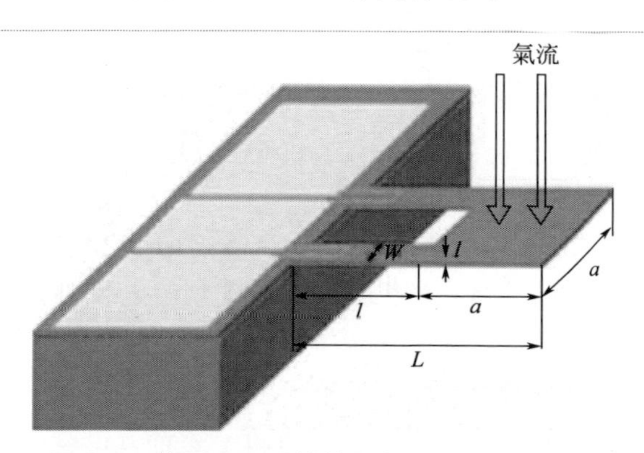

圖 3.8 使用 FIB 系統的具有壓阻層的流量計

3.2 矽基電容式感測器

電容器是電子科技領域的三大類無源元件（電阻、電感、電容）之一。利用電容的原理，將非電量轉換成電容量，進而實現非電量到電訊號轉化的器件或裝置，稱之為電容式感測器。它實質上是一個具有可變參數的電容器。與傳統電容式感測器相比，矽基電容式感測器具有成本低、體積小、重量輕等優點。

3.2.1 電容式感測器原理

電容式感測器的基本原理是測量物理（位移）或化學量（組分）對電容大小或電場產生的影響。根據平行板電容的公式 $C=\varepsilon S/d$，式中 ε 為極間介質的介電常數；S 為兩極板互相覆蓋的有效面積；d 為兩電極之間的距離。d、S、ε 三個參數中任一個的變化都將引起電容量變化，因此電容式感測器按照引起電容量變化的原因不同從而分為極距變化型、面積變化型和介質變化型三類[1,9]。其中，極距變化型一般用來測量微小的線位移或由於力、振動等引起的極距變化；面積變化型一般用於測量角位移或較大的線位移；介質變化型常用於物位測量和各種介質的溫度、密度、溼度的測定。

電容感測器具有靈敏度高、直流特性穩定、漂移小、功耗低和溫度係數小等優點。其主要缺點則是電容較小、輸入阻抗很大、寄生電容複雜、對環境電磁干擾較為敏感和檢測處理電路困難。

3.2.2 典型的矽基電容式感測器

(1) 扭擺式結構的 MEMS 電容式強磁場感測器

近年來，出現了多種 MEMS 磁場感測器，例如：Salvatore Baglio 等人提出的由於外加磁場和已知電流相互作用，使得懸臂梁因受到勞侖茲力而變形，再透過矽應力計來測量該形變的 MEMS 磁場感測器；Sunier R 提出的一種利用頻率的改變作為訊號輸出實現磁場的測量諧振式磁場感測器；Thieny C 和 Leichl C 等人提出的利用永磁體和外磁場相互作用，使梳齒產生扭矩從而測得磁場方向的梳齒狀磁場感測器；陳潔等人提出的 U 形梁結構的磁場感測器。然而，大部分已提出的磁場感測器，都不適合強磁場的測量。

有研究者提出了一種扭擺式結構的 MEMS 電容式強磁場感測器[10]（原理如圖 3.9 所示），它採用勞侖茲力驅動，透過測量矽板扭擺導致的電容變化來檢測外部磁場強度，其可測量磁場的量程設計在 0.2～2T。這種扭擺式結構的 MEMS 電容式強磁場感測器結構簡單、體積小、成本低，製造採用 MEMS 加工工藝，易於大量生產，可用於特定場合的磁場測量。

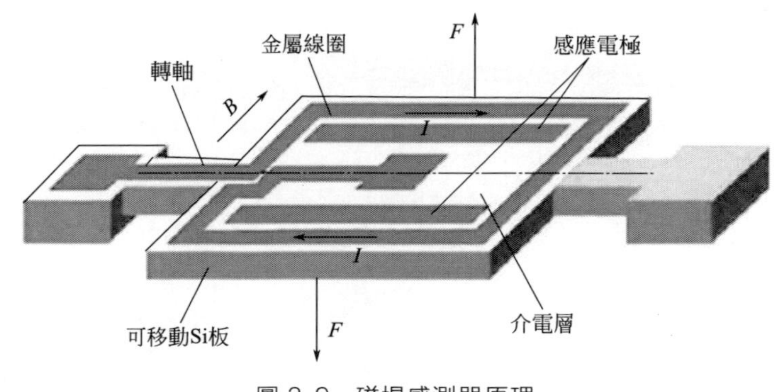

圖 3.9　磁場感測器原理

(2) 基於柔性電極結構的薄膜電容微壓力感測器

圖 3.10 為基於柔性電極的薄膜電容微壓力感測器的結構原理圖。圖 3.10(a) 是基於柔性奈米薄膜的電容式微壓力感測器，其採用平行板電容器結構，由兩個電極板和中間一層柔性奈米薄膜組成；圖 3.10(b) 是具有微結構的柔性電極薄膜微壓力感測器的原理圖，該感測器與平行板電容器結構相比，在極板與中間介質層之間加入了一層微結構。

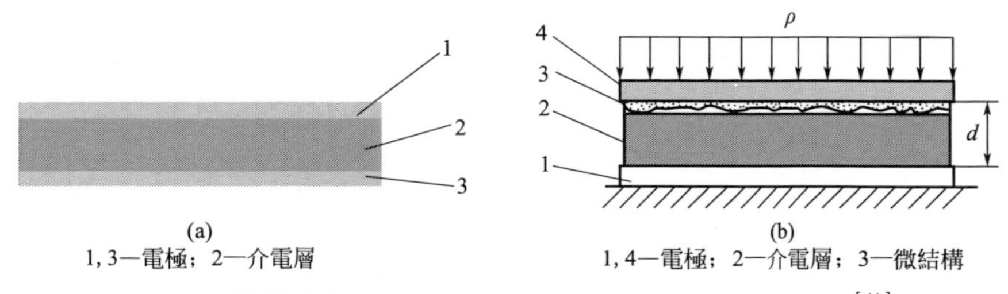

圖 3.10　基於柔性電極的薄膜電容微壓力感測器的結構原理[11]

基於柔性電極結構的薄膜電容微壓力感測器工藝流程簡單，壓力靈敏度更高。此外，與採用傳統工藝沉積電極的方法相比，直接採用柔性導電膠作為電極的方法更簡單、易實現，並具有成本低和工藝成功率高等優點。

(3) 大範圍的多軸電容力/扭矩感測器

該感測器由一個在 SOI 圓片的處理層上組裝固定的懸空芯片組成，由 V 形矽彈簧支撐（圖 3.11）[12]，該感測器可用於生物力學和機器人等方面。

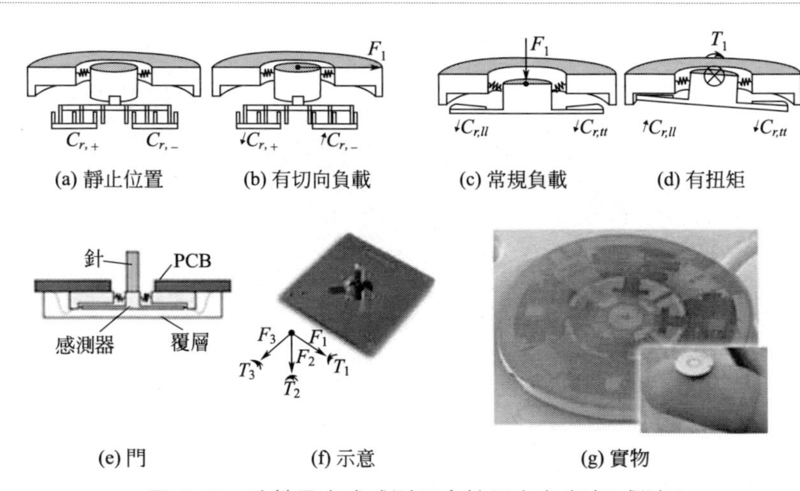

圖 3.11 矽基電容式感測器多軸電容力/扭矩感測器

(4) 電容溼度感測器

電容溼度感測器是利用了電極電容的頂部金屬層和水在聚酰亞胺層中的吸附作用來進行溼度感測。研究表明，在 CMOS 結構的約束下，聚酰亞胺單獨作用可使感測器靈敏度不大於原靈敏度的 1/3。值得注意的是，在商業製造之前，需要對感測器製造改進設計。這些感測器有著不同的功用，儘管它們有相似的設計，但是微小的變化導致的製造工藝的影響會直接改變感測器的線性度。

如圖 3.12 所示為一種新型叉指電極和聚酰亞胺溼度感測器[13]，在標準的 CMOS 工藝下，可將其製造成一個訂製的集成電路。感測器與讀出電路相結合，提高了性能，同時避免外部互連。透過這種方式，感測器允許在設備運行的同時，即時監測包內的水分。

這種 CMOS 感測器的結構如圖 3.13(a) 所示：將金屬電極沉積在場氧化層上，用不溶性的矽氧氮化物鈍化，再塗上聚酰亞胺。而圖 3.13(b) 展示了具有兩個鈍化層和聚酰亞胺的平行板電容器。

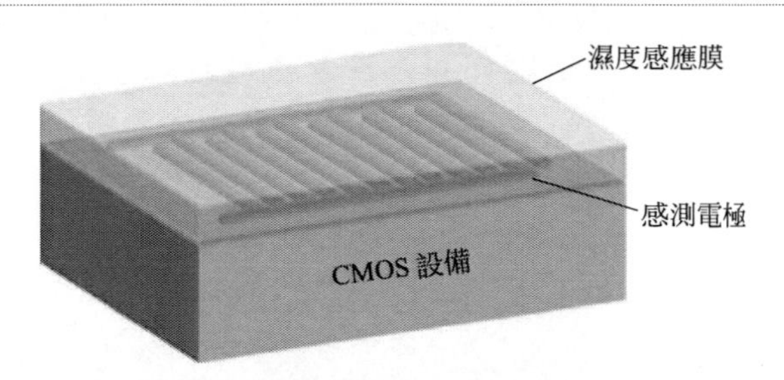

圖 3.12　新型叉指電極和聚酰亞胺溼度感測器

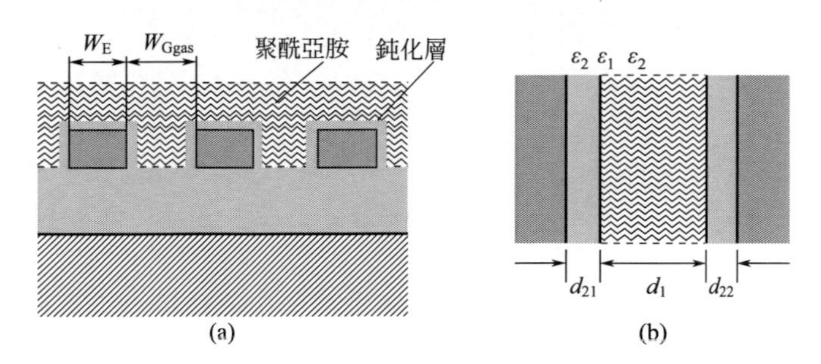

圖 3.13　CMOS 感測器的結構圖

在電極幾何設計或其他化學方面進行了深度最佳化的電容式溼度感測器的性能將得到有效提高。一般來說，有兩種電容式溼度感測器：一種是基於叉指結構；另一種是基於平行板結構。

叉指結構由於其製作工藝簡單而被廣泛應用。在化學感測器中，叉指結構的使用通常是由於這些結構可以在一側是開放的環境條件下應用。然而，一個叉指電容結構的靈敏度通常很小。雖然更精細的幾何形狀的電極意味著更高的靈敏度，但是有限的光刻工藝限制了研究者對於幾何形狀的最佳化。

溼度感測器的常規結構和改進結構如圖 3.14 所示[14]。在改進後結構中採用耦合電極以提高電容敏感和靈敏度。耦合電極採用銀奈米線網格，使網格結構允許水分子滲透。雖然奈米導電顆粒已被用於交叉電阻結構來提高氣體感測器的效果，但是這在叉指電容結構中應用是不現實的。在一個叉指式電阻結構中，奈米導電顆粒作為分散電極會增加敏感材料的電損失，因此可以用奈米線代替奈米顆粒形成連續耦合電極。

不同於傳統的叉指結構，較薄的敏感層會優先增加耦合電容和感測器的靈敏度。一個 0.1～0.2μm 厚的敏感層可以比傳統的叉指結構少

10～20次漏電流的限制。感測器的溼度響應曲線如圖3.15所示。該感測器具有良好的靈敏度和線性度，其改進後的結構的響應時間為10s，相應的恢復時間為17s。相較於改進前的響應時間與恢復時間有了顯著提高。

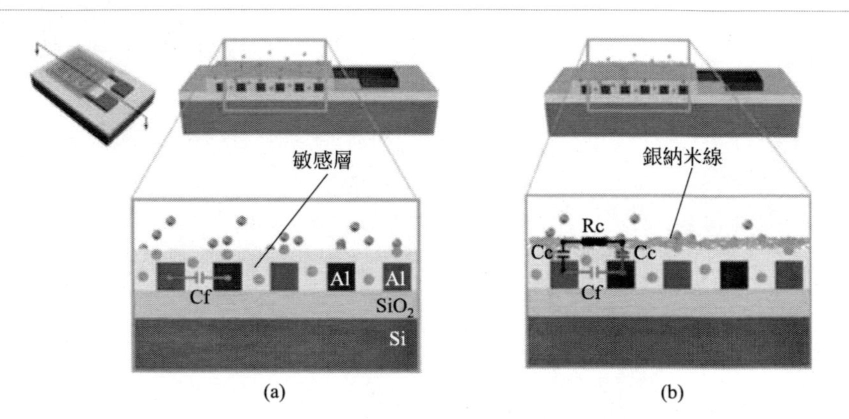

圖3.14 溼度感測器的常規結構和改進結構圖

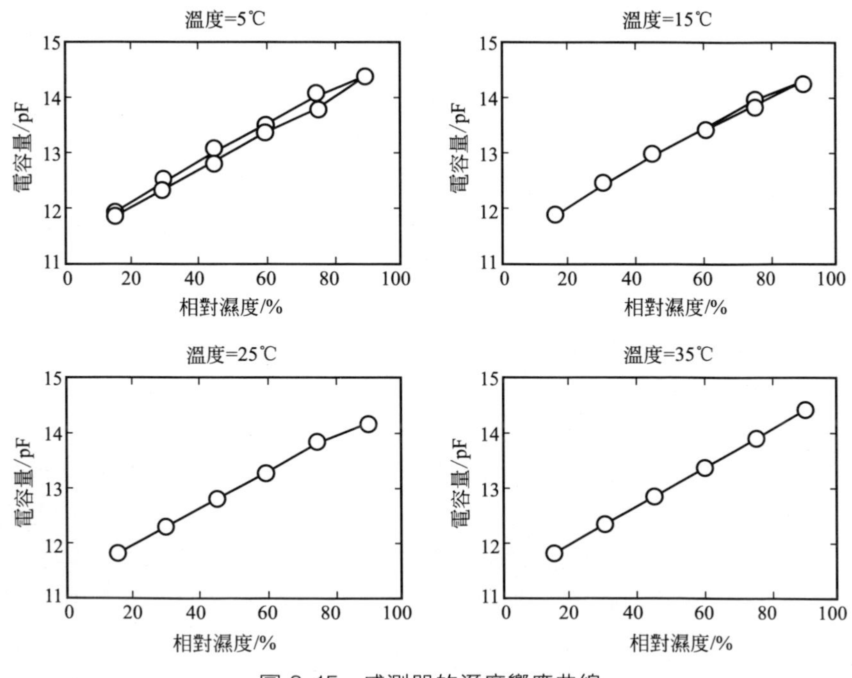

圖3.15 感測器的溼度響應曲線

3.3 矽基壓電式感測器

近年來 MEMS 壓電感測器在生物、醫療、環境、電子、物理等領域都有廣泛的應用。其中的壓電材料主要是一些 PZT、PVDF 薄膜，當然還出現了一種新型材料——奈米纖維。今後 MEMS 壓電感測器將向微型化、智慧化、商業化發展，同時也可能有新型製作工藝產生，應用領域將更加廣泛。

3.3.1 壓電式感測器原理

壓電效應是材料中機械能和電能相互轉換的一種現象。在電場作用下，電介質中帶有不同電性的電荷間會產生相對位移，使電介質內產生電偶極子，在材料內產生雙極現象，稱之為極化。在某些介電物質中，除了可以由電場產生極化以外，還可以由機械作用產生極化現象。當這些介電物質沿著一定方向受到外力作用時，內部將產生極化現象，即在介電物質的兩端表面上出現電性相反的等量束縛電荷，這裡電荷的面密度正比於外力；當外力撤銷後，材料恢復到不帶電的狀態。這種由外力產生極化電荷的效應稱為正壓電效應，這是壓電感測器的基本原理。在電壓作用下，材料產生機械變形的現象稱為逆壓電效應，逆壓電效應是壓電驅動的基本原理。

具有壓電效應的物質稱為壓電材料，包括壓電晶體、壓電半導體、壓電陶瓷聚合物和複合壓電材料四類。

3.3.2 MEMS 壓電觸覺感測器

(1) 全薄膜壓電微力觸覺感測器

在生物醫學領域，通常也需要檢測一些壓力和力訊號，如微創手術（MIS）和觸診檢測癌症囊腫，因此需要一些高度敏感的力和觸覺感測器。其中觸覺感測器要求能夠測量正應力和水平切應力。目前已經研究出一些壓阻式、電容式、壓電式感測器和光學方法用於觸覺感測。同時，對於壓電式觸覺感測器，也已經提出了幾種可以被廣泛運用的材料，如聚偏二氯乙烯（PVDF）、多晶 PZT 和 ZnO 等。

來自韓國光雲大學的 Junwoo Lee 及團隊提出了一種新型的壓電式觸覺感測器，它由排列整齊的壓電 PZT 感測器層和剛性玻璃板組合而成。

該感測器包含四個壓電感測器陣列，並透過四個應力集中腿和頂部玻璃板連接。

如圖 3.16 所示，該觸覺感測器的製備流程可大致分為三步。首先，製備玻璃材料頂板，如圖 3.16(a) 所示。頂板包含四個製作的玻璃塊作為支腳，每個支腳的尺寸為 1.8mm(長)×1.8mm（寬）×500μm（厚度)。其次，在矽晶片上製作壓電薄膜感測器層，如圖 3.16(b) 所示。最後，將第一步製成的玻璃頂板和第二步製成的壓電薄膜感測器層集成。頂部和底部感測器簡單地透過旋塗 1μm 厚的 PDMS 膠黏劑層黏合，最終結果如圖 3.16(c) 所示。該觸覺感測器由 4 個壓力感測器組成，壓電薄膜位於設備的拐角處。當壓力施加到頂部玻璃板上時，可以透過測量來自四個壓電壓力感測器單元的訊號來監測位置和力的方向。

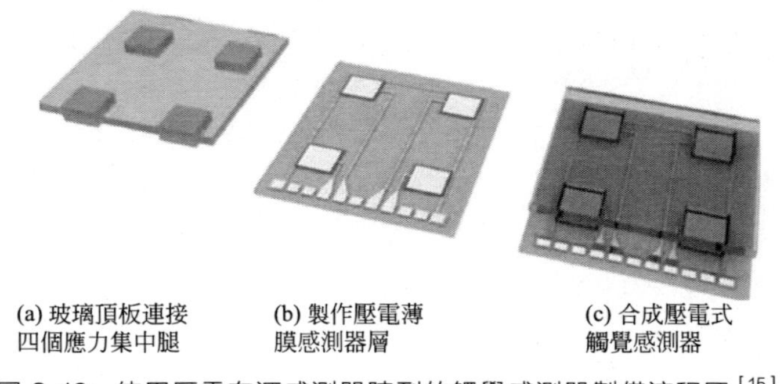

圖 3.16 使用壓電有源感測器陣列的觸覺感測器製備流程圖 [15]

下面詳細敘述在矽晶片上製作壓電薄膜感測器層的工藝。

MEMS 壓電薄膜感測器尺寸為 10mm×12mm，共由 7 層組成，由下至上分別是 SiO_2(100nm)、Ta(30nm)、Pt(150nm)、PZT(1μm)、Pt(100nm)、SiO_2(100nm) 和 Au(150nm)，其實物圖如圖 3.17 所示。所有壓電功能膜的總厚度為 1.63μm。底部電極透過四個力感測器單元共同連接，並且 PZT 膜處於隔離結構。將製備的 Si、SiO_2、Ta、Pt 基板在 650℃退火 30min，並使用溶膠-凝膠法製備 PZT（52/48）膜，其中使用三水合乙酸鉛、丙醇鋯、異丙醇鈦、1,3-丙二醇和乙酰丙酮作為溶劑。旋塗後在 3000r/min 下沉積 30s，然後在 400℃下鍛燒 5min，最後在 650℃退火。薄膜沉積之後，依次刻蝕頂部的 Pt、PZT 和底部的 Pt，然後使用等離子增強化學氣相沉積的方法（PECVD）沉積二氧化矽。使用 H_2O、HCl 和 HF 比例為 270：15：1 的刻蝕溶液溼法刻蝕 PZT 層。將頂部電極上的二氧化矽層製造出通孔後，使用剝離工藝沉積 Au 薄膜。

Au 層用於連接頂部的電極和電焊盤。最後，公共底部電極與位於器件側面的電焊盤連接。極化在 150℃，100kV/cm 的電場下進行。

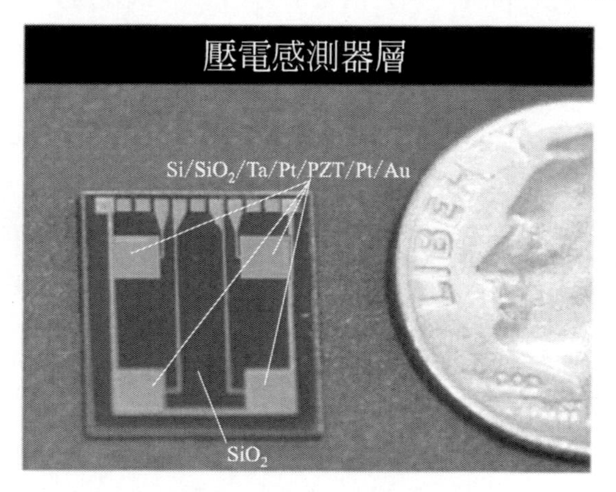

圖 3.17　壓電感測器單元的光學圖像[16]

完全集成的感測器如圖 3.18 所示。壓電感測器的尺寸為 10mm×12mm；壓電感測器上的四個壓力感測單元的尺寸為 1.8mm×1.8mm；頂板的尺寸為 9mm×9mm×500μm。當物體接觸玻璃板的任何部分時，壓力傳遞到四個壓電壓力感測器單元，因此壓電訊號與施加的載荷成比例增加。

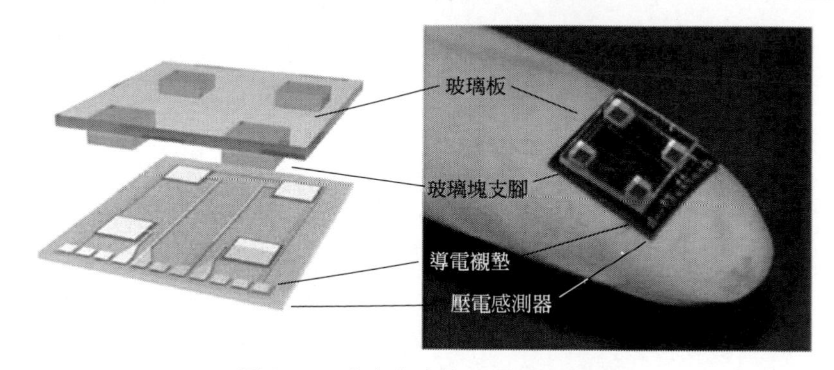

圖 3.18　完全集成的感測器示意圖

透過對該感測器進行測試發現，在測試靜態性能時，當給予 3kPa 至 30kPa 的壓力時，輸出電壓從 1.8mV 變化至 11mV，並呈現出良好的線性關係。當在感測器單元之間施加 30kPa 的靜態力時，所產生的訊號約為 11mV，顯示出陣列力感測器具有良好的均勻性和再現性的能力。在測試動態性能時，研究者利用圓珠筆尖來模擬溫和的觸覺。隨著圓珠筆尖在玻璃板上溫和行動，產生了與施加壓力成正比的電訊號，可以透過讀取電訊號及其斜率來判斷施加力的大小和方向。

（2）多晶矽薄膜晶體管壓電感測器

多晶矽薄膜晶體管壓電感測器是一種超靈活觸覺感測器，它採用了一種壓電體-氧化物-半導體場效應晶體管（POSTFT）構造，基於多晶矽直接集成在聚醯亞胺上。這種超靈活裝置是根據擴展柵結構設計的，如圖 3.19 所示[17]，這種結構更堅固，並且設計也更靈活且易於鈍化。由於採用了高電場（大於 1mV/cm）的極化過程，使得該感測器顯著增強了壓電性能，最終壓電係數（d_{33}）達 47pC/N。POSTFT 適合於智慧感測器應用的人造皮膚的設計和製造。利用這種技術，可以實現觸覺感測器陣列，最大限度地減小主動感測器的區域。此外，使用基於 LTPS TFT（Low Temperature Poly-silicon TFT）的電路還可以實現本地訊號調制。這些結果對於要求觸覺感測器的高靈活性和一致性的機器人應用來說尤為重要。

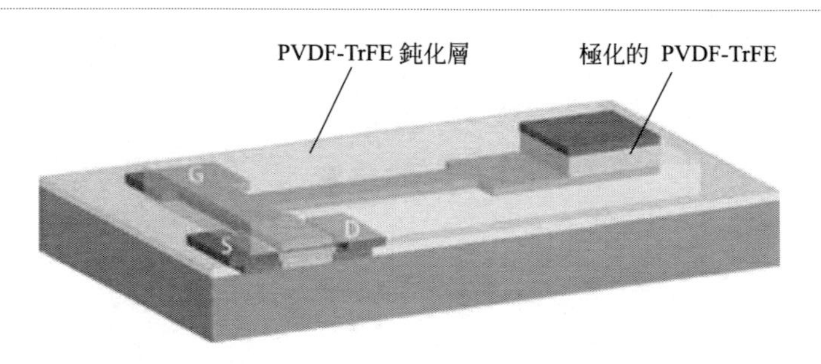

圖 3.19　POSTFT 擴展柵結構圖

壓電體-氧化物-半導體場效應晶體管（POSTFT）按照非自對準結構直接集成在聚醯亞胺上。首先，在 350℃的溫度下在被氧化的矽晶片上旋塗上一層 8μm 厚的聚醯亞胺，這一層是剛性載體；然後，透過低溫等離子體技術沉積上 Si_3N_4 和 SiO_2 薄層，該層作為聚醯亞胺和多晶矽之間的無機緩衝層，以防止多晶矽活性層被污染。製備 LTPS TFT 後，TFT 觸點的金屬層也被用作 PVDF-TrFE 壓電電容的底部電極。然後，透過旋轉塗層沉積 PVDF-TrFE 薄膜。利用鋁作為犧牲層，PVDF-TrFE 透過 RIE 技術刻蝕出指定形狀。最後，在電極化後透過噴墨列印一層銀墨來連接這些終端。在這一過程結束時，在聚醯亞胺上的器件脫離剛性載體，如圖 3.20 所示[18]。製造完成後對 PVDF-TrFE 電容器進行高電場極化，以便對聚合物分子鏈進行調整。

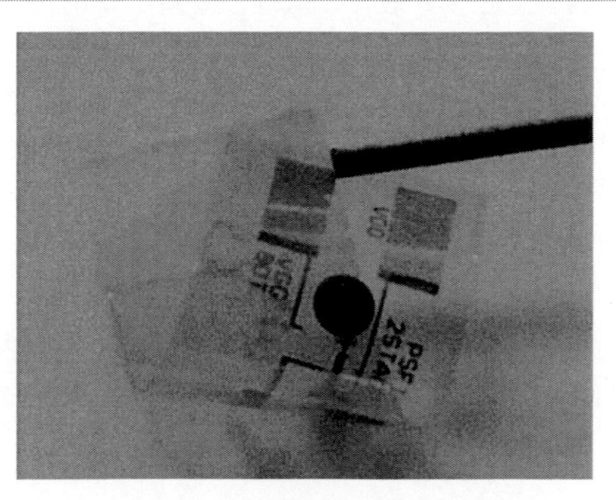

圖 3.20 脫離剛性載體的裝置圖

(3) 超薄矽基壓電電容觸覺感測器

如今，柔性電子產品被越來越廣泛應用在日常生活中。其中一個受到廣泛關注的應用是大面積的電子或觸覺皮膚，它是多重感應（例如：溼度、觸覺和溫度感測等）和集成在柔性基板上的電子部件，能夠為人們提供健康數據。在這些集成部件中，測量溼度的感測器可以分散分布，但是測量觸覺和溫度的感測器則需要在電子皮膚上整合，並且處於不同的位置感測器應具有不同的解析度。因此，觸覺感測器是電子皮膚最重要的部分。

超薄矽基壓電電容觸覺感測器的電容器在雙面拋光的 6 英寸 P 型矽晶片上製造。矽晶片電阻率為 10～20Ω・cm，初始厚度為 636μm。選擇雙面拋光晶片是為了確保刻蝕表面上的高水準的平滑度，並且據此將應力保持在較低水準。

其製造過程如下。首先透過 LPCVD 方法沉積氧化矽-氮化矽-氧化矽堆疊。堆疊由 1200nm 的 SiO_2 層、80nm 的 Si_3N_4 層和 800nm 的 SiO_2 層組成。該疊層作為在溼法刻蝕期間所需刻蝕窗的圖案化硬光罩。乾法刻蝕正面堆疊，生長 PECVD SiO_2 以減少應力層數。透過濺射沉積 600nm 的鋁膜並圖案化以形成電容器的底部電極。使用磁力攪拌器在 800℃將 PVDF-TrFE 顆粒溶解在 RER 500 溶劑中以獲得溶質比 10%的溶液。然後將溶液旋塗在圖案化晶片上，厚度為 2μm。

由於聚合物的壓電性能取決於其晶體結構，所以透過在氮氣環境中退火聚合物膜來提高結晶度。沉積厚度為 150nm 的 Au 作為電容器的頂部電極。之後，使用氧等離子體刻蝕 PVDF-TrFE。無論頂部 Au 電極在何處，它都被作為保護罩，防止聚合物被刻蝕。

在前端製造之後，進行後處理以實現超薄的電容結構。此時晶圓被部分切割，切割深度決定了薄片的最終厚度。選擇使用25%TMAH溶液的溼法刻蝕，因為它具有非常低的亞表面損傷（SSD）的能力，因此可以非常光滑地刻蝕表面。在900℃下進行刻蝕，刻蝕速度為40μm/h。當刻蝕深度達到切割深度時，會自動進行管芯分離。將帶有分離芯片的支架立即從TMAH浴中取出，並沖洗乾淨。使用真空吸塵系統分離模具。

現在已經有了使用PVDF-TrFE聚合物在體矽上製造的壓電電容器，然後使用TMAH溼法刻蝕將其從原始厚度（636μm）減薄到約35μm。這導致芯片的彎曲，未封裝的芯片顯示其有1.6μm的輕微翹曲。這是由於在封裝芯片變薄後的應力而產生的。

3.3.3 MEMS電流感測器

(1) MEMS矽基壓電交流電流感測器

這是一種能夠用於檢測電力基礎設施能耗的交流電流感測器。它的整體結構是一個附著永磁體並且表面覆蓋了一層薄薄的壓電材料的矽懸臂梁。

如圖3.21所示，感測器懸臂梁的自由端附著一個永磁鐵，其磁化方向與懸臂梁運動方向一致。其原理是：當梁靠近一條通有交流電流的導線時，永磁鐵處在導線電流產生的交替磁場中，導致整個裝置以該交流電的頻率振動。振動使表面的壓電材料產生與導線中的交流電成比例的交流電壓。

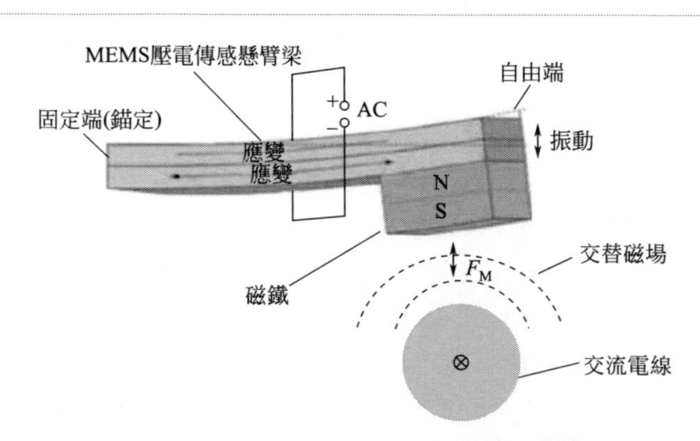

圖3.21 MEMS電流感測器示意圖[19]

這種感測器在共振狀態下工作，同時具有感測器與放大器的功能，能在較低的電流下達到較高的輸出電壓。它是矽基的，並且使用的是剩磁高達1.3T的永磁體，適用於高體積CMOS集成製造。

在一個概念驗證實驗中，設計了一個簡單的測試結構，如圖 3.22 所示。該結構是一個 SOI 晶片，包含一層 25μm 厚的矽器件層、一層 1μm 厚的 SiO_2 層和一層 500μm 厚的處理矽層，一個微型的永磁鐵被安裝在刻蝕矽形成的框架內。在實際開發中，將在表面加上一層壓電材料氮化鋁（AlN），並且會使感測器的共振頻率為許多國家交流供電線路的頻率 50Hz。

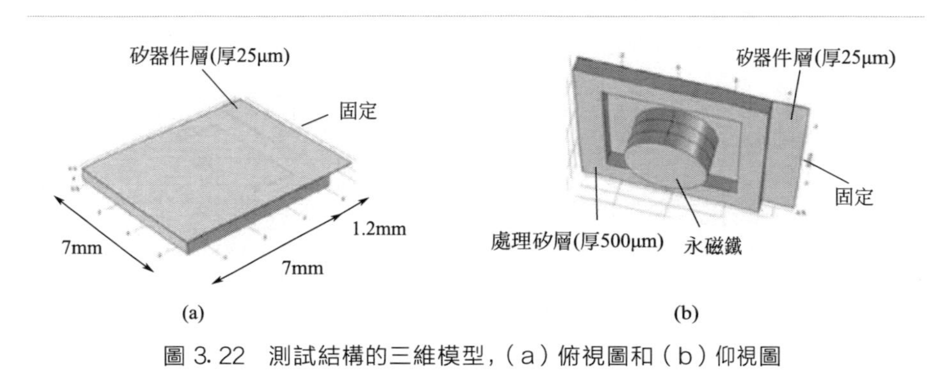

圖 3.22　測試結構的三維模型，（a）俯視圖和（b）仰視圖

（2）振動對消壓電永磁電流感測器

這種交流電流感測器使用一對交叉耦合的 MEMS 壓電懸臂梁，其自由端有極性相反的磁鐵，不需要外部電源即可測量 AC 電流。當一個永磁鐵被放置於外部磁場中時，如果這個磁體連接到一個壓電懸臂的自由端，由此產生的力將使壓電材料產生應變，並因此產生電荷。此外，如果壓電材料的電極與放大器電阻相連，那麼便會產生電流，並在電阻兩端產生電壓。如果該磁場的源是一個載流導體，那麼將產生的是與導線中電流成正比的電壓，如圖 3.23 所示。

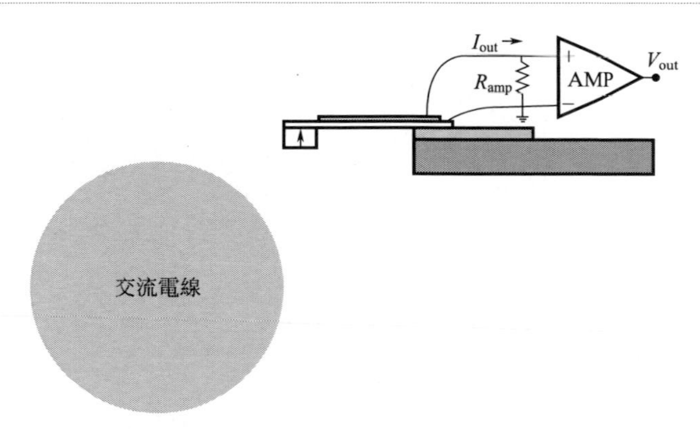

圖 3.23　靠近交流電線的壓電永磁電流感測器的側視圖[20]

單懸臂結構極易受振動噪音的影響，而使用一對懸臂梁結構，可以從最終輸出中消除此噪音。如圖 3.24 所示[21]，這種懸臂結構特點是有一對極性相反的磁鐵和兩個電路中交叉連接的設備。當此感測器沿導線軸向放置（兩個磁鐵與導線中心的距離相等），兩懸臂產生機械噪音（例如：振動）是不同相的，因此能夠相互抵消，而反極性磁鐵能確保磁訊號是同相的。

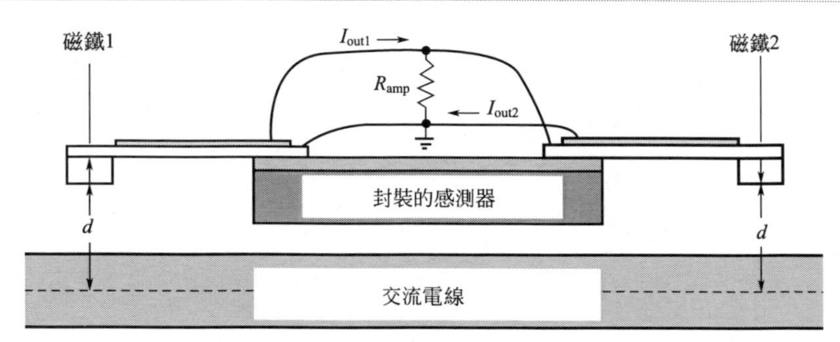

圖 3.24　兩個放置在與交流電線距離為 d 處的具有反向極性磁體並在電路中交叉連接的壓電懸臂梁

雙懸臂設計採用 PiezoMUMPS 工藝，將所提供的設備和電線黏合在電路板上，永磁鐵透過膠黏劑安裝在使用高解析度的 3D 列印出的放置位置內。裝置如圖 3.25 所示。該裝置長 11.2mm，並在距導體中心 6.8mm 處輸出靈敏度為 5.8mV/g。感測器裝置的頻率為 60～200Hz。除與器件第一諧振模式相對應的頻率之外，其他情況下，對消技術都是有效的。

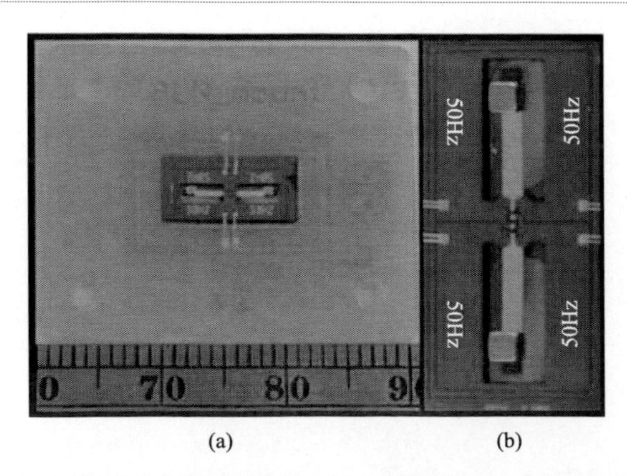

圖 3.25　(a) 雙懸臂式電流感測器；(b) 雙懸臂 MEMS 模具的旋轉特寫

3.3.4 MEMS 聲學感測器

以基於人造基膜的多通道壓電聲學感測器為例介紹 MEMS 聲學感測器的設計。

傳統的人工耳蝸植入物由三部分組成：一個將聲音轉換成電訊號的麥克風；一個用來處理轉換後電訊號的訊號處理器和一個用於傳輸處理後訊號並刺激神經細胞的電極陣列感應線圈。

多通道壓電聲學感測器 McPAS 採用多通道壓電聲學訊號傳輸，並且能夠進行頻率分離，從而產生相應的電訊號，來進行聲感測器的機械振動和壓電訊號轉換。McPAS 的原理圖如圖 3.26 所示[2]。

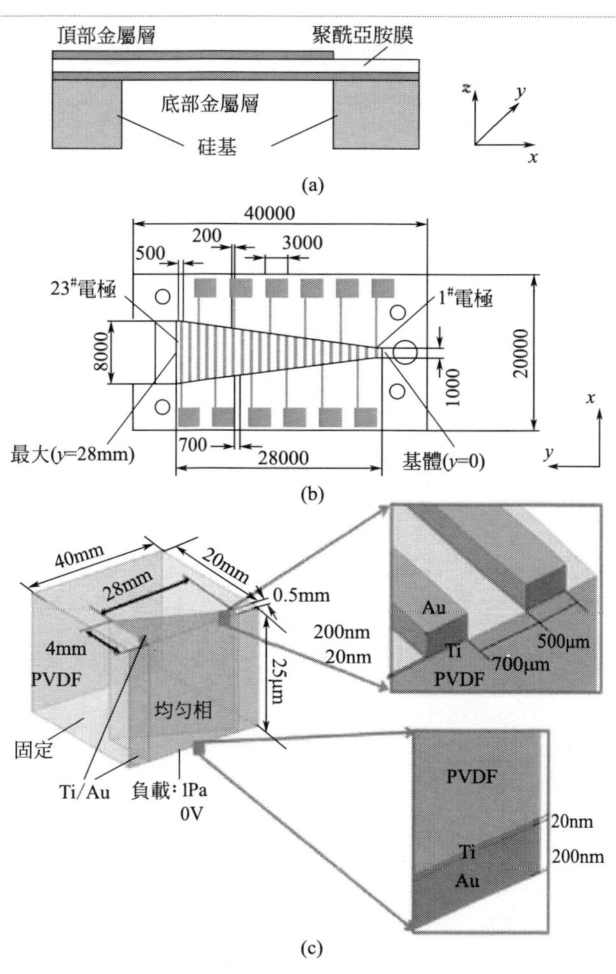

圖 3.26 人造基底膜裝置的示意圖和有限元模型

裝置由壓電薄膜層和具有支撐薄膜層的梯形開口的矽結構組成。薄膜頂部有沿著 y 軸均勻分布的 23 個離散薄金屬線電極。

多通道壓電聲學感測器 McPAS 製造步驟可以分為三個階段：製造 Si 結構、製備壓電薄膜和黏結工藝。其工藝流程如圖 3.27 所示，使用的壓電薄膜是厚度為 25.4μm 的聚偏二氟乙烯（PVDF）薄膜。

首先，在 Si 晶片的正面上沉積 300nm 厚的鋁光罩層。再將正性光致抗蝕劑旋塗在前側並使其固化，並且透過紫外（UV）光曝光和顯影限定梯形開口。紫外線首先刻蝕暴露的 Al 層，剝離殘留的光致抗蝕劑。光致抗蝕劑和 Al 鈍化層被沉積在襯底的底部上作為掩蔽層。最後，透過矽乾法刻蝕實現梯形開口。

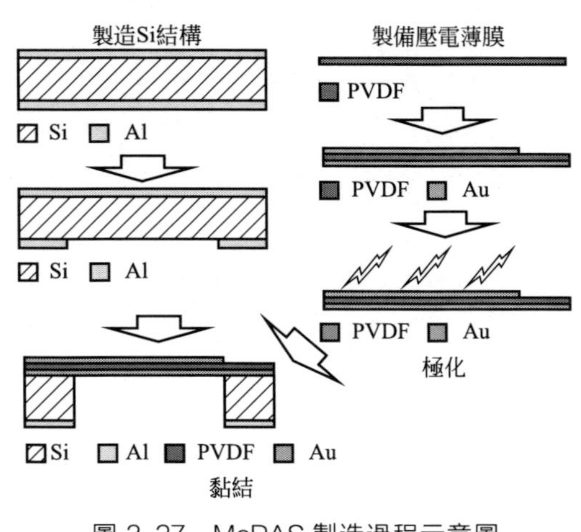

圖 3.27 McPAS 製造過程示意圖

多通道壓電聲學感測器可以根據其頻率分離聲訊號，並將膜振動轉換為電訊號。與常規耳蝸植入物相比，所需要的功率更小，同時能夠在聲音轉換中表現出更自然的性能，從而有助於提高聽力損失患者的生活質量。

3.3.5 MEMS 力磁感測器

以基於薄膜壓電半導體振盪微機械諧振器的勞侖茲力磁感測器為例介紹 MEMS 力磁感測器的設計。

磁場感測器從早期的導航開始，如今在速度檢測、位置檢測、電流檢測、車輛檢測、方向檢測（電子羅盤）和腦功能映射等方面都得到了廣泛的應用。如今，消費電子產品採用先進的多自由度（DOF）慣性測量單元（IMU）、由 DOF IMU 單元集成的 3 軸加速度計、3 軸陀螺儀和 3 軸磁感測器。

下面介紹的勞倫茲力磁感測器是一種基於側向振動的薄膜壓電 TPoS 諧振器的 MEMS 磁力計。

器件使用鑄造 AlN-on-SOI MEMS 工藝製造。圖 3.28(a) 是製造裝置的光學顯微照片，圖 3.28(b) 顯示出了在圖 3.28(a) 上標記的 $A—A$ 橫截面示意圖。頂部金屬 Al 層透過 0.5μm 厚的壓電 AlN 層與矽器件層（厚 10μm）絕緣。諧振器基於矩形板，其透過承載 AC 驅動電流 I_{AC} 的約束在每個拐角處被支撐。交流驅動電流以 33.27MHz 的諧振頻率沿相反方向透過差分對的交流輸入電壓施加在金屬軌道上。平面外磁場（B_z）產生相反方向的勞倫茲力對（F_y），其激勵側向振動模式如圖 3.29 所示。

諧振器的平面內振動模式具有相關的橫向應力分布。因此，壓電層中的調制應力耦合到透過壓電效應的輸出諧振運動電流。從輸出貼片電極感測運動電流如圖 3.28(a) 所示。器件的靈敏度由輸出電流與施加的磁場的比值定義。

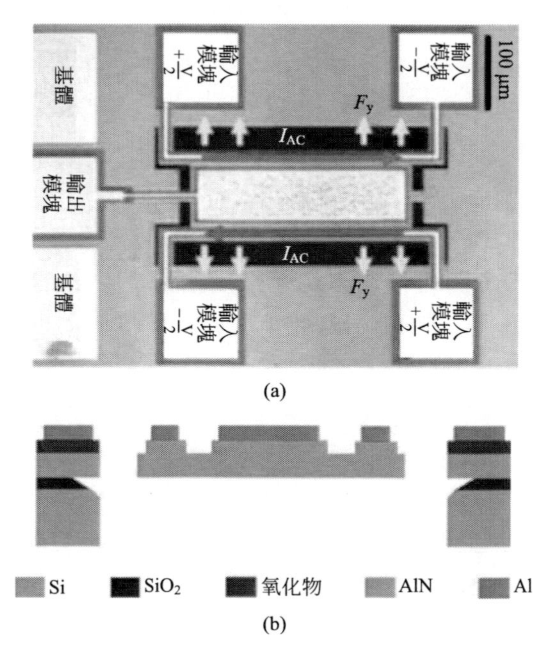

圖 3.28 SEM 光學顯微照片和中間發射諧振器結構[22]

從圖 3.29(a) 可以看出，在矩形板的角部添加約束會導致圖 3.29(b) 所示的期望的振動模式。在頻域研究中將勞倫茲力施加到板的側面，得到應力誘導電流，基於此，得出器件的靈敏度為 0.33μA/T。值得注意的是，拐角約束可以減少 Q 值，同時伴隨模式失真減小的壓電耦合會降低靈敏度。

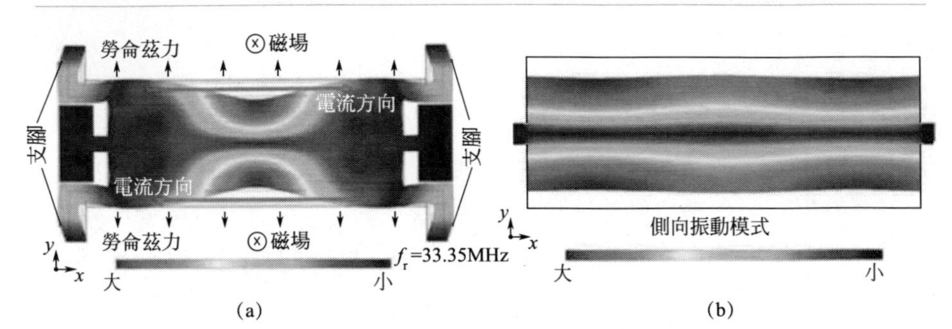

圖 3.29 （a）使用 COMSOL 透過 FEA 模擬的 TPoS MEMS 磁強計的橫向振動模式；（b）沿著板的長度均勻位移的側向振動模式

3.3.6 MEMS 病毒檢測感測器

以基於病毒檢測的 MEMS 壓電感測器為例介紹 MEMS 病毒檢測感測器的設計。

在早期疾病檢測方面，往往需要從小體積樣品中檢測多個靶分子，例如艾滋病毒（HIV）和疱疹病毒，它們尺寸都為約 100nm。根據特定生物分子會調整其表面性能，可以製造出化學功能化的 MEMS 懸臂，用於生物分子之間相容性和相互作用的研究。Moudgil A 等人研究出了一種新型的壓電 MEMS 感測器，用於檢測包括 HIV 和 100nm 大小的疱疹病毒。感測器中使用了長度為 500μm 的 PZT-5A 壓電微懸臂，用於感測由懸臂尖端吸附病毒質量引起的機械振動變化，產生不同諧振頻率的輸出電壓訊號。放置在振盪環境中的懸臂產生應變，從而產生壓力。懸臂的固定端具有 PZT 層，產生的應力的增加會導致輸出電壓的增加。可以使用適當的電極和運算放大電路來獲取和放大輸入電壓訊號。可以透過使用檢測特異性的各種生物標誌物來完成病毒的檢測。

PZT-5A 微型懸臂梁的設計簡述如下。

將由多晶矽製成的尺寸為 500μm×100μm×7μm 的微型懸臂作為設計的第一層。第二層是 500μm×100μm×7μm 的 SiO_2 絕緣體，其具有 200μm×80μm×4μm 的凹坑以結合盡量多的病毒。在固定端，在懸臂的頂部，尺寸為 50μm×100μm×2μm 的壓電材料（PZT-5A）被夾在上、下鉑電極之間。鉑電極的目的是取出用於測量產生的輸出電壓的電子。使用 SiO_2 層來隔離微懸臂梁。固定端可以由 SiO_2 層端接，SiO_2 層用於絕緣，因此可以連接微懸臂或其他微型模塊陣列。微型懸梁示意圖如圖 3.30 所示[23]。

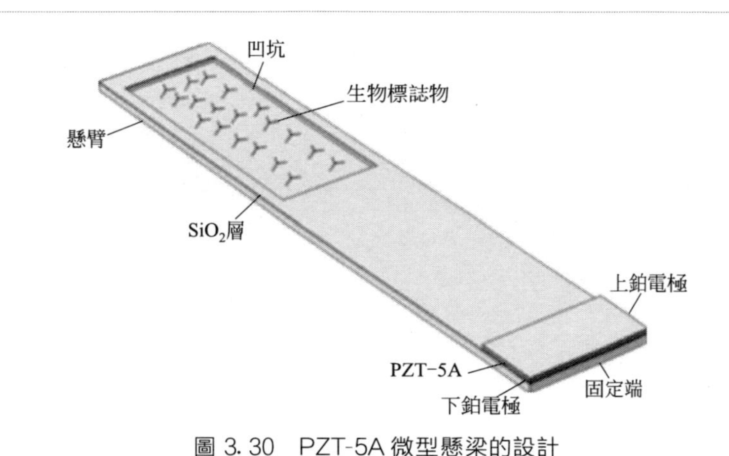

圖 3.30　PZT-5A 微型懸梁的設計

參考文獻

[1] 曹樂，樊尚春，邢維巍 . MEMS 壓力感測器原理及其應用[J]. 計測技術，2012，1.

[2] 孫豔梅，劉樹東 . 壓力感測器溫度補償的一種新方法[J]. 光通訊研究，2011（1）：62-64.

[3] Hossain A，Mian A. Four-Terminal Square Piezoresistive Sensors for MEMS Pressure Sensing[J]. Journal of Sensors，2017.

[4] Tykhan M，Ivakhiv O，Teslyuk V. New type of piezoresistive pressure sensors for environments with rapidly changing temperature[J]. Metrology and Measurement Systems，2017，24（1）：185-192.

[5] AKHTAR，DIXIT，B. B，et al. Polysilicon piezoresistive pressure sensors based on MEMS technology[J]. Iete Journal of Research，2003，49（6）：365-377.

[6] Singh K，Joyce R，Varghese S，et al. Fabrication of electron beam physical vapor deposited polysilicon piezoresistive MEMS pressure sensor[J]. Sensors & Actuators A Physical，2015，223：151-158.

[7] Choi D K，Lee S H. A Flowmeter with Piezoresistive Metal Layer Deposited with Focused-Ion-Beam System[J]. Integrated Ferroelectrics，2014，157（1）：157-167.

[8] Beck P A，Auld B A，Kim K S. Silicon

Sensors as Process Monitoring Devices [J]. Research in Nondestructive Evaluation, 5(2): 71-93.

[9] Ngo H D, Mukhopadhyay B, Ehrmann O, et al. Advanced Liquid-Free, Piezoresistive, SOI-Based Pressure Sensors for Measurements in Harsh Environments. [J]. Sensors, 2015, 15(8): 20305-20315.

[10] Shaby S M, Premi M S G, Martin B. Enhancing the performance of mems piezoresistive pressure sensor using germanium nanowire[J]. Procedia Materials Science, 2015, 10: 254-262.

[11] Wang L. A method to improve sensitivity of piezoresistive sensor based on conductive polymer composite [J]. IEEE/ASME Transactions on Mechatronics, 2015, 20(6): 3242-3248.

[12] Andò B, Baglio S, Savalli N, et al. Cascaded「triple-bent-beam」MEMS sensor for contactless temperature measurements in nonaccessible environments[J]. IEEE Transactions on Instrumentation and Measurement, 2011, 60(4): 1348-1357.

[13] Andò B, Baglio S, L' Episcopo G, et al. A BE-SOI MEMS for inertial measurement in geophysical applications[J]. IEEE Transactions on Instrumentation and Measurement, 2011, 60(5): 1901-1908.

[14] Di Marco F, Presti M L, Graziani S, et al. Fluid flow meter and corresponding flow measuring methods: U. S. Patent 6, 119, 529[P]. 2000-9-19.

[15] Sunier R, Vancura T, Li Y, et al. Resonant magnetic field sensor with frequency output[J]. Journal of microelectromechanical systems, 2006, 15(5): 1098-1107.

[16] Mayer F, Bühler J, Streiff M, et al. Pressure sensor having a chamber and a method for fabricating the same: U. S. Patent 7, 704, 774[P]. 2010-4-27.

[17] Inomata N, Suwa W, Van Toan N, et al. Resonant magnetic sensor using concentration of magnetic field gradient by asymmetric permalloy plates[J]. Microsystem Technologies, 2018: 1-7.

[18] Nguyen H D, Erbland J A, Sorenson L D, et al. UHF piezoelectric quartz mems magnetometers based on acoustic coupling of flexural and thickness shear modes[C]//2015 28th IEEE International Conference on Micro Electro Mechanical Systems (MEMS). IEEE, 2015: 944-947.

[19] Sunier R, Kuemin C, Hummel R. Membrane-based sensor device with non-dielectric etch-stop layer around substrate recess: U. S. Patent 9, 224, 658[P]. 2015-12-29.

[20] Nie B, Li R, Cao J, et al. Flexible transparent iontronic film for interfacial capacitive pressure sensing [J]. Advanced Materials, 2015, 27(39): 6055-6062.

[21] Zhang J, Cui J, Lu Y, et al. A flexible capacitive tactile sensor for manipulator [C]//International Conference on Cognitive Systems and Signal Processing. Springer, Singapore, 2016: 303-309.

[22] Amjadi M, Kyung K U, Park I, et al. Stretchable, skin-mountable, and wearable strain sensors and their potential applications: a review[J]. Advanced Functional Materials, 2016, 26(11): 1678-1698.

[23] Brookhuis R A, Sanders R G P, Ma K, et al. Miniature large range multi-ax-

is force-torque sensor for biomechanical applications[J]. Journal of micromechanics and microengineering，2015，25（2）：025012.

第4章

非矽基柔性感測技術

4.1 柔性感測器的特點和常用材料

4.1.1 柔性感測器的特點

目前，智慧感測器的應用已滲透到諸如工業生產、海洋探測、環境保護、醫學診斷、生物工程、虛擬現實、智慧家居等各方面。感測器在某種程度上可以說是決定一個系統特性和性能指標的關鍵部件。隨著可穿戴設備以及物聯網技術的發展，人們對感測器應用的需求不斷提高，不僅對被測量的範圍、精度和穩定性等各項參數的期望值提出更高的要求，同時，期望感測器還具有透明、柔韌、延展、可自由彎曲、形狀多變，易於攜帶的特點，從而可以靈活應用於各種可穿戴設備、植入式設備、智慧化監測設備和物聯網節點設備終端。柔性可延展的感測器代表了新一代半導體感測器的發展方向，既具有傳統矽基感測器的性能，也具有能夠像橡皮筋一樣拉伸，像繩子一樣扭曲，像紙張一樣摺疊的性能。普通感測器與柔性感測器的對比分析如表 4.1 所示。

表 4.1　普通感測器與柔性感測器的對比分析

種類	材料	可實現的柔性	工藝水平	適用範圍	優點	缺點
普通感測器	金屬材料 陶瓷材料	約 0～10%	較為完善	機械、電磁、氣敏、溼敏、熱敏、紅外敏等感測器	導電性能好、耐磨損、耐腐蝕、耐高溫、高強度、高硬度、價格低廉、運行速度快	較重、剛性、離散式、無塑性、易斷裂
柔性感測器	奈米材料 有機材料	20%～80%	相對不成熟	力敏、熱敏、光敏、氣體、溼度、有機分子等感測器	輕質、柔性、分布式、集成度不變的情況下大大降低厚度	力學性能與封裝性要求高、成本較高

一般來說，物理感測元件與其電氣參數的相對變化有關，如壓電式、摩擦電式、電容式或電阻式，所需檢測和量化的物理數據包括壓力和溫度等。根據這些變化敏感元件的類型，大體上可以分為固態感測器和液態感測器。顧名思義，固態感測器的敏感元件通常是固體形式，包括奈米材料的聚合物、碳、半導體和金屬，例如，碳奈米管

(CNTs)、半導體和金屬奈米線、奈米纖維聚合物和金屬奈米顆粒。相反，採用液態敏感元件的物理感測器，如離子和液態金屬，被歸為液態感測器。

首先，材料的選擇是實現開發柔性感測器的關鍵因素之一，柔性感測器研究在很大程度上取決於新材料、新結構以及新加工方法的研究進展。同時，良好的電氣性能和易於大規模加工對於製作高功能、低成本的柔性感測器也是十分重要的。透過在薄的柔性基板上開發感測器雖然能使感測器獲得一定的柔韌性，但可拉伸性卻難以實現。柔性可拉伸感測器的基底材料以及功能材料可以透過研究可拉伸的材料或者改變不可拉伸功能材料的幾何結構來獲得。例如，高模量的脆性材料如金屬和無機半導體具有優異的電學性能，是感測器常用的功能材料，可以透過改變它們的幾何結構來獲得較大的延展性。一個最為直覺的例子便是彈簧，雖然製作材料是剛性的，但它能夠被拉伸。如圖 4.1(a) 所示，將高模量薄膜沉積到預應變的彈性基底上使其在系統鬆弛時形成彎曲薄膜，這種形式的薄膜可以被拉伸或壓縮一定的程度而不產生破壞。為了使器件能夠適應更大的應變，獲得更高的延伸率，可以採用蛇形或者馬蹄形的結構，如圖 4.1(b) 所示，在保證導電性的前提下，蛇形結構可以承受最高 300％的應變。

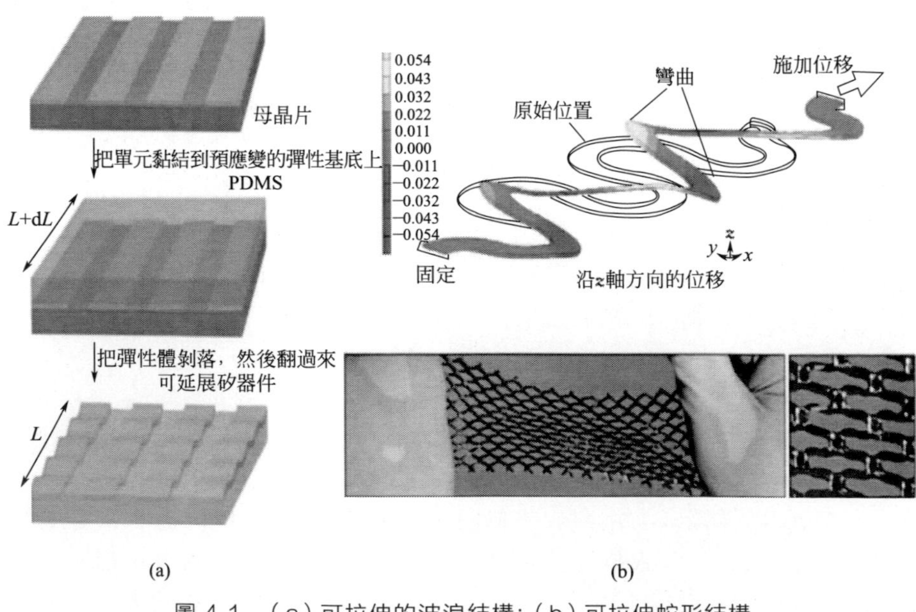

圖 4.1 (a) 可拉伸的波浪結構；(b) 可拉伸蛇形結構

4.1.2 柔性基底材料

柔性基底是柔性感測器區別於傳統矽基感測器最突出的特點，除了需要具有傳統剛性基底的絕緣性、廉價性等特點外，還需要柔軟、輕質、透明等特性，以實現彎曲、扭曲和伸縮等複雜的機械變形。柔性材料在各種拓撲和幾何形狀的表面上能提供極好的變形能力和適應性。通常，柔性感測器由諸如聚碳酸酯（PC）和聚對苯二甲酸乙二醇酯（PET）的基材製成，其提供優異的可變形性和光學透明度。另一類柔性基材，如聚二甲基矽氧烷（Polydimethylsiloxane，PDMS）和矽橡膠，例如 EcoFlex（Smooth-On，Macungie，PA，USA），DragonSkin® （Smooth-On，Macungie，PA，USA）和 Silbione（Bluestar Silicones，East Brunswick，NJ，USA）。這些柔性彈性體在不同的紋理和幾何形狀的不同表面上具有高度的可變形性和適應性，使得它們能夠成為可伸縮可穿戴感測系統的基本組件之一。此外，這些柔性矽氧烷彈性體通常具有化學惰性和生物相容性，使其非常適合可植入柔性感測器。除此之外，聚醯亞胺（Polyimide，PI）和聚萘二甲酸乙二醇酯（Polyethylene naphthalate，PEN）也常被用作柔性感測器件的基底材料。PI 是綜合性能最佳的有機高分子材料之一，有很好的力學性能，抗拉強度均在 100MPa 以上，耐溫點可達到 250℃且可長期使用，無明顯熔點。PET 是一種飽和的熱塑性聚合物，長期使用溫度可達 120℃，具有優良的耐摩擦性、尺寸穩定性和電絕緣性，價格低、產量大、力學性能好、表面平滑且有光澤。PEN 是一種新興的優良聚合物，其化學結構與 PET 相似，不同之處在於，PEN 分子鏈中用剛性更大的萘環代替了苯環。萘環結構使 PEN 比 PET 具有更高的力學性能，分子中萘環的引入提高了大分子的芳香度，使得 PEN 比 PET 表現出更為優良的耐熱性能。它們的材料屬性如表 4.2 所示。

4.1.3 金屬導電材料

電極是感測器實現功能的最為關鍵的部件之一，電極材料通常採用具有優良的導電性能的金屬材料，如 Au、Ag、Cu、Cr、Al 等。為了實現可拉伸性，通常結合磁控濺射、絲網印刷、噴墨列印工藝來製作圖形化電極層，並設計成蛇紋網狀結構，如圖 4.2 所示，透過合理設計可以實現超過 100％～200％的延伸率。

表 4.2 聚合物基底材料及其材料屬性

A	柔性基底	楊氏模量/MPa	應變/%	蒲松比	處理溫度/℃
聚合物基底	聚對苯二甲酸乙二醇酯(PET)	2000～4100	＜5	0.3～0.45	70
	聚碳酸酯(PC)	2600～3000	＜1	0.37	150
	聚氨酯(PU)	10～50	＞100	0.48～0.49999	80
	聚萘二甲酸乙二醇酯(PEN)	5000～5500	＜3	0.3～0.37	120
	聚酰亞胺(PI)	2500～10000	＜5	0.34～0.48	270
矽彈性體	聚二甲基矽氧烷(PDMS)	0.36～0.87	＞200	0.49999	70～80
	EcoFlex	0.02～0.25	＞300	0.49999	25
	龍鱗甲	1.11	＞300	0.49999	25
	有機矽	0.005	＞250	0.49999	25
B	敏感元件	結構/形式		尺寸	
導電材料	金屬奈米材料(如 Ag,Au,Cu,Al,Mn,Zn)	奈米粒子,奈米線,奈米棒		2～400nm(直徑) 200～1000nm(長度)	
	碳基奈米材料(如 CNTs,graphene)	奈米線,奈米管,奈米纖維		10～2000nm(直徑) 500～5000nm(長度)	
	離子或金屬液體(如 eGaIn,Galinstan)	液體		不適用	
C	製造技術	解析度/μm	生產量/(m/min)	局限性	
增材製造	凹版印刷	50～500	8～100	由於對齊面的存在導致解析度的局限性	
	絲網印刷	30～700	0.6～100	油墨種類少,黏度要求高,需要硬掩碼來替換	
	噴墨列印	15～100	0.02～5	不適合輥對輥生產,Coffee-ring 效應,印刷面積有限	

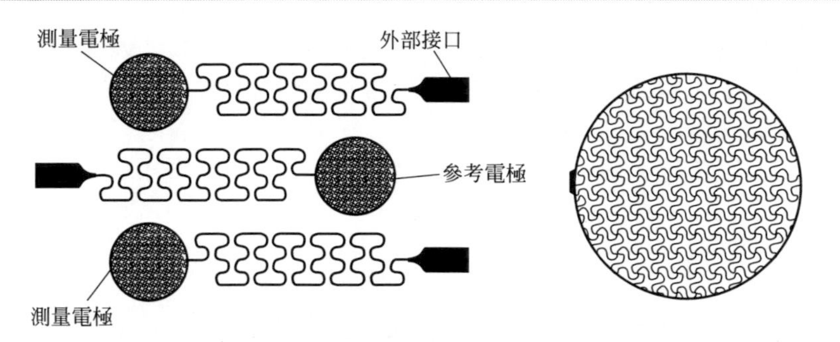

圖 4.2 蛇紋網格金屬電極結構

此外，在室溫或者接近室溫條件下為液態的金屬同時具有導電性能和流體性能，即同時具有導電性能和延展性，是製作柔性感測器的理想材料。常見的汞液態金屬具有毒性，不適用於柔性感測器的製作材料。目前，基於鎵的液態金屬是汞金屬的低毒替代物，它在室溫下不會蒸發產生有毒氣體，也難溶於水。不僅如此，美國食品和藥物管理局（FDA）批准了鎵鹽（如硝酸鎵，它是一種氧化但溶解度更高的鎵形式）用於磁共振成像（MRI）造影劑，也具有一定的治療價值，鎵基液體金屬還被證明是抗癌藥物的有效載體，但液態金屬仍然應小心對待。室溫下，鎵具有低黏度、高電導率和熱導率，它的熔點為 30℃，但可以透過加入其他金屬如銦（共晶鎵銦，EGaIn，熔點 15.7℃）和錫（鎵銦錫，熔點 −19℃）來降低熔點。

液態金屬應用於可拉伸的柔性電子器件必須能夠實現圖案化。對於固體金屬材料，通常先透過固體沉澱如磁控濺射技術在基底表面旋塗一層金屬薄膜，然後透過光刻和刻蝕形成所需的圖案。但顯然不能直接對液態金屬採用以上的方法進行圖案化，這就增加了將液態金屬應用到柔性器件中的難度。儘管存在挑戰，仍有研究人員提出了液態金屬圖案化的方法，主要分為四類：印刷工藝、注射工藝、增材製造和減材製造。雖然光刻方法不能直接應用於液態金屬的圖案化中，但平版印刷方法仍然利用了光刻工藝的技術，其方法包括壓印[1] 和模板光刻[2,3]［圖 4.3(a),(b)］。注射的方法即將液態金屬注入微通道中[4] ［圖 4.3(c)］，施加足夠的壓力，就可以使液態金屬填充通道，填充所需的壓力與通道的直徑成反比。使用「拉普拉斯阻擋法」可以將液態金屬引導至複雜的通道中[5]，也可以填充多層通道。增材製造的方法是指僅在所需要的位置沉積液態金屬，噴墨列印是傳統的增材圖案化技術，但使用傳統的噴墨列印難以實現液態金屬的圖案化。然而，使用噴墨列印技術沉積液態金屬的膠體懸浮液卻是可行的［圖 4.3(d)］，然後在室溫下進行「機械燒結」獲得所需的圖案[6]。減材技術是選擇性地從薄膜中去除金屬以留下金屬圖案的技術，如雷射燒蝕彈性體[7]。

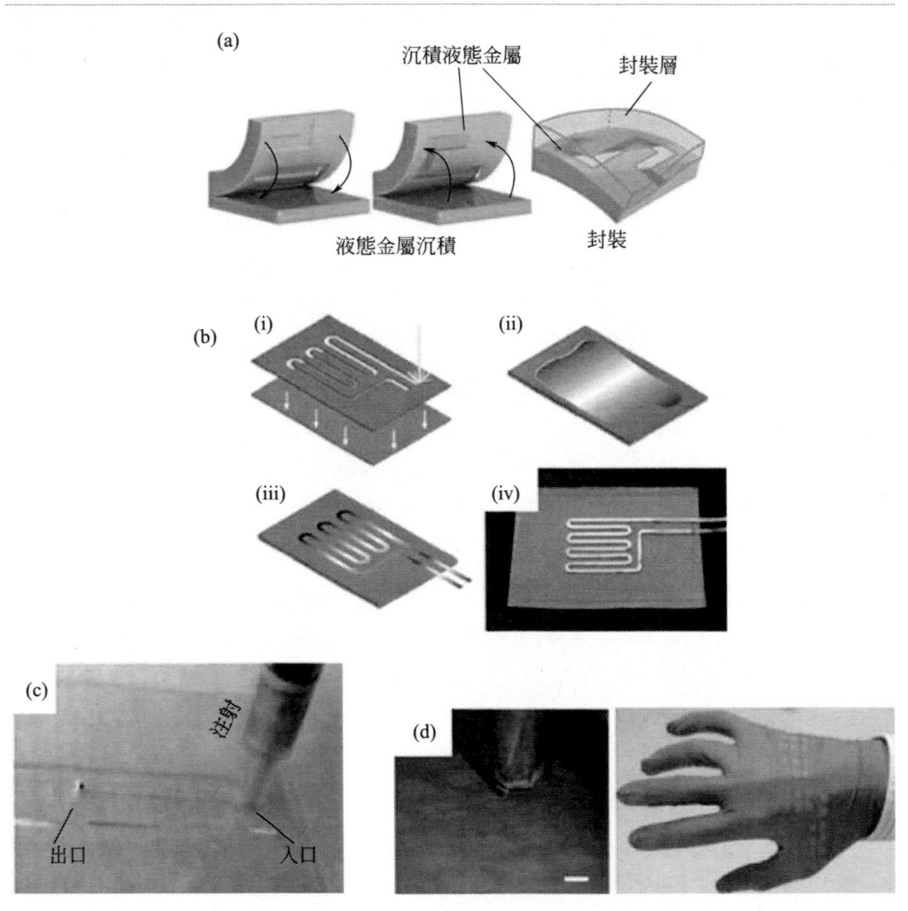

圖 4.3 液態金屬圖案化的方法

4.1.4 碳基奈米材料

碳基材料是製作柔性感測器的常用材料，從一維的碳奈米管到二維的石墨烯，以及石墨和炭黑顆粒，都廣泛地應用於柔性感測器中。導電性能對於感測器材料十分重要，可以將電阻率低、導電性能好的碳顆粒加入絕緣的彈性體中，形成可拉伸的半導體或導體材料。

碳奈米管（CNTs）因其優異的電學性能和力學性能以及化學穩定性

而備受關注，被廣泛地應用到微奈米感測器中。由於電子在碳奈米管內的徑向運動受到限制，而在軸向的運動不受任何限制，碳奈米管的徑向電阻大於軸向電阻，並且這種各向異性會隨著溫度的降低而增大。透過改變碳奈米管的網路結構和直徑可以改變導電性能，當管徑大於 6nm 時，導電性能下降；當管徑小於 6nm 時，碳奈米管可以被看成具有良好導電性的一維量子導線。利用單臂 CNTs（SWCNTs）製作感測器感應薄膜，當感測器受到拉力時，薄膜斷裂形成斷層或被拉伸成束狀結構，此時碳奈米管的導電性能發生改變，輸出的電訊號發生改變，以此來檢測感測器是否受到力的作用。用碳奈米管材料製作的感測器靈敏度高、反應快、耐用性強。與碳顆粒類似，碳奈米管優良的電學性能及各向異性，可以用作彈性複合材料的填料，分布在彈性體中的碳奈米管顆粒可以使絕緣的彈性體變成半導體或導體。碳奈米管的合成技術簡單且成本較低，常用的製備方法有電弧放電法和雷射燒蝕法。批量生產的碳奈米管與大面積溶液處理技術相結合，透過過濾、旋塗、噴塗和噴墨印刷等方法直接將碳奈米管沉積到柔性基底上。

石墨烯是一種由碳原子以 sp^2 雜化軌道組成六角形呈蜂巢晶格的二維碳奈米材料。石墨烯是目前強度最高的材料之一，同時還具有很好的韌性，且可以彎曲，石墨烯的理論楊氏模量達 1.0TPa，固有的拉伸強度為 130GPa，並且具有非常明顯的載流子遷移率。根據石墨烯的加工方法可以將其用作半導體或導體。石墨烯透過化學氣相澱積（CVD）和化學剝離等技術進行大規模生產後，可採用膜轉移技術來製備感測元件。另外，還原氧化石墨烯法與噴塗、真空過濾、浸塗、旋塗和噴墨印刷等技術結合，可直接將石墨烯片大面積沉積在柔性底物上，實現低成本、可批量生產的柔性感測器件。近年來在許多應用中已經證明了石墨烯的物理感測器的可行性，包括檢測和監測溼度、pH 值、化學物質、生物分子和機械力。此外，石墨烯的生物相容性開闢了其作為植入式生物物理感測器的更多可能性。

在最新的研究中，Roh 等[8] 描述了使用 SWCNTs 的奈米混合物和複合聚合物［3,4-乙基-二氧噻吩-聚合物（苯乙烯磺酸鹽）］的導電複合彈性體（PEDOT：PSS）和聚氨酯（PU）分散體，用於開發具有高靈敏度、可靠性和可調性的拉伸應變感測器（圖 4.4）。可拉伸的應變感測器連接到不同的面部和身體部位，能夠監測面部表情和日常活動中的皮膚應變和肌肉運動。在結構上，應變感測器是在 PDMS 基底上的 PU-PEDOT：PSS/SWCNT/PU-PEDOT：PSS 的三層堆疊結構（圖 4.4）。此外，由於 CNT 與頂部和底部導電 PU-PEDOT：PSS 彈性體層之間的相互作用，基於 SWCNT 的奈米混合感測器的表面形態是多孔的[圖 4.4(b)ii]。Kim 等人報導了基於彈性矽高度導電的 CNT 微型薄膜的高靈敏度多模態全碳皮膚感測器的發展。固態可穿戴感測器能夠同時感知多種外部物理刺激，包括觸覺、溼度、溫度和生物變量。分級工程化 CNT 組裝的微觀 1D 織物通常是具有比單個 CNT 更好的力學、電學和熱性能。在結構上，多刺激響應感覺系統採用包括 CNT 微電路和 PDMS 基底上的可拉伸彈性體電介質的壓電容器型裝置[圖 4.4(b)i]。在這種布置中，將 CNT 奈米線對齊，使得存在點對點重疊以獲得具有高空間解析度和靈敏度的可靠感測器陣列。CNT 奈米線的表面呈現了分層結構的纖維網，這有助於其疏水，以及在施加的應力下優異的抗疲勞或損傷性能[圖 4.4(b)ii]。

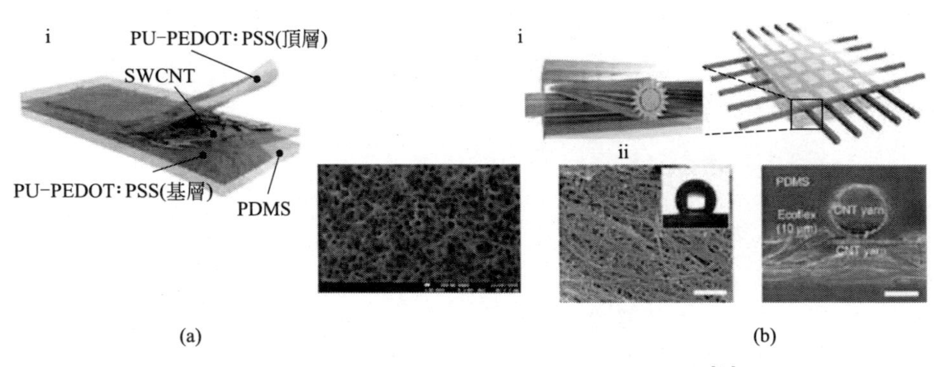

圖 4.4　基於碳奈米管奈米混合物的應變感測器[8]

4.1.5 奈米功能材料

為了實現感測器的柔性與可拉伸性，需要在材料設計中引入新的方法，包括透過已有材料的奈米尺度加工實現柔性，以及合成新的奈米功能材料。一旦剛性材料變薄達到奈米級別時，該材料便具有了可拉伸性。例如，矽奈米膜（Si NMs）的剛度比矽晶片小 1.6 個數量級。無論是自上而下加工奈米材料，還是自下而上合成新的奈米材料，都具有良好的電學性能和力學性能，新合成的奈米材料具有單獨一種材料所不具有的優良性能。

圖 4.5 展示了用於製作柔性器件的奈米材料的代表性形式[9]。奈米顆粒（左上）是介於原子、分子和整體物體之間的顆粒材料，圖中所示為氧化鐵奈米顆粒。在一維奈米材料中，奈米線（右上）比奈米

管（左下）具有更好的載流子傳輸能力。奈米膜（右下）在平面結構器件中具有較強的電荷傳輸特性。合成的新的奈米材料及已有的奈米材料已經實現了許多新的感測器的研發，包括壓力、應變和溫度感測陣列。

Gong 等人報導了一種可穿戴壓力感測器[10]，透過將金奈米線（AuNW）浸漬的薄紙夾在空白 PDMS 薄片和電極陣列圖案化的 PDMS 基底之間。該基於 AuNW 的固態壓力感測器的製造過程如圖 4.6 所示。透過注入和乾燥過程，首先合成具有極高縱橫比的超薄 AuNW，並將其沉積在薄紙上。然後將堅固但柔韌的 AuNW 浸漬的圖層插入兩層坯料和圖案化的 PDMS 基底之間。由於 AuNW 圖層的柔韌性，製造的壓力感測器可穿戴並且具有高度可彎曲性。

圖 4.5　奈米材料的代表性形式

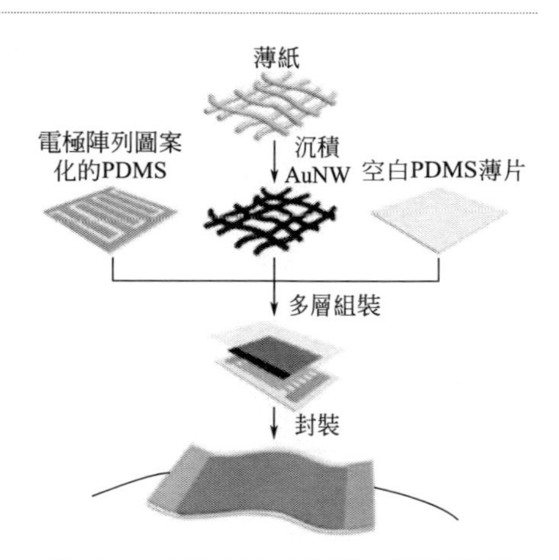

圖 4.6　固態壓力感測器的製造過程

4.1.6 導電聚合物材料

導電聚合物按照導電本質可分為結構型導電聚合物和複合型導電聚合物，前者是透過改變高分子的結構實現導電，後者是在高分子材料中加入導電填料實現導電。

結構型導電聚合物是柔性的、具有 π 共軛結構的材料。常用的導電聚合物材料有聚乙炔、聚噻吩、聚苯胺、聚吡咯等，按導電機理的不同可分為自由電子型、離子型和氧化還原型。雖然它們的電學性能不能與無機半導體相比，但這些材料比碳奈米管、石墨烯和奈米線具有更好的可加工性，並且材料的成本更低。不僅如此，它們的化學和物理性能還高度可調，可以透過化學合成改變分子結構來控制。例如，可以透過操縱分子結構來解決材料的光敏性和水敏性問題，也可以調節它們的溶解度來使它們與大面積溶液處理技術相兼容。

複合型導電聚合物是指以絕緣的聚合物為基體，加入導電性物質，使材料具備導電性。使聚合物具有導電性的原因主要有滲流效應、隧道效應和場致發射理論。滲流理論認為導電粒子相互接觸或距離很小時，體系中會產生導通電路。導電粒子的相互接觸相當於歐姆接觸，電子在導電粒子上遷移的過程中受到的阻礙越小，導電就越通暢。因此，相互接觸的導電粒子越多，材料的導電性就越好。隧道理論認為複合導電體系中導電不是靠導電粒子的接觸來實現的，而是熱振動時電子在導電粒子之間的遷移造成的。隧道效應幾乎僅發生在距離很近的導電粒子之間。因其中涉及的參數都與填料間距離和填料分布情況相關，故此理論只能在一定的填料濃度範圍內對材料體系的導電機理進行解釋。場致發射理論認為導電粒子距離小於 10nm 時，粒子間強大電場可誘使發射電場產生，從而導致電流產生。

常見的導電填料有碳係材料（炭黑、石墨、碳奈米管等）、金屬係材料（金、銀、鎳、銅、鋁等）、金屬氧化物係材料（氧化鋁、氧化錫、氧化鉛、氧化鋅、二氧化鈦等）以及各種金屬鹽和複合填料，常見填料的導電性如表 4.3 所示。

表 4.3　常見填料的導電性

材料名稱	電導率/($S \cdot cm^{-1}$)	材料名稱	電導率/($S \cdot cm^{-1}$)
銀	6.17×10^5	錫	8.77×10^4
銅	5.92×10^5	鉛	4.88×10^4
金	4.17×10^5	汞	1.04×10^4
鋁	3.82×10^5	鉍	9.43×10^3
鋅	1.69×10^5	石墨	$1 \sim 10^3$
鎳	1.38×10^5	炭黑	$1 \sim 10^2$

4.2 非矽基柔性觸覺感測器

觸覺是人類透過皮膚感知外界環境的一種形式，主要感知來自外界的溫度、溼度、壓力、振動等，以及感受目標物體的形狀、大小、材質、軟硬程度等。皮膚內的觸覺感知依賴於被稱為機械感受器的神經元，這些神經元嵌入在皮膚表面下面的不同深度，並對不同時間的力作出響應。

透過研究其工作機制，可以獲得設計電子觸覺皮膚的靈感。基於人類皮膚感知原理的觸覺感測器功能越來越完善並且已經應用到諸多領域中。設計具有觸覺感知功能的機器人皮膚，使機器人能夠與人類緊密地共融合作，完成更複雜的工作。除了面向機器人應用，這種柔性感測陣列也可以應用於醫療領域中。集成到義肢中的柔性觸覺感測器可以讓截肢者恢復一部分的力覺感知功能，也可集成到可穿戴設備用於心腦血管病患者或慢性病患者的連續健康監測。觸覺類的感測器研究有廣義和狹義之分，廣義的觸覺包括觸覺、壓覺、力覺、滑覺、冷熱覺等，狹義的觸覺包括機械手與對象接觸面上的力感知。

4.2.1 柔性觸覺感測原理

將外界的觸覺訊號轉換為電訊號是觸覺感測器的核心技術，主要的轉換機制有壓阻、壓電、電容和摩擦電式，不同的轉換機制具有不同的原理和特點，如圖 4.7 所示。

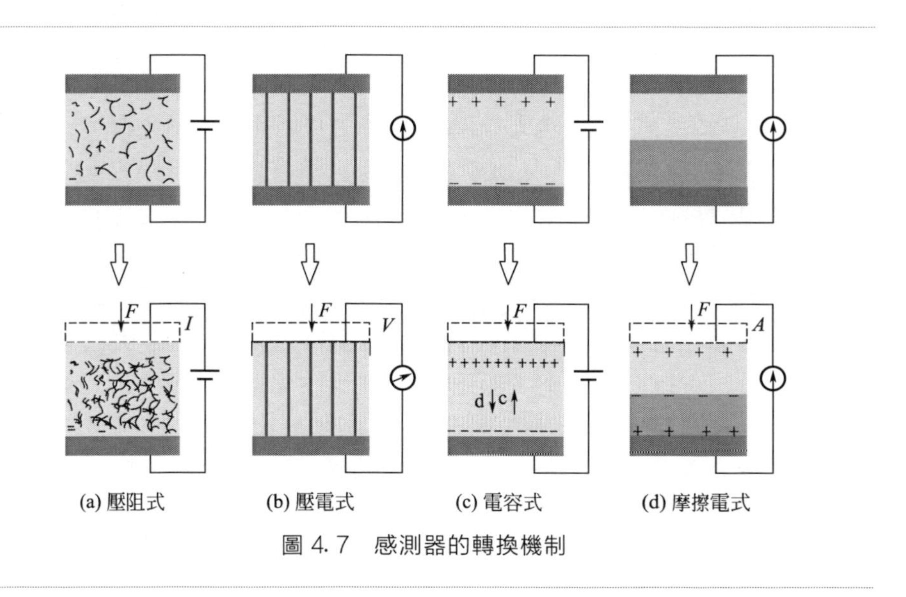

圖 4.7 感測器的轉換機制

4.2.1.1 壓阻式

壓阻式觸覺感測器將應力應變大小轉化為電阻變化進行測量。電阻的變化主要由以下因素引起。

① 由於能帶結構的變化導致電阻率的變化。即壓阻效應，是指當半導體受到應力作用時，由於應力引起能帶的變化，能谷的能量行動，使

其電阻率發生變化的現象。這是由 C. S 史密斯在 1954 年對矽和鍺的電阻率與應力變化特性測試中發現的。

② 感測元件幾何結構的變化。由電阻公式 $R=\rho L/A$ 可知，在電阻率不變的情況下，感測元件的電阻會隨著其長度 L 和截面積 A 的變化而變化。

③ 兩種材料之間的接觸電阻 R_C 的變化。在外加應力作用下，兩種材料間的接觸電阻 R_C 隨著接觸面積的變化而變化，並且 R_C 與外加壓力有如下關係：

$$R_C \propto F^{-1/2} \tag{4.1}$$

基於接觸電阻的感測器具有溫度靈敏度低、可調範圍寬、響應速度快、易於製作等特點，但通常表現出不理想的漂移和滯後現象。

在複合材料中，導電顆粒在力的作用下分離或集中引起複合材料電阻率的變化。壓阻型複合材料因其成本低、易於集成於器件而被廣泛地應用於應變和力敏材料中。複合材料中的壓阻取決於體系的組成、形態和應變大小。引起元件壓阻變化的因素主要包括：由於能帶結構的變化引起填料電阻率的變化；填料間隧道阻力的變化；滲透途徑的分解與形成。

2004 年，日本東京大學 Takao Someya 研究小組研製了一種電阻式柔性觸覺感測器[11]，如圖 4.8 所示。他們透過 MEMS 製造工藝將具有壓阻效應的石墨聚合物以及晶體管陣列到柔性襯底材料上，當按壓聚合物時，電阻發生變化，可被晶體管記錄下來。由於該感測器具有較高的靈敏度，且可以被製作成大規模的柔性電子皮膚，被廣泛地應用於家政和用於娛樂的機器人中。如圖 4.9 所示的是中國科學院蘇州奈米技術與奈米仿生研究所研製的柔性電阻式感測器[12]，該感測器以靈敏度極高的碳奈米管薄膜作為導電材料，並以絲綢作為微結構模板，在碳奈米管薄膜上製備出各種圖案，當有外力作用時，該碳奈米管材料的電阻會改變。以絲綢作為微結構模板，可以以較低的成本獲得圖案均勻的大規模微結構，該感測裝置表現出優越的靈敏度、極低的可檢測壓力極限（0.6Pa）、快速響應時間（$<$10ms）和高穩定性，可以監測人體說話時和手腕脈搏跳動時的壓力訊號，在疾病診斷和語音識別方面有潛在應用。

4.2.1.2 壓電式

壓電式柔性壓力感測器是當受到壓力作用時，壓力薄膜產生變形而導致內部發生極化現象，薄膜表面因此出現正負電荷並輸出電訊號。壓電係數越高，其材料的能量轉換效率就越高，因此可實現高靈敏度。由於它具有高靈敏度和快速響應的特性，壓電柔性感測器被廣泛用於即時測量動態力學變化。

圖 4.8　東京大學研製的電阻式柔性觸覺感測器

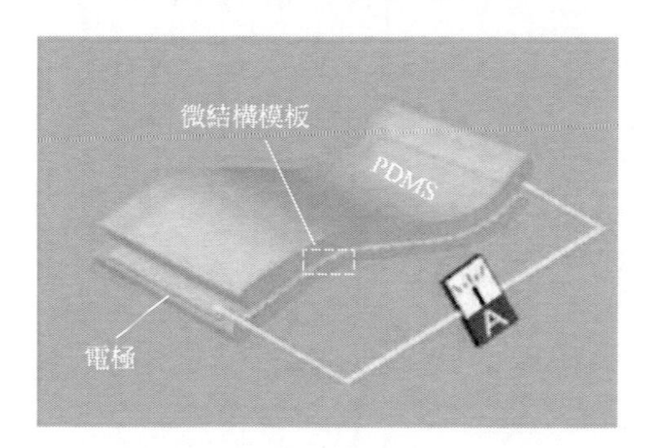

圖 4.9　中國科學院蘇州奈米所研製的柔性電阻式感測器

所謂的極化現象是指，當介電材料放置在電場中時，其分子間發生微觀電荷再分配。在某些材料中，整體極化不是透過晶體電荷的再分配產生，而是透過機械變形或載荷產生。由於材料的各向異性，極化可以產生在任何方向上，即會產生不同幅值和方向的位移，利用此特性，可以製造出將電荷位移控制在特定方向上的壓電材料。這一現象由居里兄弟發現，並將其稱為正壓電效應。他們在實驗中觀察到，當壓電材料受到機械壓力時，晶體中開始產生電極化，隨後，拉伸和壓縮產生與作用力成正比的反向極性電壓。電壓與作用力的關係可以表示為：

$$V_S = -g(L/A)F \tag{4.2}$$

式中，g 稱為壓電電壓常數；L 和 A 分別為結構沿著極化方向測量的長度和橫截面積。

壓電現象存在於天然和合成材料中。主要來說，大多數工程應用中的壓電材料都是由人工合成的，如鉛鋅鈦化合物、鋯鈦酸鉛、鈦酸鋇、鈦酸鍶鋇、硫酸鋰和聚偏二氟乙烯（PVDF）等。壓電材料按結構可分為高分子材料和陶瓷材料。應用最廣的壓電陶瓷是石英和鋯鈦酸鉛化合物（PZT），可以透過調整鋯鈦酸的比例最佳化其性能，從而適應特定的場合，如表 4.4 所示為它們的性能。高分子壓電材料較為柔軟，不易破碎，可以大規模生產和製成較大的面積。以 PVDF 為例，有機壓電材料的優點：①質地柔軟可拉伸，能夠製成結構複雜、大面積柔性感測器；②對應力和應變的變化響應迅速；③具有良好的機械強度、韌性和溫溼度穩定性；④壓電係數較高，靈敏度較高；⑤與溶液化工藝兼容，能夠實現壓電器件的高效、低成本製造。

表 4.4　常用壓電材料性能

參數	石英	鈦酸鋇	鋯鈦酸鉛 PZT-4	鋯鈦酸鉛 PZT-5	鋯鈦酸鉛 PZT-6
壓電係數/(pC/N)	$d_{11}=2.31$ $d_{14}=0.73$	$d_{15}=260$ $d_{31}=-78$ $d_{33}=190$	$d_{15}=410$ $d_{31}=-100$ $d_{33}=230$	$d_{15}=670$ $d_{31}=-185$ $d_{33}=600$	$d_{15}=330$ $d_{31}=-90$ $d_{33}=200$
相對介電常數(ε_r)	4.5	1200	1050	2100	1000
居里點溫度/℃	573	115	310	260	300
密度/($\times 10^3 kg/m^3$)	2.65	5.5	7.45	7.5	7.45
彈性模量/kPa	80	110	83.3	117	123
機械品質因數	$10^5 \sim 10^6$	—	≥500	80	≥800
最大安全應力/($\times 10^5 Pa$)	95～100	81	76	76	93
體積電阻率/Ω・m	$>10^{12}$	10^{10}(25℃)	$>10^{10}$	10^{11}(25℃)	—
最高允許溫度/℃	550	80	250	250	—
最高允許溼度/%	100	100	100	100	—

浙江大學提出了一種基於 PVDF 薄膜的柔性壓電觸覺感測器陣列[13]。該陣列由六個觸覺單元組成［如圖 4.10(a) 所示］，排列成 3×2 矩陣，相鄰單元之間的間距為 8mm。在每個單元中，一個 PVDF 薄膜夾在四個方形上電極和一個方形下電極之間［如圖 4.10(b) 所示］，從凸點頂部傳遞的三軸接觸力將導致 PVDF 產生不同的電荷變化，收集電荷並由此可以計算出力的法向分量和剪切分量。由於該感測器具有良好的可延展性，可以很容易地集成到曲面上，被廣泛地應用到機器人和模擬手上用於感測三維力。

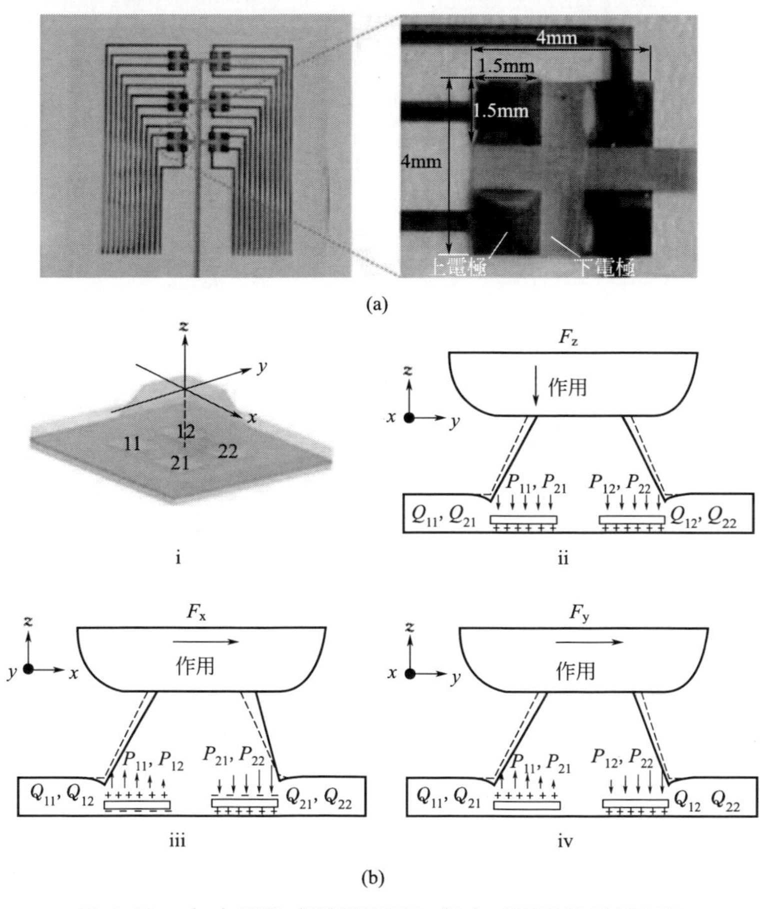

圖 4.10 （a）觸覺感測器陣列和（b）感測器結構與原理

4.2.1.3 電容式

電容式柔性壓力感測器是基於感應材料電容量的變化，將被測力的資訊轉化為電訊號，其工作原理可以用圖 4.11 所示的平行板電容器加以說明。

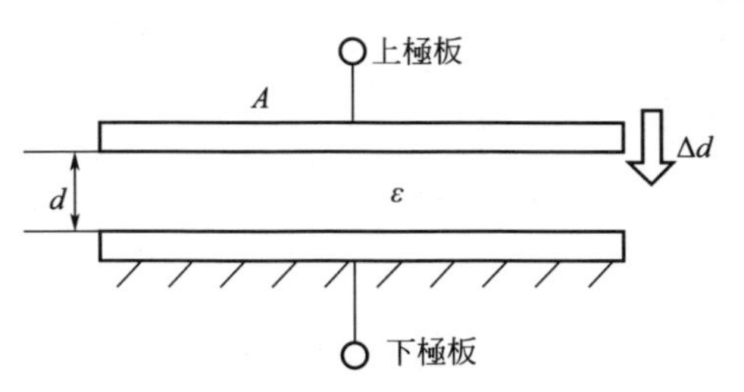

圖 4.11 電容式觸覺感測器原理

電容器的電容值 C 為：

$$C=\frac{\varepsilon_0\varepsilon_r A}{d} \tag{4.3}$$

式中 ε_r——極板間介質的相對介電係數，空氣中 $\varepsilon_r=1$；

ε_0——真空中介電常數，$\varepsilon_0=8.85\times10^{-13}$F/m；

d——極板間的距離，m；

A——極板間的有效面積，m^2。

當被測量使 d、A 或 ε_r 發生變化時，都會引起電容 C 的變化，若僅改變其中的一個參數，則可以建立起該參數與電容量變化之間的關係。d 的變化用來測量法向力，而 A 的變化通常用來測量剪切力，同時，也可以透過介質材料以不同的深度進入電容器，從而調整兩平行極板之間介質材料的比例，但這種方法並不能廣泛地適用電容式感測器。電容式感測器的一個主要優點就是其控制方法簡單，簡化了器件的設計和分析。用於觸覺感測的電容式感測器具有高靈敏度、與靜態力測量兼容和低功耗的特點。

變間距型的電容感測器被廣泛地應用於觸覺感測器的設計。在預應變的 PDMS 上旋塗碳奈米管溶液製備可以伸縮的電極層，然後將製備後的電極層與介質層貼合裝配成電容式感測器，可以用來感知壓力和應變；利用溼敏材料作為電容的介電材料，透過不同溼度環境下的膨脹程度來調節兩個電極的距離，從而改變電容，以此來製作溼度感測器。為了使感測器具有更高的靈敏度和超快的響應速度，可以採用具有微結構的介電層。微結構化 PDMS 的製備過程如圖 4.12 所示：①PDMS 稀溶液滴注到含有微結構的矽模具中；②PDMS 薄膜經過真空脫模處理形成不完全固化；③將塗有 ITO 塗層的 PET 基板層壓到模具上，PDMS 薄膜在壓力和 70℃溫度共同作用下固化 3h；④將柔性基板從模具上剝離。史丹佛大學的鮑哲南研究團隊採用這種微結構，製作了高靈敏的壓力感測器，能夠分辨出一隻蒼蠅停留在上面的壓力（圖 4.13）[14]。

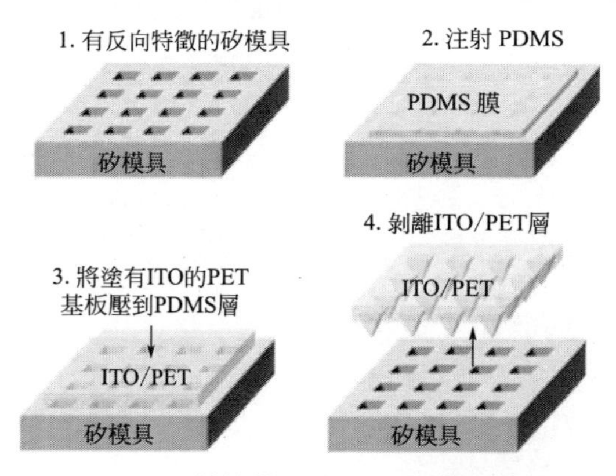

圖 4.12　微結構化 PDMS 的製備過程

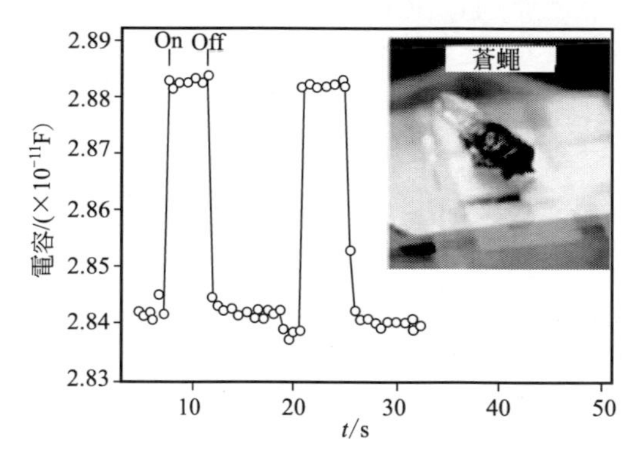

圖 4.13　高靈敏度壓力感測器實驗數據

蘇州大學劉會聰課題組製作了一種基於變極距電容結構的高靈敏度的壓力感測器［圖 4.14(a)］[15]。設計的柔性觸覺感測陣列以 PET 為基底材料，導電材料為 Cu，介電材料為 PDMS，其結構如圖 4.14(b) 所示。該感測陣列的結構共分為四層［圖 4.14(c)］，感測單元上方的凸起層不僅增大了感測器的靈敏度，還起到了保護感測器敏感部分的作用。為了進一步提高感測器的靈敏度，還設計了金字塔形的微結構。搭建觸覺反饋電路系統，對感測器輸出的電容訊號進行傳輸和處理，向機器人發送控制指令，可以實現機器人的安全避障功能。

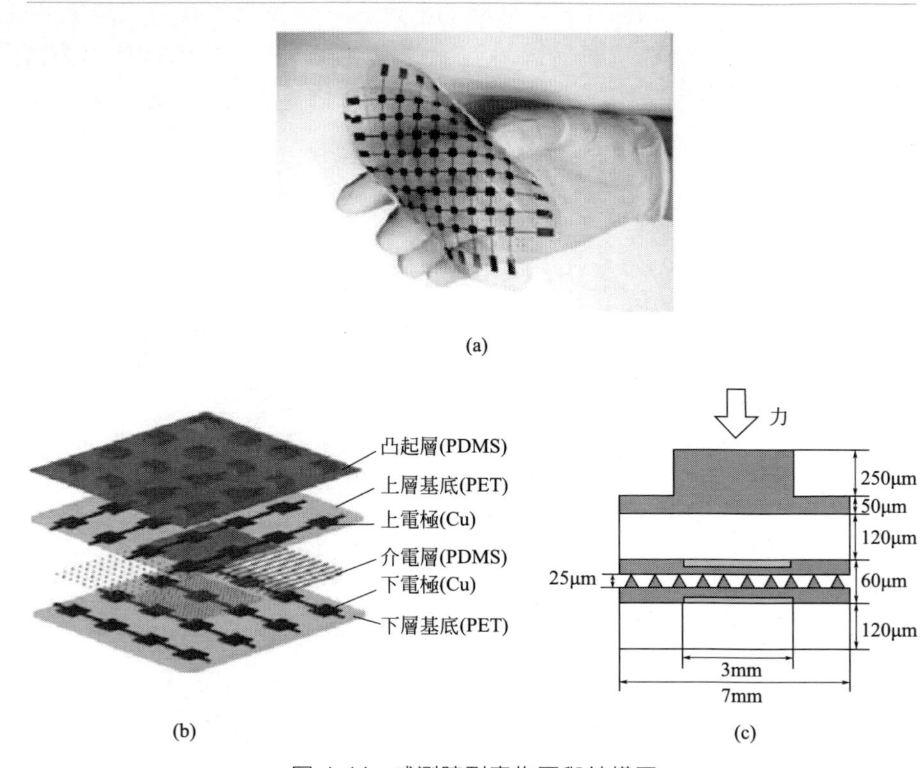

圖 4.14 感測陣列實物圖與結構圖

4.2.1.4 摩擦電式

摩擦電式感測器的工作原理是基於摩擦電和靜電感應的耦合效應。摩擦起電是指當兩種不同材料接觸後，由於不同材料束縛電子的能力不同而導致電子的轉移，進而導致電子的轉移，進而導致兩種材料帶異種電荷的現象。靜電感應是指由於外界電荷的存在導致電荷再分布的現象。摩擦電式感測器利用摩擦起電和靜電感應驅使電子在感應極板與外電路間運動，從而形成電訊號。

圖 4.15 定性地描述了摩擦電式觸覺感測器在感應外界接觸按壓時的電荷轉移過程。藍色與黃色分別代表不同的摩擦材料，初始狀態下，兩種材料間具有一定的空隙。當有外界壓力作用在器件上時，兩種材料相互接觸並發生電子轉移，這就是摩擦電效應。當釋放形變力的時候，兩個極板自動分開，帶相反電荷的摩擦材料之間會形成電場。下極板帶正電荷，由於該極板接地，所以電子會從接地端流向下極板，從而產生電流，在這個過程中產生的電流將持續直到上下極板之間的距離達到最大且不再改變時，

兩極板之間的電勢達到靜電平衡狀態，外電路電流歸零。隨後當外力再次作用在極板上時，帶正電荷的一端的電子將沿原路返回，從而產生另一個方向相反的電流脈衝，直至兩種材料重新接觸，電流歸零。

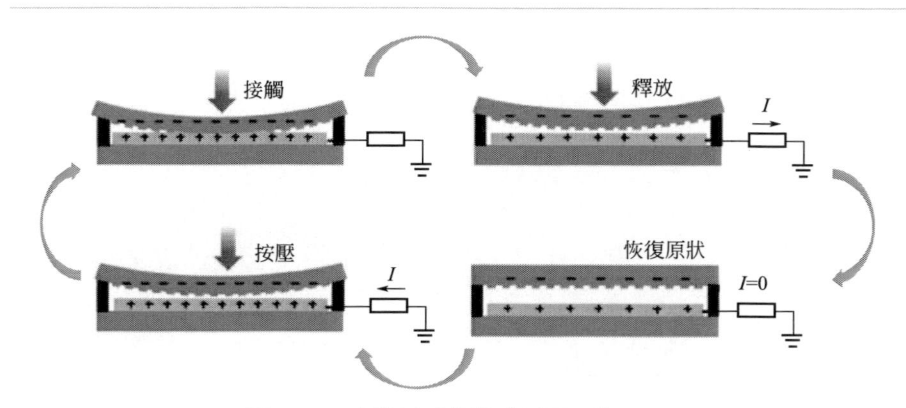

圖 4.15 摩擦電式觸覺感測器工作原理

摩擦電式奈米發電及其作為感測器的應用是一個熱門的研究課題。Ding 等人提出了一種摻雜 CNTs 的多孔結構的 PDMS 薄膜［圖 4.16(a)］，根據摩擦原理，以該 PDMS 薄膜和 Al 薄膜作為摩擦材料建立了一種自供電的摩擦式觸覺感測器［圖 4.16(b)］[16]。根據測量結果，加入碳奈米管的多孔摩擦式的感測器的輸出電壓分別是未摻雜的多孔 PDMS 的 7 倍和純 PDMS 的 16 倍。在一項睡眠監測實驗中，該感測器可以成功獲取人體的運動訊號、呼吸訊號和心跳訊號，在未來的應用中，可以廣泛地應用到醫療領域中。

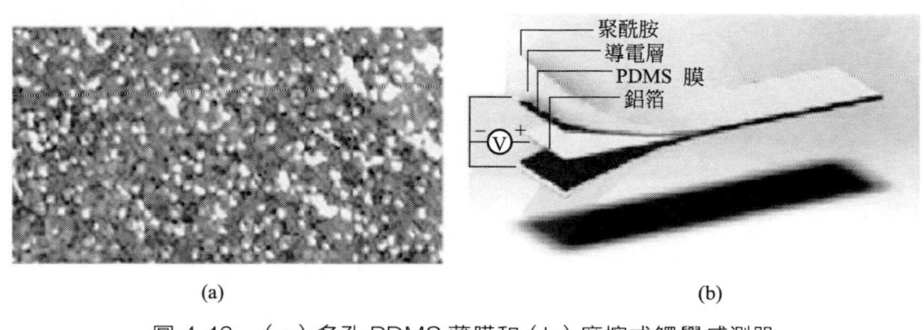

圖 4.16 （a）多孔 PDMS 薄膜和（b）摩擦式觸覺感測器

與電容式感測器相比，摩擦電式感測器具有自供電的優點。蘇州大學劉會聰研究組對柔性觸覺感測陣列進行了方案最佳化，設計了一種可以用於大型工業機器人避撞的柔性摩擦電式觸覺感測器[17]。其結構如圖 4.17(a) 所示，感測陣列從上至下共分為三層，最上層為摩擦層——PET，中間層為摩擦層——Cu，銅箔兩側均勻分布著墊片，其作用是在兩種摩擦材料之間產生間隙，以便透過外力改變接觸與分離的狀態，底層材料也是 PET。為了提高輸出訊號的電壓值，該設計對頂層 PET 層進行了表面處理，應用卷到卷式紫外壓印工藝引入了微結構，工藝方法如圖 4.17(b) 所示。設計反饋電路系統，在機器人發生故障時，可以實現機電系統的急停，避免發生意外。

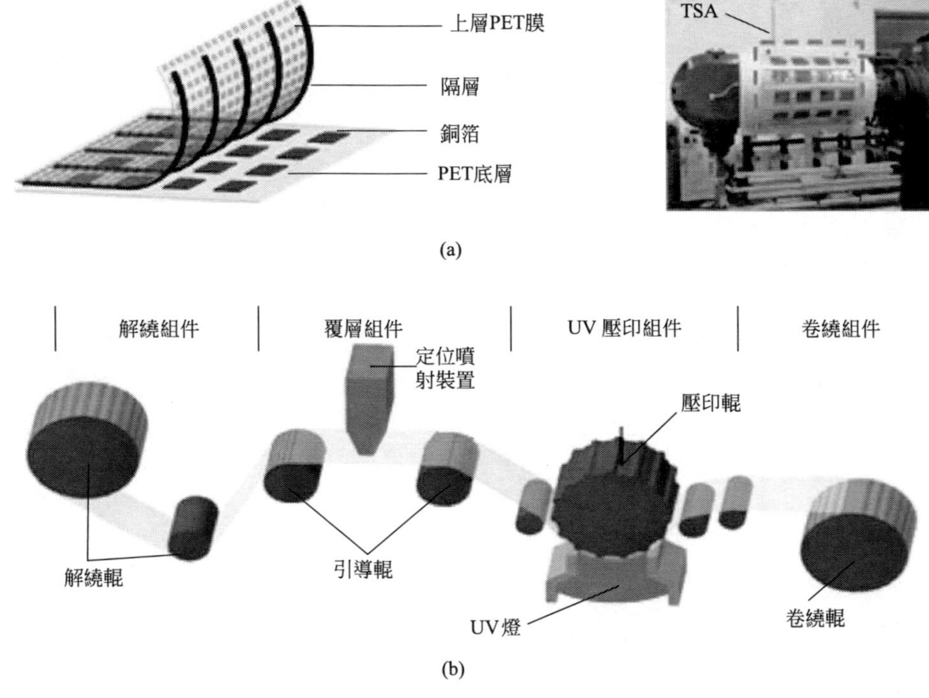

圖 4.17 (a) 柔性摩擦電式觸覺感測器結構圖和 (b) 卷到卷式紫外壓印工藝

4.2.2 柔性觸覺感測器發展趨勢

近年來，新材料、新工藝的出現對柔性電子皮膚的研究有著極大的促進作用，使其在機器人、醫療、軍事、娛樂等諸多領域有了廣泛的應用。其未來發展的方向將是高靈敏度、高度集成化、智慧化和自供能。

① 三維力的精確檢測。具有高精度、高解析度、高速響應的觸覺感測器可以幫助機器人識別物體，感知外界環境和自身狀態，使機器人能

夠完成較為複雜和精細的任務。目前對於單維觸覺感測技術的研究已經比較成熟，但很多應用場合需要柔性觸覺感測器的三維力感知。如機械手握持物體時，既需要感知正向握持壓力，又需要感知切向滑移力。不僅如此，還要求機械手能在各種規則和不規則的表面獲取測量資訊並完成精準抓握操作。因此研究能檢測三維力的柔性觸覺感測器成為智慧機器人觸覺感測進一步發展的關鍵技術。

② 多功能集成。人類皮膚系統可以同時感受多維壓力、溫度、溼度、表面粗糙度等多種參數，但現有的柔性觸覺感測器所具有的功能單一，主要集中在壓力檢測，少數感測器能夠同時測量壓力與溫度。為了使觸覺感測器能夠更好地模仿人類皮膚的多功能觸覺感知，開發兼具有高彈性、寬量程、高靈敏度、多功能集成的柔性感測系統，使其更加接近甚至超越人類皮膚的性能是今後研究的重要方向。

③ 自供能。當前感測器供電的主要方式還是電力線供電和電池供電。採用電力線供電方式，需要定期進行維護，且不便攜帶，而電池供電則需定期更換電池。為柔性觸覺感測器提供便攜、可行動、能持久供電的電源是未來重要研究方向。太陽能電池、超級電容、機械能量收集器、無線天線等都能實現發電，並且能夠將電能輸送到或儲存在柔性電子系統中。未來，如何實現發電技術柔性化，並集成到柔性觸覺感測器中，實現觸覺感測器的自供電是一個巨大的挑戰。

4.3 生理訊號感測技術

生理訊號感測技術是指將生命體徵訊號轉化為電訊號的感測技術，即時監測與評估生物組織器官的生理特性在臨床診斷和預後方面具有重要意義。例如，由於生理病理改變或治療反應的改變，預期生理特性的時間依賴性變化是臨床監測和治療的重點。本節將主要介紹幾種生物訊號的感知測量原理及將生理訊號感測技術應用到醫療衛生領域所要解決的一些關鍵技術問題。

4.3.1 柔性溫度感測

體溫是人體基本的生理指標，體溫的變化能夠一定程度反映人體健康狀況。正常人的體溫是相對恆定的，它透過大腦和丘腦下部的體溫調節中樞調節和神經體液的作用，使產熱和散熱保持動態平衡。保持恆定的體溫，是保證新陳代謝和人體生命活動正常進行的必要條件。開發能與人體集成的柔性溫度感測器可以即時地監測人體溫度的變化，對於新生兒和重症患者，可以免去使用溫度計重複測量的不便，同時也減輕了醫護人員的負擔。常用的溫度感測器通常採用熱敏電阻的方式，其電阻會隨著溫度的變化而變化。如果電阻值隨著溫度的升高而增加，則熱敏電阻為正溫度係數（PTC）熱敏電阻；反之，為負溫度係數（NTC）熱敏電阻。熱敏電阻的阻值變化如式(4.4)。

$$R_t=R_0\exp\beta\left(\frac{1}{T}-\frac{1}{T_0}\right) \tag{4.4}$$

式中 T_0——初始的溫度值；

T——所要測量的溫度值；

R_t——溫度為 T 時的電阻值；

R_0——溫度為 T_0 時的電阻值；

β——熱敏電阻的材料係數。

對式(4.4) 兩邊同時取對數可以得到 $\ln(R_t)$ 與 $1/T$ 的線性關係式。熱敏電阻的溫度係數 α 為：

$$\alpha=\frac{1}{R_t}\frac{dR_t}{dT}=-\frac{\beta}{T^2} \tag{4.5}$$

熱敏電阻的靈敏度一般由材料係數 β 和溫度係數 α 量化，α 表示單位溫度變化時電阻變化的百分比，表 4.5 列舉了一些新型熱敏電阻的性能參數。

表 4.5 新型熱敏電阻性能參數

材料	β/K	α/(%/K)
多壁碳奈米管	112.49	−0.15
PETDOT:PSS/碳奈米管	—	−0.61
石墨烯	835.72	−1.12
氧化鎳	約 4262.70	約−5.71

雖然柔性溫度感測技術發展迅速，但在準確測量方面仍存在著巨大的挑戰，主要有以下幾個因素。

① 熱敏電阻會表現出對壓力的敏感性，從測得的電阻中排除干擾獲得實際溫度是一項艱難的工作。一種折中的解決方案是將剛性熱敏電阻埋入彈性體中，能夠使裝置不受柔性應變的影響，但這樣可能會降低裝置的柔韌性。

② 溫度感測器要能夠廣泛地應用於表皮體溫的測量，必須與人體皮

膚特性相兼容。皮膚是氣體交換的通道，皮膚最外層約 0.25～0.4mm 的細胞幾乎都依賴於表皮的呼吸作用進行細胞的新陳代謝，體溫感測器的設計與製造必須考慮這一特性，在不影響皮膚功能的前提下進行體溫監測。除此之外，防水性也是一個需要考慮的因素，需要保證外部液體和體表汗液無法進入電子部分造成裝置短路。

③ 體核溫度是指心、肺、腹腔臟器的溫度，較之於體表溫度，體核溫度較高且更為穩定，不易受外界環境的影響。雖然各內臟器官的代謝水平不同，代謝快的器官產熱較多，溫度也較高；反之則溫度較低，但由於血液循環的作用，各器官的溫度趨於一致。在臨床上，體核溫度的使用更加具有參考價值。如何透過不植入人體設備的方法連續、準確地測量體核溫度是未來柔性溫度感測技術的一個發展方向。

4.3.2 柔性心率感測

心率是指正常人某狀態下每分鐘心跳的次數。心率是一項重要的人體體徵訊號，自胚胎時期開始一直到死亡才結束。檢測靜息心率是否在正常範圍內可以有效地降低突發心臟病和猝死的風險。常用的檢測方法有電學、光學和壓力式感測技術。下面將主要介紹基於電學的測量方法，即透過皮膚電極拾取心肌訊號。

心電訊號是一項重要的生物電訊號，長期以來一直被用作重要的生理、心理指標。與之對應的心電圖（ECG）也早已為人所熟知，並且廣泛地應用於健康醫療領域，是診斷和分析疾病的重要依據。心電訊號是心臟中無數心肌細胞活動的綜合反映，心電訊號的產生與心肌細胞的除極和復極過程有著緊密的聯繫，如圖 4.18(a) 所示為心肌細胞的除極和復極過程。心肌細胞在靜息狀態下時，細胞膜外帶正電荷，膜內帶相同數量的負電荷，這種狀態稱為極化狀態，這種狀態下的細胞膜內外的電位差稱為靜息電位，其值保持恆定。心肌細胞受到刺激後，細胞膜的通透性增強，同時激活膜上的鈉載體，使細胞膜外帶正電的鈉離子進入細胞膜內，膜內的陽離子變多，而膜外的陽離子減少。電流從高電位的膜內流向低電位的膜外，這樣的動作電位稱為除極狀態。由於細胞的新陳代謝，心肌細胞又將透過逆向的復位過程恢復到極化狀態。復位過程是透過鉀離子的外移實現的，與鈉離子不同，鉀離子可以任意穿過細胞膜而不需要載體的輔助。圖 4.18(b) 所示的是心肌細胞電位變化過程。心肌細胞每次興奮都會引起細胞膜電位變化，形成動作電位，這些眾多心肌細胞的電活動綜合疊加就形成了心電圖。如果把電極放在體表的任意兩處，就能記錄到兩個電極之間電壓差的微弱變化。圖 4.18(c) 是典型的心電圖波形。

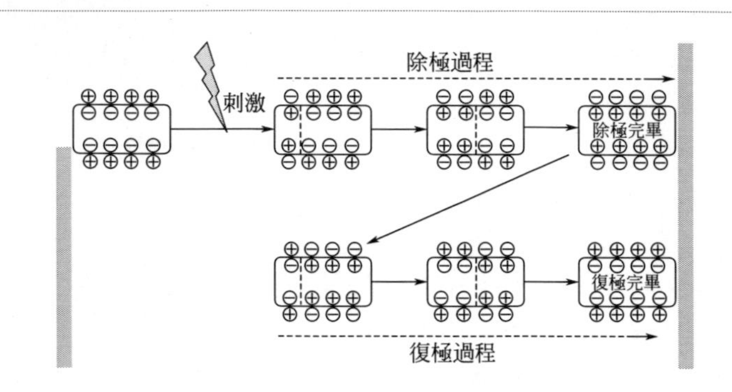

(a) 心肌細胞的除極和復極過程

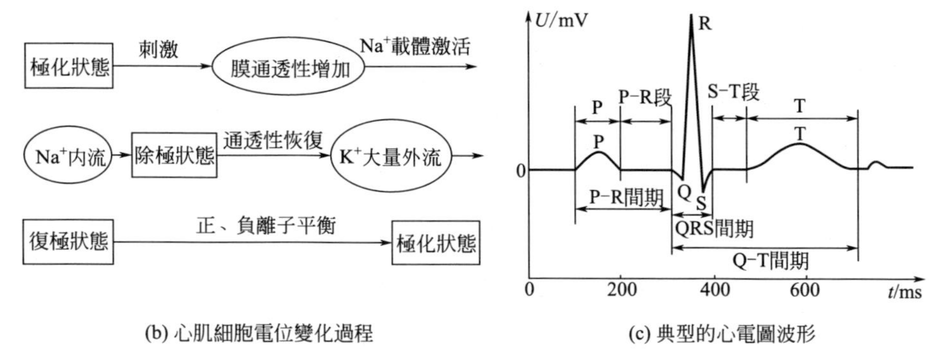

(b) 心肌細胞電位變化過程

(c) 典型的心電圖波形

圖 4.18　心電訊號產生機理

心電感測器主要由四個模塊組成，即感測單元、放大電路、通訊模塊和電源。其結構框架如圖 4.19 所示。在生物電訊號的測量中，電極是第一重要元素，它將人體內依靠離子傳導的生物電訊號轉化成了測量電路中依靠電子傳導的電訊號，但轉換後的電訊號是低頻的微弱訊號，需要透過放大電路的放大才能進行分析。對於放大電路也是有諸多方面的要求的：①高輸入阻抗；②高共模抑制比；③低噪音、低漂移；④設置保護電路。經轉換、放大後獲得的訊號屬於模擬訊號，而電腦只能處理數位訊號。因此需要將模擬訊號透過模數轉換器（A/D）轉換成數位訊號，然後透過數據傳輸裝置輸入到電腦中進行處理。模數轉換器的數據傳輸裝置統稱為通訊模塊。每一個功能模塊都需要電源模塊來支撐。

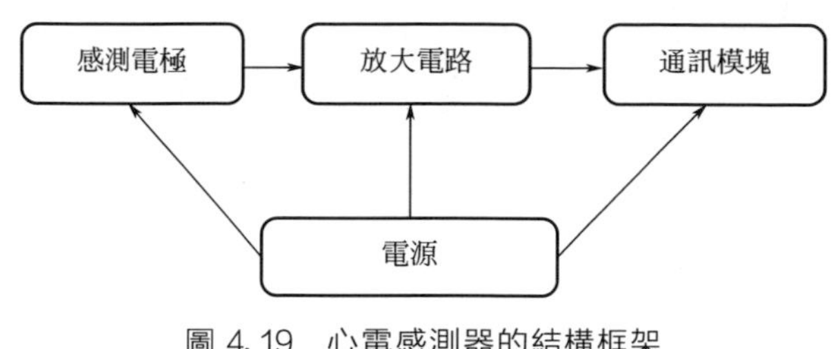

圖 4.19　心電感測器的結構框架

如圖 4.20(a) 所示，傳統測量心電訊號的方法是透過微針刺穿角質層，嵌入低阻抗的生發層來完成訊號採集的。微針陣列電極的基底通常採用矽等剛性材料，在使用的時候容易與皮膚發生摩擦，造成微針斷裂，不僅影響測量結果，還會造成使用者的皮膚損傷。剛性基底的結構設計使得電極不能緊緊地貼合在皮膚表面，一方面會使佩戴者不舒適；另一方面會影響微針插入皮膚的深度，影響測量結果的準確性。如圖 4.20(b) 所示，柔性襯底微針陣列改變了原來傳統微針陣列乾電極的基底材料，用柔性材料代替以前的剛性材料。這樣做，一方面使得柔性襯底與皮膚緊密貼合，降低接觸帶來的歐姆阻抗；另一方面，當外力作用於電極時，該柔性基底可以發生彈性形變，避免微針折斷。同時微針的柔性基底能夠緩解佩戴者的不適感。

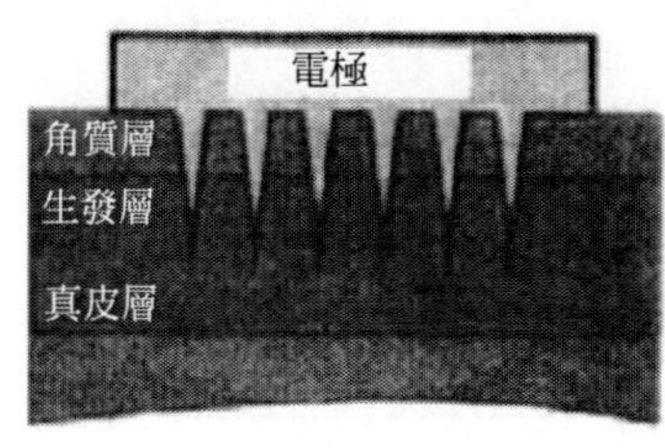

(a) 傳統微針電極

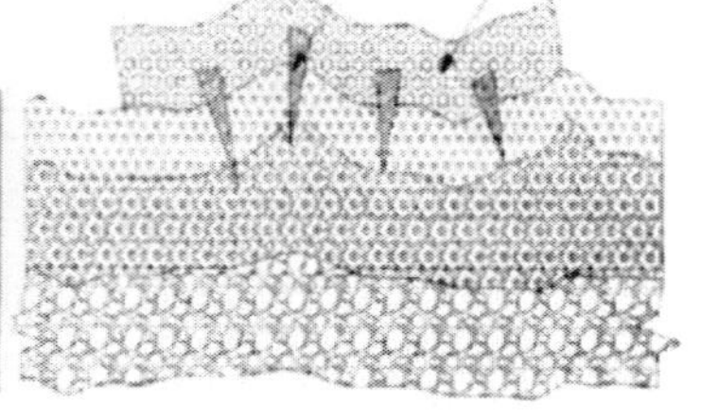

(b) 採用柔性基底地微針電極

圖 4.20　測量電極示意圖

碳奈米管具有優秀的導電性質和柔韌性，且作為奈米材料，可以很容易地與高分子混合在一起。如圖 4.21 所示，將碳奈米管與柔軟的矽膠混合，製備出柔軟的、可延展的、具有黏性的生物電訊號感測器。

電極完成的是訊號採集的工作，對於訊號的處理與分析需要透過其他的硬體設備來完成。目前，電極收集到的訊號通常透過導線傳輸到心電圖機中生成心電圖，這對於長時間連續測量心電訊號顯然是不可行的。將柔性電路系統與柔性感測電極集成［圖 4.22(a)］，可以不依靠外部設備實現訊號的採集、放大、過濾和轉換，然後透過無線傳輸技術將訊號傳輸到電腦或其他電子設備中進行處理，生成心電圖［圖 4.22(b)］。電路系統和電極都具有柔性，可以隨著皮膚一起延展，大大降低了裝置對正常生活的影響，更適合在日常生活中對心率進行長時間連續監測。柔性化的電極依靠凡得瓦力能緊密貼合在胸膛的皮膚上，可以降低噪音，提高測量訊號的穩定性。

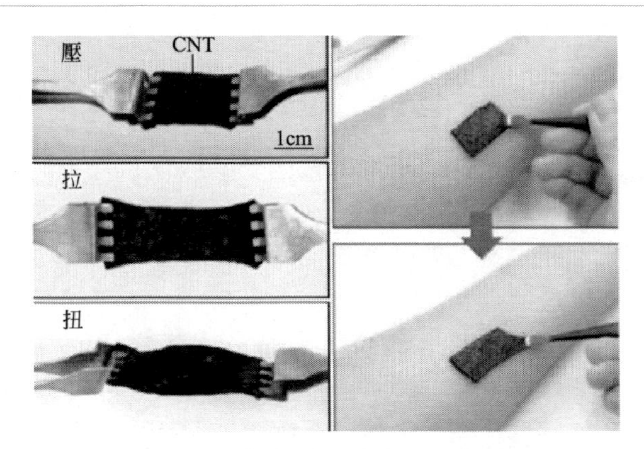

圖 4.21　碳奈米材料製成的電位感測器

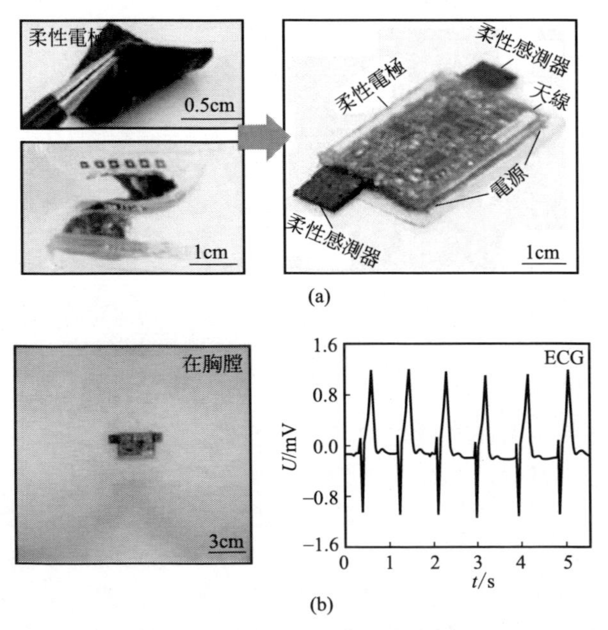

圖 4.22　柔性電路與電極的集成

另外兩種常用的測量心率的方法為光電體積法和動脈血壓法。光電體積法追踪可見光在人體中的反射，由光電感測器接收反射光。人體中的骨骼、脂肪、皮膚等對光的反射都是固定值，而毛細血管和動、靜脈血管的反射大小會隨著脈搏容量的變化而變大變小，所以光電感測器測得的反射值是波動的。這個波動的頻率就是脈搏，一般與心率是一致的。動脈血壓法指的是將柔性壓力感測器置於橈動脈或者頸動脈處測量壓力變化，以此得出心率的大小。

4.3.3 柔性血壓感測

血壓指血管内的血液對於單位面積血管壁的側壓力，即壓強。通常所說的血壓是指動脈血壓。當血管擴張時，血壓下降；血管收縮時，血壓升高。正常的血壓是血液循環流動的前提，血壓在多種因素調節下保持正常，從而提供各組織和器官以足夠的血液，以維持正常的新陳代謝。血壓過低或過高（低血壓、高血壓）都會造成嚴重後果，血壓消失是死亡的前兆，這都說明血壓有極其重要的生物學意義。血壓的測量方式可分為直接式和間接式兩種測量方式。直接式是用壓力感測器直接測量壓力變化；間接式的工作原理是控制設備向被測部位上施加壓力，透過分析施加的壓力與產生的脈搏訊號的資訊來判斷血壓大小。目前，臨床上常採用間接測量的方式來檢測血壓，所使用的設備稱為血壓計，由氣球、袖帶和檢壓計三部分組成。

結合直接式血壓測量原理和柔性感測技術，可以開發出更利於日常測量和户外運動的血壓訊號採集器。柔性血壓測量的關鍵在於高靈敏度和低弛豫時間的壓力感測器的研究，常用的方法是在電容式壓力感測器的介電層中添加金字塔形的微結構。有研究證明採用微結構的壓力感測器的靈敏度遠高於不採用微結構的壓力感測器的靈敏度，同時弛豫時間可以減少到毫秒（ms）級別以下，增大金字塔間距和側壁坡度能降低微結構層的有效模量。

血壓感測在實際應用中需要滿足以下幾點要求：①必須具有高靈敏度和低的弛豫時間，這是設備進行血壓測量的前提和關鍵；②在受到外界干擾時（如進行運動的時候）仍能夠緊密地與皮膚貼合，保證測量結果的準確性和穩定性；③脈搏的壓力變化與皮膚表面和外界壓力相比屬於小壓力訊號，需要透過放大電路放大後才能進行分析，因此，需要在柔性基底上集成柔性電路系統；④為了減少感測器對正常生活的影響，需要採用無線通訊技術以減少接線的使用。圖 4.23 所示的是將柔性壓阻感測器與ECG電極集成的腕式血壓測量柔性感測系統，可以對血壓進行精確的測量[18]。

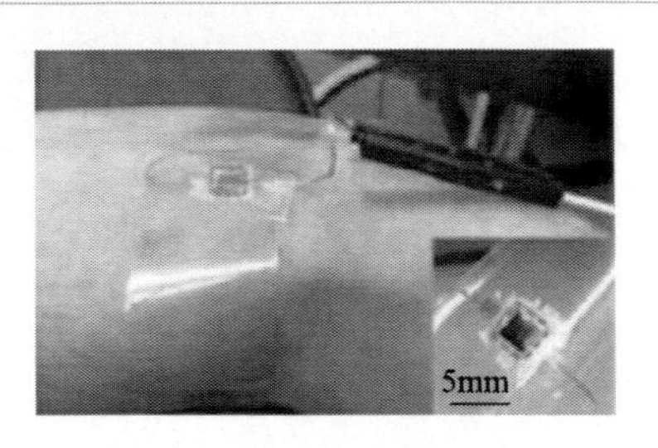

(i) 連接到手腕的FPS

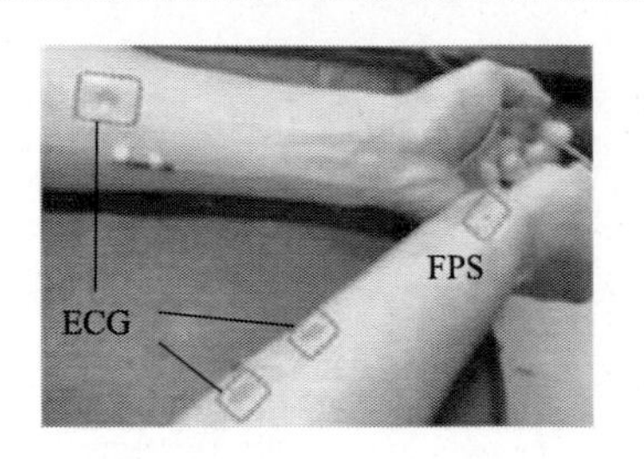

(ii) 包含FPS，ECG電極的貼片系統

(a) 脈壓訊號與ECG訊號結合測壓系統

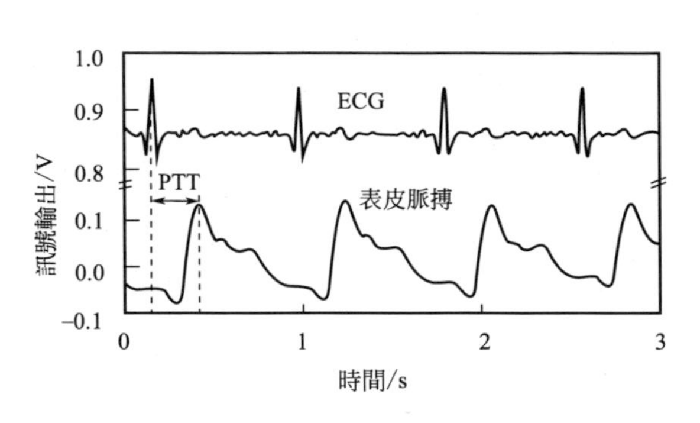

(i) ECG、表皮脈搏訊號以及脈搏傳導時間(PTT)

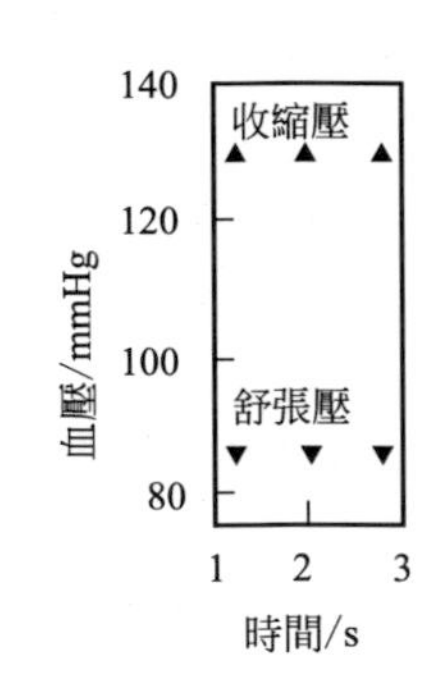

(ii) 對應血壓值

(b) 腕式血壓監測

圖 4.23 腕式血壓測量柔性感測系統

4.3.4 生物感測器

生物感測器是一種對生物物質敏感並能將其轉換成電訊號的裝置。生物感測器同時具有接收器和轉換器的功能，由識別元件（固定化的生物敏感材料，包括酶、抗體、抗原、微生物、細胞、組織、核酸等生物活性物質）、轉換元件（如氧電極、光敏管、場效應管、壓電晶體等）和放大裝置組成。待測物質經擴散作用進入生物活性材料，經分子識別，發生化學反應，產生的資訊被響應的物理或化學換能器轉變成可定量和可處理的電訊號，再經二次放大輸出，便可測得待測物的濃度。其原理如圖 4.24 所示。

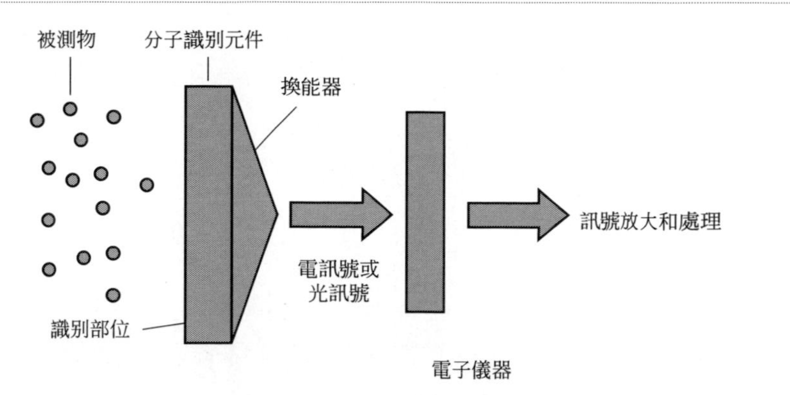

圖 4.24　生物感測器原理圖

生物感測器有多種分類方式。

(1) 按照其感受器中所採用的生命物質分類，可分為：微生物感測器、免疫感測器、組織感測器、細胞感測器、酶感測器、DNA 感測器等。

(2) 按照感測器檢測的原理分類，可分為：熱敏生物感測器、場效應管生物感測器、壓電生物感測器、光學生物感測器、聲波道生物感測器、酶電極生物感測器、介體生物感測器等。

(3) 按照生物敏感物質相互作用的類型分類，可分為親和型和代謝型兩種。

生物感測器響應速度快，穩定性好，分析精度高。其中，酶生物感測器最早出現且精度最高，廣泛地應用於醫療保健和疾病診斷領域，可以用來監測人體内的生化指標。加州大學聖地牙哥分校的研究團隊研製出一種紋身式的電化學生物感測器[19]，可以很輕易地黏附在人體皮膚表層，用來監測人在運動時的乳酸程度。清華大學馮雪課題組[20]提出了一種電化學雙通道的無創血糖測量方法，利用與皮膚緊密貼合的柔性電子器件，對皮膚施加微弱電場，透過離子導入的方法提高組織液的滲透壓，引起組織液和血液滲透和重吸收過程的動態過程重新平衡，驅使血液中的血糖流出血管［如圖 4.25(a) 所示］。然後按照設計好的路徑定向地擴散到皮膚表面，然後透過生物感測器進行測量。圖 4.25(b) 展示了該血糖感測器與人體集成的照片。該感測器的測量精度高、特異性高、重複誤差小，與傳統的測量血糖的方法相比，能減輕人體的疼痛。

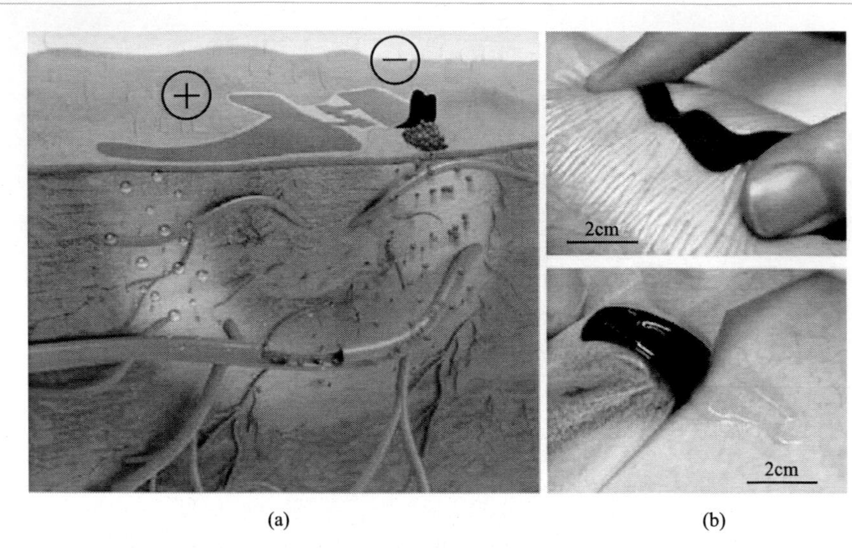

圖 4.25 無創血糖測量方法的示意圖和實驗圖

4.3.5 關鍵技術挑戰

柔性生理訊號感測技術在可穿戴、植入式生物醫療健康領域的實際應用和商業化過程中需要解決諸多技術挑戰，張元亭教授提出了可穿戴無擾生物醫療感測系統的「超級智慧（Super-Minds）」[21] 核心設計思想，即安全性（Security）、不可見性（Unobtrusiveness）、個性化（Personalization）、能效性（Energy-efficiency）、魯棒性（Robustness）、微型化（Miniaturization）、智慧化（Intelligence）、網路化（Networking）數位化（Digitalization）和標準化（Standardization）。

① 微型化與不可見性。隨著集成電路和微加工技術的發展，感測器的尺寸大幅度減小，使感測器能夠適應要求更高、環境更複雜的應用場合。例如，傳統的心率監測需要使用心電圖機，監測時間短，不能實現即時連續監測，且裝置複雜，使用不方便，而採用柔性感測器製成的可穿戴設備能夠進行長效、持續的心率監測。在柔性基底上集成多個感測器模塊、訊號處理模塊和供電單元，能夠同時測量多個訊號，這些都依賴於微型化技術。不可見性也可稱作為無擾性，指設備可以 24h 進行監測而不影響人的正常生活，一般隨著感知檢測技術的進步而發展。清華大學微納電子係的任天令[22] 教授團隊研發出一種石墨烯電子皮膚（圖 4.26），該器件可以與紋身相結合，較為美觀且不會影響人的正常生

活，還具有極高的靈敏度，貼合至人體皮膚表層，可以測量心率、呼吸等人體訊號。

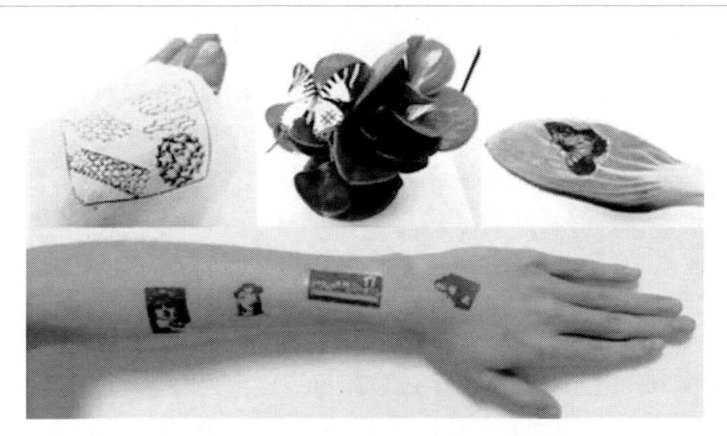

圖 4. 26　基於石墨烯製作的電子皮膚

② 網路化與安全性。為了滿足行動醫療的要求，提供高效的服務，可穿戴設備必須進行網路化。網路化首先是指將不同的可穿戴設備互聯為一個整體，其次是指將可穿戴設備所獲取的數據發送到服務器進行儲存和處理。人體的生命體徵包括體溫、心率、呼吸率和血壓，透過感測技術感知檢測，將結果儲存在處理器中並由醫療機構進行分析，判斷健康狀況是否正常。安全性是實現網路化過程中必須考慮的問題，對於健康醫療的應用也是如此。當可穿戴設備與網路相結合時，個人數據的流動性增加，這就增加了個人健康數據暴露的風險。對於這種前所未有的新風險，不能一味地逃避、否認網路化時代的來臨，要以積極的態度對待。首先是關於數據採集、傳輸、儲存等環節的軟硬體安全技術要不斷進行提升，從源頭上盡可能地堵住漏洞；其次是行業的自律，尤其對於將商業模式設置在大數據商業化基礎上的商家而言，需要更多的道德自律；最後則需要藉助於法律法規的手段，完善個人數據保護的法律體系，以及數據商業化的法律法規。

③ 能效與數位化。能效是可穿戴設備的關鍵指標之一。對於需要長時間連續監測的設備而言，會直接影響它的實用性。提高設備能效的方法主要有三種：改善能量儲存技術、採用節能設計和自供電。可穿戴設備採集到模擬訊號後，需要將訊號轉換成數位訊號進行儲存和處理。由於設備對供電有嚴格限制，需要在不影響診斷準確率的前提下，降低數據採樣頻率以最佳化能源消耗。

④ 標準化與個性化。在可穿戴設備商業化進程中，標準化是一個重要的影響因素，能為設備的服務品質提供保證，為實現不同設備間的互操作提供基礎。然而，醫療健康領域的數據種類複雜，而且商家都希望制定有利於自己產品特性的標準，實現可穿戴設備的標準化較為困難。為了解決這一問題，成立了 HL7（Health Level 7）組織，制定了標準化的衛生資訊傳輸協議，匯集了不同廠商用來設計應用軟體之間接口的標準格式，允許各個醫療機構在異構系統之間進行數據交互。相較於標準化，可穿戴設備的個性化也十分重要，不僅是設備的個性設計，還要針對不同的使用者實現感測器調整、疾病偵測和制定治療方案，提高服務質量。

⑤ 人工智慧與魯棒性。人工智慧在健康資訊領域的應用主要有預測和決策。整合設備所得多維資訊可以做疾病預測，將這些數據整合起來，透過結合深度學習等人工智慧，可以使設備能夠自行進行預測並給出合理的治療方案。魯棒性是指系統在一定參數攝動下，維持其性能的特性。由於醫療領域的特殊要求，需要設備能夠全時間正常運作，在面對震動、高速運動、液體潑濺等複雜情況，設備需要具有高魯棒性以保證設備不發生故障。

4.4 非矽基柔性感測技術應用舉例

柔性感測器結構形式多變，可以根據使用要求任意設計，在一些工作環境特殊複雜、需要進行精確測量的場合具有優勢。柔性感測器在近幾年獲得了較大的發展，但很多的成果都停留在實驗室階段，無法用於大面積的商業化用途。透過結合小型化和智慧化，柔性感測器在機器人、醫療健康和虛擬現實領域都有重要的作用。下面是柔性感測器的一些應用舉例。

（1）機器人領域的應用

機器人技術是當今發展最為迅速、應用最廣泛的高新技術之一。在工業生產中，為了防止工業機器人對人類的安全造成威脅，絕大部分的工業機器人都被安置在堅固的圍欄中，把機器與人隔開，且完成的都是單一重複的工作［圖 4.27(a)］。隨著工業生產工作的日趨複雜，需要人與機器共同工作［圖 4.27(b)］。為了確保人機協作過程中能夠安全可靠地完成任務，需要使機器人具有感知能力：一方面能即時地採集外界環境訊號；另一方面能快速地進行訊號處理，即時控制機器人動作。蘇州大學劉會聰課題組針對機器人安全避障、人機安全協作的需求，設計了柔性電容式觸覺感測器和柔性摩擦電式感測器，並且搭建了訊號收集系統和反饋系統，實現了小型機械臂的智慧安全避障功能[15,17]，圖 4.27(c) 所示為感測器與機械臂的集成，圖 4.27(d) 是應用該感測系統的避障實驗。

(a) 圍欄將人與機器人隔離

(b) 工人與機器人共同作業

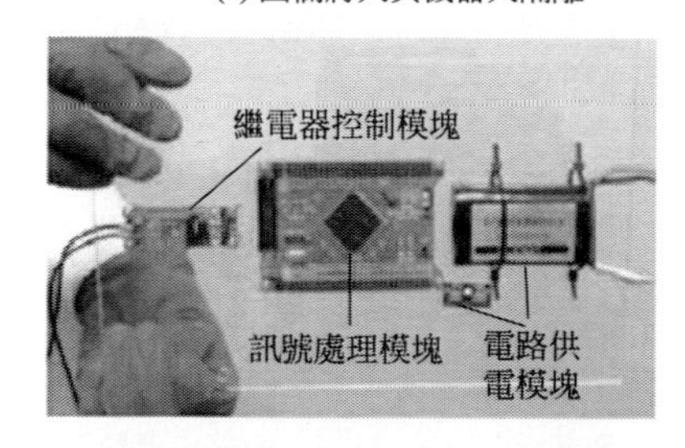

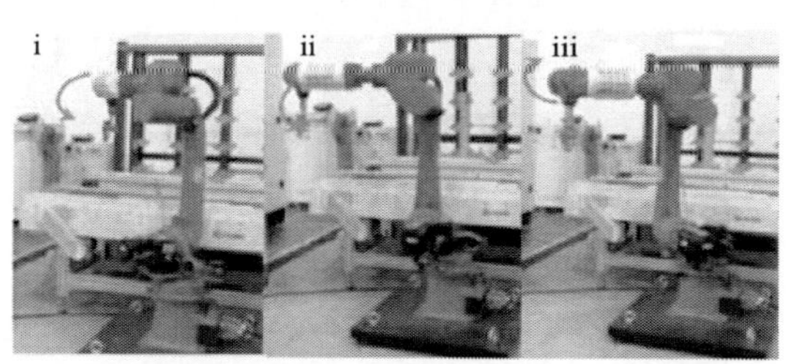

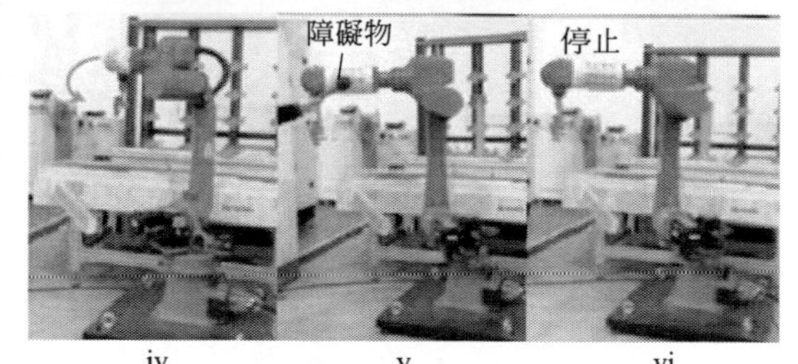

(c) 傳感系統與機械臂集成

(d) 避撞實驗過程

圖 4.27　柔性感測器在機器人領域的應用實例

Chen 等人[23] 設計了一種基於摩擦發電原理的柔性感測器，可以作為人機交互界面應用於交互式的機器人中（圖 4.28）。該感測器由兩組感測器貼片組成，用於檢測手指滑動軌跡，根據產生電壓訊號的不同生成操作指令，並將其應用於機器人的三維運動控制，實現機器人末端的即時軌跡控制。該感測器結構設計簡單，成本較低，在機器人交互控制和電子皮膚等領域有廣闊的應用前景。

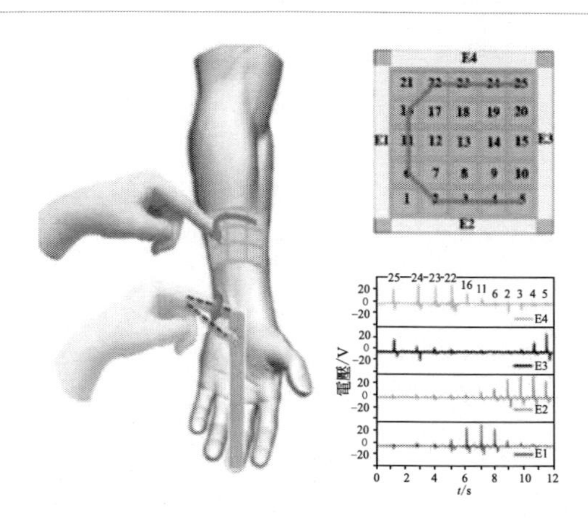

圖 4.28　用於機器人交互的感測器

意大利的科學家研製了一款人型機器人，取名 iCub，四肢活動可達 53°，具有觸覺和協調能力，可以抓東西、玩捉迷藏，甚至會隨著音樂跳舞，在它的手臂上安裝有特殊的力感測器，用於與外界環境和人的互動(圖 4.29)[24]。柔性感測器也可以用於搜救機器人中。在頭部安裝柔性影像感測器，可以監測災區內部的情況；安裝的觸覺感測器可以使它避開障礙物。

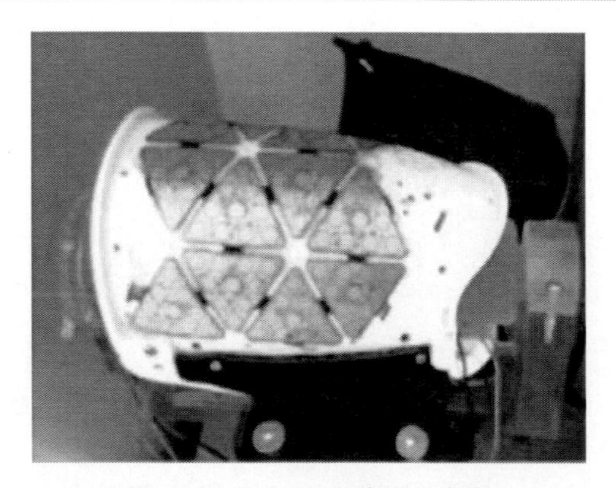

圖 4.29　iCub 手臂電子皮膚

(2) 醫療健康領域的應用

在醫療健康領域，基於柔性感測技術製作的設備裝置的主要任務是在不影響使用者正常活動的情況下監測其物理活動和各項生理指標，主要包括腦電訊號、心電訊號、心率、血壓、體溫等。圖 4.30 詳細總結了柔性感測技術在醫療健康領域的應用[25]。

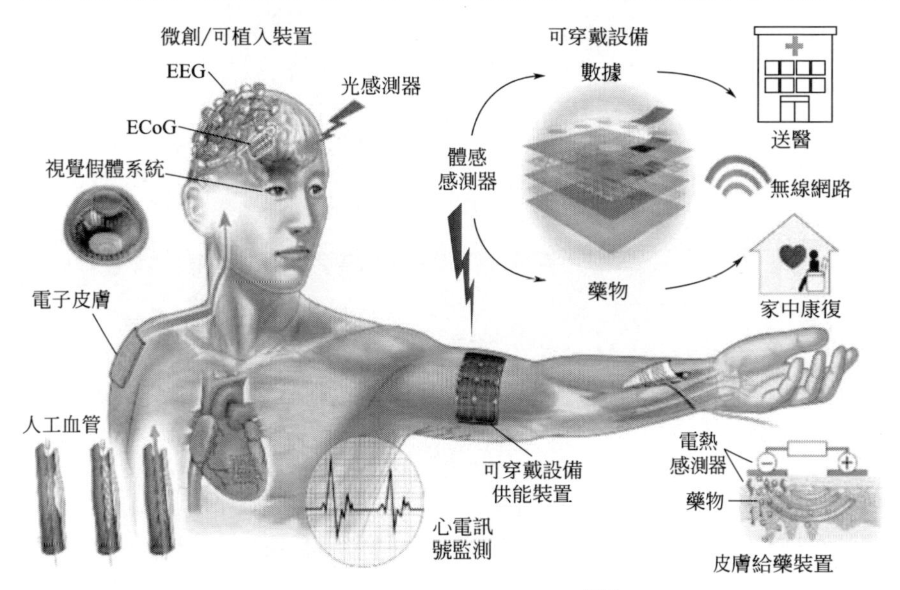

圖 4.30 柔性感測器的應用[25]

透過電極陣列採集腦電訊號（EEG）和心電訊號（ECG），對腦功能及神經系統和心臟功能進行觀測，預防諸如癲癇、痴呆、帕金森病和心律失常等疾病。將柔性電子技術應用到光學感測器中，可以製造出視覺假體系統。Ko 等人[26] 首先在平面上建立了二維表面創建光電子系統，然後將這個平面系統轉換成半球曲線形狀，最後把彈性體轉印到玻璃透鏡基底上，以此來製作半球形的成像系統。最右邊所示的是透皮藥物輸送裝置，首先透過生理感測器感測生命體徵訊號，然後結合無線電通訊技術傳輸到服務器進行分析，如果檢測的體徵訊號偏離正常值，就會進行一個反饋治療，即透過皮膚向人體輸送藥物。

Kim 等[27] 利用氣球導管研究出一種多功能，儀表化的氣球手術工具。圖 4.31 所示是膨脹後的氣球導管，膨脹後的氣球薄膜輕輕擠壓心臟膜，在這種配置下，醫生可以進行一系列的檢查。增加氣球的功能可以獲得更多所需要的數據資訊。圖 4.32 是 Kim 等人[28] 提出的表皮集成電子器件原型，集成了多種功能的感測器（溫度、應變、電生理）、有源和無源電路、無線供電線圈、無線射頻通訊器件（高頻電感、電容、振盪器、天線），上述器件都固定在彈性薄膜上。將整個器件固定皮膚表面，可以檢測人體的訊號。

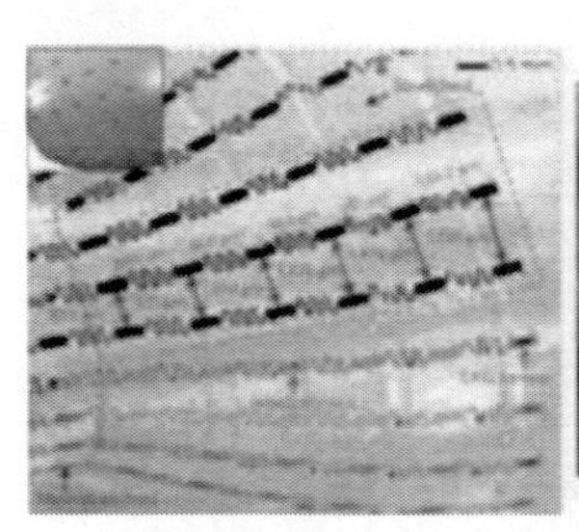
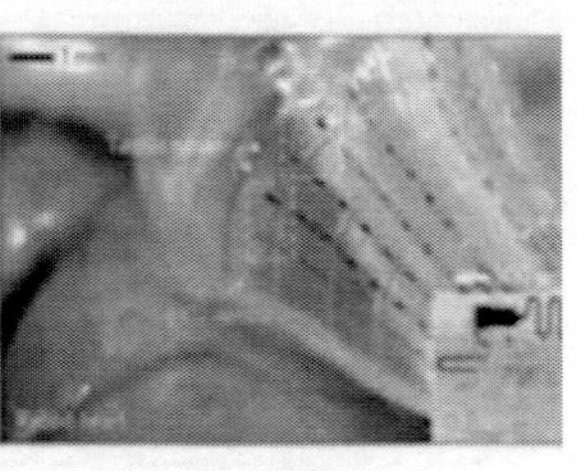

圖 4.31 多功能儀表化的氣球導管

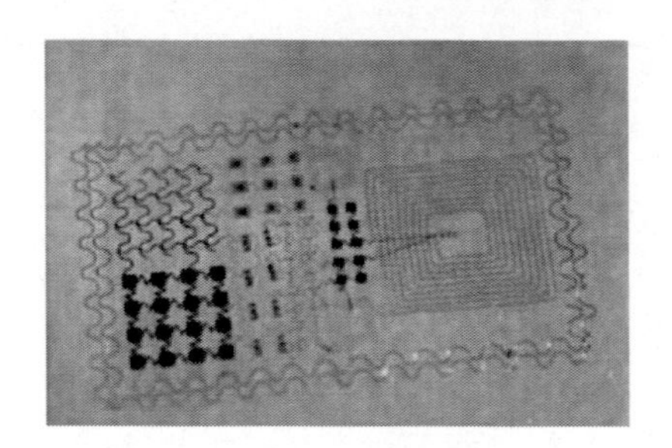

圖 4.32 表皮集成電子器件原型

(3) 與 VR/AR 相結合

VR 和 AR 是兩種不同的概念，VR 著重在虛擬世界中展現真實的元素，而 AR 著重在真實的世界中展現虛擬的元素，但無論是哪種，都體現了與人的交互性。由柔性感測技術與織物手套相結合產生的數據手套(圖 4.33) 可以充當虛擬手與 VR/AR 系統交互，使用者可以透過數據手套在虛擬世界中抓取、行動、操縱、裝配和控制各種物體。手指伸屈時的各種姿勢會透過感測器轉化成數位訊號傳送給電腦，電腦透過識別程序識別動作，然後執行相應的動作。

Chen 等人[29] 利用摩擦起電原理研製了一種自供電的虛擬現實三維控制感測器 (圖 4.34)，該感測器的對稱三維結構可以檢測三維空間中的法向力和剪切力，作為交互工具成功地實現了 AR 環境中對物體的姿態控制。該感測器共有 8 個電極，可以檢測三維空間中的 6 個矢量訊號 (沿 x 軸、y 軸、z 軸的行動，繞 x 軸、y 軸、z 軸的轉動)，透過建立 6 個參數的組合和姿態控制指令之間的關係，可以實現精確的姿態控制。

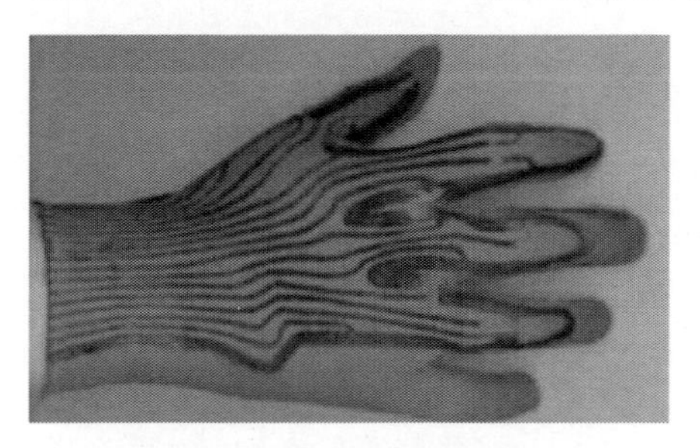

圖 4. 33 集成感測器的手套

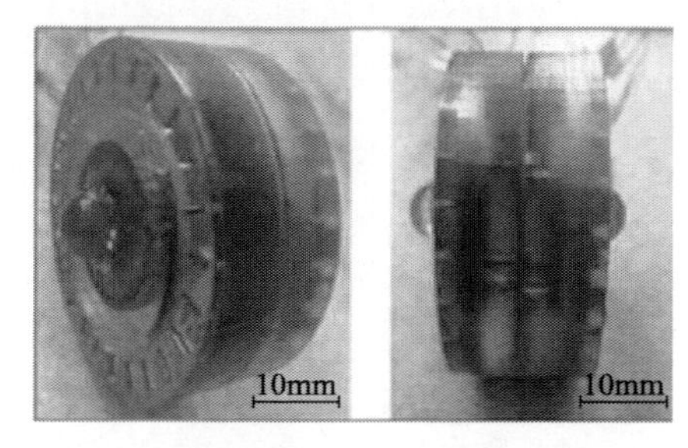

圖 4. 34 VR-3D-CS

參考文獻

[1] Gozen B A, Tabatabai A, et al. High-Density Soft Matter Electronics with Micron Scale Line Width[J]. Adv. Mater., 2014, 26(30): 5211-5216.

[2] Wissman J, Tong L, Majidi C. Soft-matter electronics with stencil lithography [C]. IEEE Sensors, IEEE, Piscataway, NJ, USA, 2013: 1-4.

[3] Jeong S H, Hjort K, Wu Z. Tape Transfer Printing of a Liquid Metal Alloy for Stretchable RF Electronics [J]. Sensors, 2014, 14(9): 16311-16321.

[4] Dickey M D, Chiechi R C, Larsen R J, et al. Eutectic gallium-indium (EGaIn): A liquid metal alloy for the formation of stable structures in microchannels at room temperature[J]. Adv. Funct. Mater., 2008, 18(7): 1097-1104.

[5] Kim D, Lee J B. Magnetic-field-induced Liquid Metal Droplet Manipulation [J]. Journal of The Korean Physical Society, 2015, 66(2): 282-286.

[6] Boley J W, White E L, Kramer R K. Nanoparticles: Mechanically Sintered Gallium-Indium Nanoparticles [J]. Adv. Mater., 2015, 27(14), 2355-2360.

[7] Lu T, Finkenauer L, Wissman J, Majidi C. Rapid Prototyping for Soft-Matter Electronics [J]. Adv. Funct. Mater. 2014, 24(22), 3351-3356.

[8] Roh E, Hwang B U, Kim D, et al. Stretchable, transparent, ultrasensitive, and patchable strain sensor for human-machine interfaces comprising a nanohybrid of carbon nanotubes and conductive elastomers[J]. ACS Nano, 2015, 9: 6252-6261.

[9] Choi S, Lee H, et al. Recent Advances in Flexible and Stretchable Bio-Electronic Devices Integrated with Nanomaterials[J]. Adv. Mater., 2016, 22(28): 4203-4218.

[10] Gong S, Schwalb W, Wang Y, Chen Y, et al. A wearable and highly sensi-

tive pressure sensor with ultrathin gold nanowires [J]. Nature Com., 2014, 5: 3132.

[11] Someya T, Sekitani T, Iba S, et al. A large-area, flexible pressure sensor matrix with organic field-Effect transistors for artificial skin applications[J]. Proceedings of the National Academy of Sciences of the United States of America, 2004, 101(27): 9966-9970.

[12] Wang X, Gu Y, Xiong Z, Cui Z, et al. ASilk-molded flexible, ultrasensitive, and highly stable electronic skin for monitoring human physiological signals[J]. Adv. Mater., 2014, 9 (26): 1336-1342.

[13] Yu P, Liu W, Gu C, Cheng X, Fu X. Flexible Piezoelectric Tactile Sensor Array for Dynamic Three-Axis Force Measurement[J]. Sensors, 2016, 16 (6): 819.

[14] Hammock M L, Chortos A, Tee B C K, Tok J B H, Bao Z. 25th Anniversary Article: The Evolution of Electronic Skin (E-Skin): A Brief History, Design Considerations, and Recent Progress [J]. Adv. Mater., 2013, 25 (42): 5997-6037.

[15] Ji Z, Zhu H, Liu H, et al. The Design and Characterization of a Flexible Tactile Sensing Array for Robot Skin [J]. Sensors, 2016, 16(12): 2001.

[16] Lin Z, Yang J, Li X, et al. Large-Scale and Washable Smart Textiles Based on Triboelectric Nanogenerator Arrays for Self-Powered Sleeping Monitoring[J]. Adv. Func. Mater., 2018, 28 (1): 1704112.

[17] Liu H, Ji Z, Xu H, Sun M, et al. Large-Scale and Flexible Self-Powered Triboelectric Tactile Sensing Array for Sensitive Robot Skin [J]. Polymers, 2017, 9(11): 586.

[18] Luo N, Dai W, Li C, Zhou Z, et al. Flexible Piezoresistive Sensor Patch Enabling Ultralow Power Cuffless Blood Pressure Measurement [J]. Adv. Func. Mater., 2016, 26(8): 1178-1187.

[19] Jia W, Bandodkar A J, Valdes-Ramirez G, et al. Electrochemical Tattoo Biosensors for Real-Time Noninvasive Lactate Monitoring in Human Perspiration[J]. Anal Chem, 2013, 85(14): 6553-6560.

[20] Chen Y, Lu S, Zhang S, Li Y, et al. Skin-like biosensor system via electrochemical channels for noninvasive blood glucose monitoring[J]. Sci. Adv., 2017, 3(12): e1701629.

[21] Zheng Y, Ding X, Poon C C Y, Lo B P L, et al. Unobtrusive sensing and wearable devices for health informatics [J]. IEEE Trans. Biomed. Eng, 2014 61 (5): 1538-1554.

[22] Qiao Y, Wang Y, Tian H, Li M, Jian J, et al. Multilayer Graphene Epidermal Electronic Skin[J]. ACS Nano, 2018, 12 (9): 8839-8846.

[23] Chen T, Shi Q, Zhu M, He T Y Y, Sun L, Yang L, Lee C. Triboelectric Self-Powered Wearable Flexible Patch as 3D Motion Control Interface for Robotic Manipulator[J]. ACS Nano, 2018, 12(11): 11561-11571.

[24] Maiolino P, Cannata G, Metta G, et al. A flexible and robust large scale capacitive tactile system for robots [J]. IEEE Sensors J., 2013, 13 (10): 3910-3917.

[25] Ko H C, Stoykovich M P, Song J, et al. A hemispherical electronic eye camera based on compressible silicon optoelectronics [J]. Nature, 2008, 454:

748-753.

[26] Jiang H, Sun Y, Rogers J A, Huang Y. Mechanics of precisely controlled thin film buckling on elastomeric substrate[J]. Appl. Phys. Lett., 2007, 90(13): 133119.

[27] Kim D H, Lu N, Ghaffari R, et al. Materials for multifunctional balloon catheters with capabilities in cardiac electrophysiological mapping and ablation therapy[J]. Nature Mater., 2011, 10(4): 316-323.

[28] Kim D H, Lu N, et al. Epidermal electronics[J]. Science, 2011, 333(6049): 838-843.

[29] Chen T, Zhao M, Shi Q, Yang Z, Liu H, et al. Novel augmented reality interface using a self-powered triboelectric based virtual reality 3D-control sensor[J]. Nano Energy, 2018, 51: 162-172.

第5章

自供能微感測系統

5.1 自供能微感測系統與能量收集技術

5.1.1 自供能微感測系統概述

進入 21 世紀，受益於汽車電子、消費電子、醫療、光通訊、工業控制、儀表儀器等市場的高速成長，微感測器系統的應用需求也在快速成長，並不斷向著微型化、集成化、智慧化和低功耗的方向發展。目前感測器發展存在的最為突出的問題是供電問題。微感測器的供電主要依賴於電力線供電和電池供電兩種方式。電力線供電方式成本高，除了布設成本，還有定期維護的成本，並且在行動設備以及無人無源環境應用中無法進行電力線供電。而電池供電需要定期更換，且在許多場合下電池更換難度大，如大規模的無線感測節點。因此，為微感測器尋求一種低成本、易安置、免維護的供電方式顯得極為迫切。在上述有源微型感測器發展的基礎上，無源自供能微感測器的開發逐漸受到大家的廣泛關注。無源自供能微感測器適用於許多不能提供電源、需長期監測、電池不易更換或者易燃易爆等危險場合的應用。此外，在無線感測器網路應用中，由於節點數量多和分布範圍大，電池更換問題也難以解決[1]。因此，能夠自供能的無源感測器具有廣泛的應用前景，也是目前海內外研究的焦點。

能量收集技術能夠利用感測器工作周圍環境中的能量，結合相應的能量管理電路，實現微感測器的自供電。此外，另一類採用壓電和摩擦等材料製備的感測器件，可以利用本身的電壓輸出訊號作為感測訊號，同樣不需要外部電源供電，也受到了研究人員的廣泛關注。低功耗大規模集成電路（VLSI）設計的進步，先進電源管理技術的應用可以將微型感測器及低功耗數位訊號處理器的功耗控制在 mW 級以下甚至 μW 量級[1]。如此低的功耗使收集周圍環境能量為微型感測器及其他電子器件供電（即自供能技術）成為可能。光能、電磁輻射、溫度變化（溫差能）、人體運動能量、振動能等都是潛在的可利用能量源。本節將對自供能技術及研究現狀進行詳細介紹，重點介紹振動能量收集技術和風能收集技術。

5.1.2 能量收集技術

能量收集技術是一種利用光伏、熱電、壓電、電磁等原理，透過能量收集器從外部環境中獲取能量並將其轉化為電能的技術，它的優越性在於供電時無需消耗任何燃料、可持續和自我維持，正成為解決微感測器供電問題的一種潛在方式[2]。環境中廣泛存在著多種形式的能量，如光能、熱能、風能、電磁波、人類活動或機器運行產生的振動能等。表 5.1 列舉了從這些能源中可獲取能量的情況。

表 5.1　從不同能量源可獲取的能量比較[3]

能源	能量密度/(mW/cm²)	補充說明
光　能	15	户外
	0.01	室內
熱能	0.15	—
風能	1	—
電磁波	0.001	—
振動能	0.004	人類活動產生——Hz
	0.8	機器產生——hHz

(1) 光伏能量收集

太陽能是太陽內部連續不斷的核聚變反應所產生的能量，而太陽能收集器主要指光電直接轉換器件——光伏電池板。光伏電池板通常由非晶矽製備，其能量收集密度大，最多能將約 17%的入射太陽能轉化為有用電能，能量轉換效率高。光伏收集技術是目前科研和商業中應用最為廣泛的能量收集方法。Jiang 等將小型光伏電池板與超級電容和鋰電池複合單元集成[4]，構建了如圖 5.1 所示的 Berkeley Telos 模塊供電組，可實現根據日晒週期對電源進行自動選擇和切換。光伏能量收集面臨的主要問題是在夜晚或昏闇的環境下，電池板可能無法正常工作，此時就需要輔助電池或者用於能量儲存的超級電容。並且光伏電池板的維護成本高，表面易積灰塵從而導致能量轉化效率降低。

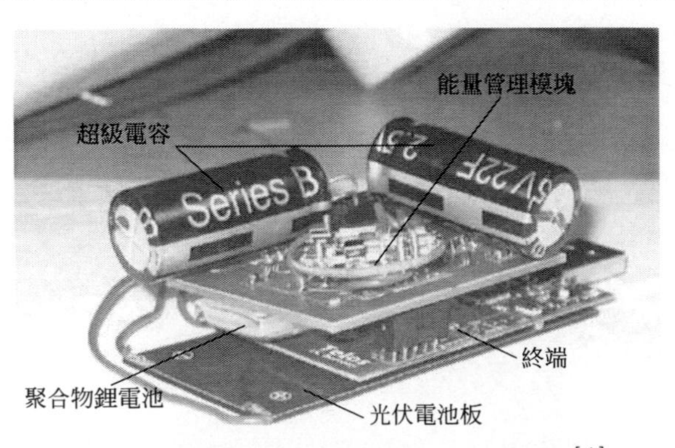

圖 5.1　太陽能供電 Berkeley Telos 模塊[4]

（2）熱電能量收集

環境中存在的熱能可以透過溫差或熱流的方式轉換為電能。熱電效應是溫差與電壓相互轉換的一種現象，是指受熱物體中的電子，隨著溫度梯度由高溫區往低溫區行動時產生電流或電荷堆積的一種現象。熱電能量收集成功應用的一個案例是日本精工（Seiko）開發的利用皮膚溫差驅動的機械腕表（如圖 5.2），它利用 10 個熱電單元採集人體和環境的微小溫度差產生能夠驅動機械表運行的微瓦量級能量[5]。影響熱電能量收集器輸出的關鍵因素有熱電材料種類、溫差的大小以及器件面積等。大溫差的環境能夠保證器件電能的輸出，但同時也限制了其應用環境。此外，為了產生較大的溫差，通常希望器件擁有大的表面積，而這又不利於器件的微型化。

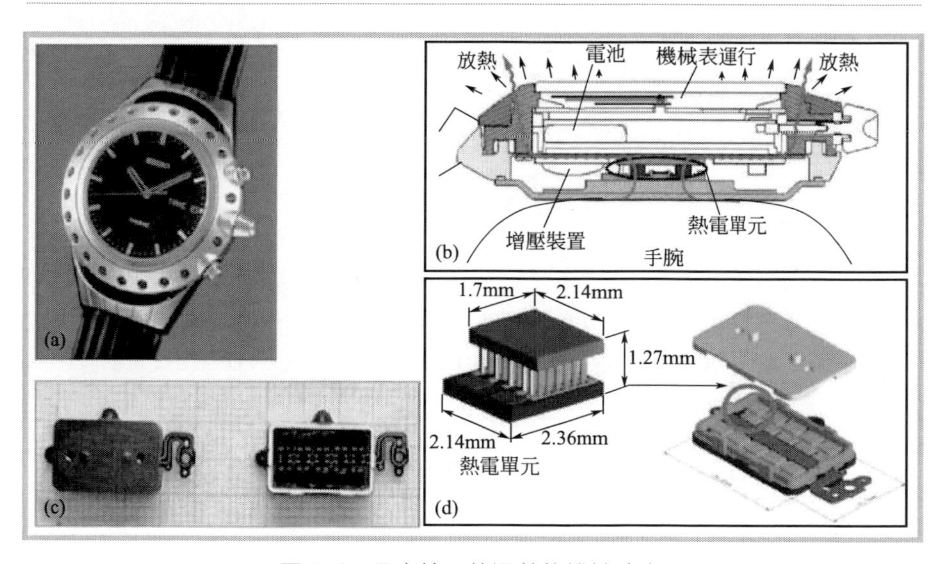

圖 5.2　日本精工的溫差能機械腕表

（3）電磁波能量收集

電磁波是以波動的形式傳播的電磁場，具有波粒二象性。電磁波具有能量，電磁波的傳播過程也是電磁能量傳播的過程。電磁波廣泛應用於無線電廣播、手機通訊、衛星遙感、家用電器、醫療器械等領域。

偶極貼片天線是電磁波能量收集的常用方法，但其能量轉換效率很低，很難滿足實際應用的需求。為了解決這個問題，科研工作者們嘗試採用多頻段天線汲取能量。多頻段天線的頻段數量可不同，具有自適應性與可擴縮性，並且可以動態調節以減少互擾的影響，從而避免了電量在訊號發射上的過多浪費，其收集的能量可達毫瓦級別。2015 年，滑鐵盧大學的 Thamer 等利用超構表面大幅度提高了電磁波能量收集的效率[6]。如圖 5.3 所示，超構表面是透過在材料表面刻蝕週期性精簡圖案而形成的，這些圖案特有的尺寸和彼此相鄰的特點可用來調諧，能量吸收率接近 100%。

圖 5.3　滑鐵盧大學設計的電磁波能量收集器 [6]

振動能和風能是自然界中廣泛存在的清潔能源，具有無污染、可再生等優勢。透過振動能量收集器和風能收集器的設計可以有效地實現機械能向電能的轉化，取代電池或行動電源，為低功耗電子產品或無線感測節點進行供電。風能和振動能收集技術是當前研究的焦點，本章將會對這兩種能量收集技術做重點介紹。

5.2 振動能量收集技術

振動能以不同的形式、強度和頻率廣泛存在於橋梁、樓宇、船舶、車輛、機械設備、家用電器等各種生產和生活設備中。收集振動能為微感測器、嵌入式系統等低功耗設備供電有著廣闊的前景。振動能量收集技術通常是透過壓電、電磁、靜電、摩擦電等能量轉換原理將機械動能轉換成電能。本節將對壓電式、電磁式、靜電式和摩擦電式四種能量轉換技術進行詳細的介紹，涉及工作原理、材料選擇和製備、常用結構等內容。

5.2.1 壓電式振動能量收集技術

壓電式振動能量收集器利用壓電材料的壓電效應將振動能轉化成電

能，具有結構簡單、能量轉化效率高等優點，受到了海內外研究者的廣泛關注。

（1）壓電效應

壓電效應是某些晶體材料具備的獨特性能，最早在1880年由皮埃爾·居里和雅克·居里兄弟在電氣石中發現[7]。如圖5.4所示，某些電介質在沿一定方向上受到外力的作用而變形時，其內部會產生極化現象，同時在它的兩個相對表面上出現正負相反的電荷，電勢差的大小與所施加的作用力成正比，當外力去掉後，它又會恢復到不帶電的狀態，這種現象稱為正壓電效應。當作用力的方向改變時，電荷的極性也隨之改變。相反，當在電介質的極化方向上施加電場，這些電介質也會發生變形，電場去掉後，電介質的變形隨之消失，這種現象稱為逆壓電效應。在實際應用中，壓電材料通常用於能量收集，將機械能轉換成電能，或用於製作壓力、加速度等感測器。依據電介質壓電效應研製的一類感測器稱為壓電感測器。壓電感測器因其固有的機-電耦合效應使其在工程中得到了廣泛的應用。

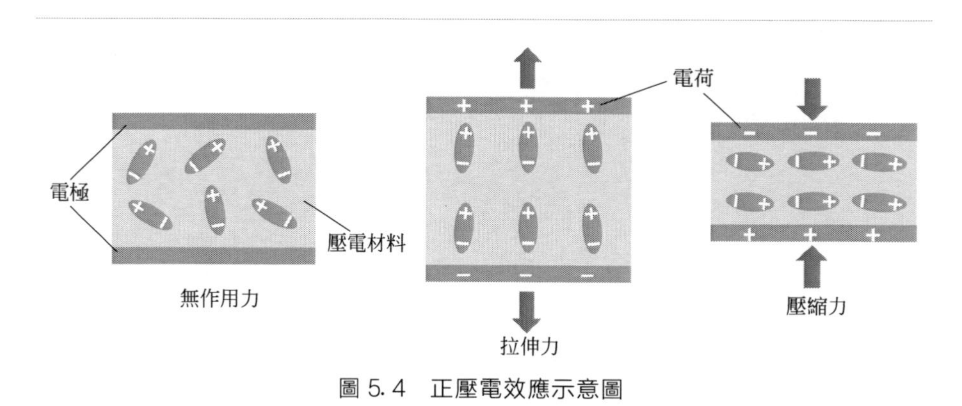

圖5.4　正壓電效應示意圖

（2）壓電材料

壓電材料的壓電性涉及力學和電學的相互作用，而壓電方程就是用於描述力學量與電學量之間關係的表達式。壓電方程也被稱為本構方程，具體表示如下[8]：

$$\begin{bmatrix}\delta \\ D\end{bmatrix}=\begin{bmatrix}s^E & d^t \\ d & \varepsilon^T\end{bmatrix}\begin{bmatrix}\sigma \\ E\end{bmatrix} \tag{5.1}$$

式中，δ 和 σ 分別代表應變和應力；D 和 E 分別代表電位移和電場強度；s、ε 和 d 分別指彈性柔順常數、介電常數和壓電常數；s^E 表示電場恆定下的彈性柔順係數；而 ε^T 表示應力恆定時的介電常數；d^t 表示 d 的轉置。

目前，壓電材料主要分為三大類：無機壓電材料、有機壓電材料和複合壓電材料。無機壓電材料又可分為壓電晶體和壓電陶瓷。壓電晶體通常指的是壓電單晶體，其晶體空間點陣呈有序生長，晶體結構無對稱中心，因此具有壓電性。如水晶、鍺酸鋰、鍺酸鈦等。這類材料介電常數很低，穩定性好、機械品質因子高，通常被用作濾波器，或高頻、高溫超聲換能器等；壓電陶瓷，也泛指壓電多晶體，其外形如圖 5.5 所示，具體是指用必要成分的原料進行混合、成型、燒結而形成的無規則集合的多晶體，如鈦酸鋇、鋯鈦酸鉛係（PZT）等。這類材料本身沒有壓電效應，經過人工極化後，才具有整體的壓電性。壓電陶瓷的壓電性強、介電常數高，但穩定性較差、機械品質因子低，因此適用於大功率的換能器和寬帶濾波器。有機壓電材料，也稱作壓電聚合物。如聚偏氟乙烯（PVDF）薄膜、聚對二甲苯、芳香族聚醯胺等。其中 PVDF 是目前最為常用的一種有機壓電材料，其外形如圖 5.6 所示，其材質柔韌、阻抗低、壓電常數高，主要應用於壓力感測、超聲測量和能量收集中。複合壓電材料是指以有機聚合物為基底，在其中嵌入棒狀、片狀或粉末狀壓電材料所構成的材料。它兼具了柔韌性和良好的機械加工性能，密度小、聲阻抗小，在水聲、電聲、超聲、醫學等領域得到了廣泛的應用。

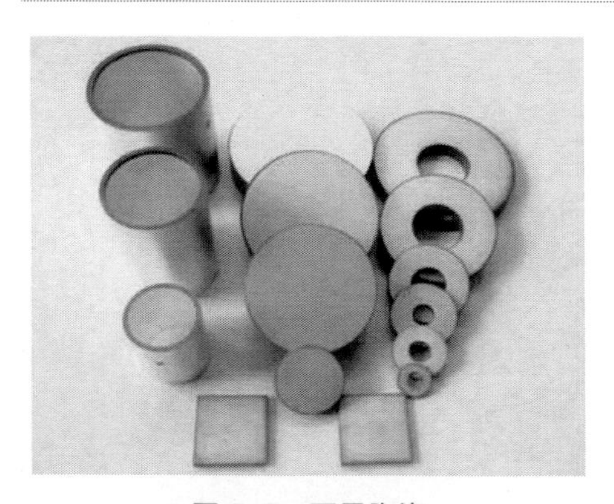

圖 5.5　壓電陶瓷

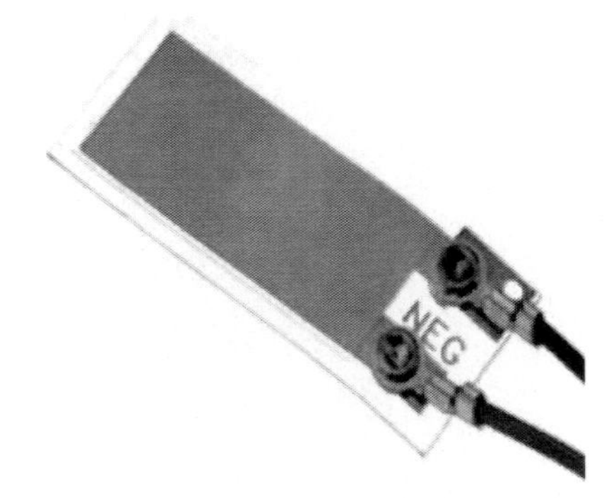

圖 5.6　PVDF 壓電薄膜

壓電材料的性能直接影響壓電能量收集器的轉化效率。表 5.2 列舉了一些常見壓電材料的性能參數。

表 5.2 常用壓電材料的性能參數

材料	GaN	AlN	CdS	ZnO	α-水晶	$BaTiO_3$	PZT-4（硬 PZT）	PZT-5H（軟 PZT）	PMN-PT	$LiNbO_3$	PVDF
壓電性	√	√	√	√	√	√	√	√	√	√	√
熱電性	√	√	√	√	×	√	√	√	√	√	√
鐵電性	×	×	×	×	×	√	√	√	√	√	√
壓電應變常數 ε_{33}^{S}	11.2（ref. 188）	10.0（ref. 189）	9.53（ref. 190）	8.84（ref. 191）	4.63（ref. 192）	910（ref. 193）	635（ref. 193）	1470（ref. 193）	680（ref. 194）	27.9（ref. 195）	5-13（ref. 196）
壓電電壓常數 ε_{33}^{T}	—	11.9（ref. 197）	10.33（ref. 190）	11.0（ref. 191）	4.63（ref. 192）	1200（ref. 193）	1300（ref. 193）	3400（ref. 193）	8200（ref. 194）	28.7（ref. 195）	7.6（ref. 198）
d_{33}/N^{-1}	3.7（ref. 199），13.2（NW）[51]	5（ref. 199）	10.3（ref. 190）	12.4（ref. 200）14.3-26.7	$d_{11}=-2.3$（ref. 192）	149（ref. 193）	289（ref. 193）	593（ref. 193）	2820（ref. 194）	6（ref. 195）	−33（ref. 198）
d_{31}/N^{-1}	−1.9（ref. 199）−9.4（NW）[51]	−2（ref. 199）	−5.18（ref. 190）	−5.0（ref. 200）	—	−58（ref. 193）	−123（ref. 193）	−274（ref. 193）	−1330（ref. 194）	−1.0（ref. 195）	21（ref. 198）
d_{15}/N^{-1}	3.1（ref. 201）	3.6（ref. 201）	−13.98（ref. 190）	−8.3（ref. 200）	$d_{14}=0.67$（ref. 192）	242（ref. 193）	495（ref. 193）	741（ref. 193）	146（ref. 194）	69（ref. 202）	−27（ref. 198）

續表

材料	GaN	AlN	CdS	ZnO	α-水晶	$BaTiO_3$	PZT-4 (硬 PZT)	PZT-5H (軟 PZT)	PMN-PT	$LiNbO_3$	PVDF
機械品質因子(Q_m)	2800 (ref. 203) (NW)	2490 (ref. 204)	～1000 (ref. 205) (NW)	1770 (ref. 204)	10^5～10^6 (ref. 202)	400 (ref. 193)	500 (ref. 193)	65 (ref. 193)	43～2050 (ref. 204 and 206)	10^4 (ref. 207)	3～10 (ref. 208)
機電耦合(k_{33})	—	0. 23 (ref. 204)	0. 26 (ref. 190)	0. 48 (ref. 200)	0. 1 (ref. 209)	0. 49 (ref. 210)	0. 7 (ref. 211)	0. 75 (ref. 211)	0. 94 (ref. 194)	0. 23 (ref. 202)	0. 19 (ref. 209)
熱電係數 p $/\mu C \cdot m^{-2} \cdot K^{-1}$	4. 8 (ref. 212)	6～8 (ref. 213)	4 (ref. 161)	9. 4 (ref. 161)	—	200 (ref. 161)	260 (ref. 161) ～533 (ref. 157) (PZT)	260 (ref. 161) ～533 (ref. 157) (PZT)	1790 (ref. 214)	83 (ref. 161)	33 (ref. 157)
s_{11}^{E} $/(pPa^{-1})$	3. 326 (ref. 215)	2. 854 (ref. 215)	20. 69 (ref. 216)	7. 86 (ref. 216)	12. 77 (ref. 192)	8. 6 (ref. 193)	12. 3 (ref. 193)	16. 4 (ref. 193)	69. 0 (ref. 194)	5. 83 (ref. 195)	365 (ref. 198)
s_{33}^{E} $/(pPa^{-1})$	2. 915 (ref. 215)	2. 824 (ref. 215)	16. 97 (ref. 216)	6. 94 (ref. 216)	9. 73 (ref. 192)	9. 1 (ref. 193)	15. 5 (ref. 193)	20. 8 (ref. 193)	119. 6 (ref. 194)	5. 02 (ref. 195)	472 (ref. 198)

壓電材料常用的工作模式有兩種：d_{33} 和 d_{31}，如圖 5.7 所示。在 d_{33} 模式中，外加應力的方向與電壓產生的方向一致，而在 d_{31} 模式中，外加應力方向與電壓產生方向垂直。兩種模式下，開路電壓和電荷輸出的公式可分別表示為如下形式：

$$d_{33}\text{ 模式}\begin{cases}V_{33}=\sigma g_{33}L\\Q_{33}=-\sigma A d_{33}\end{cases} \tag{5.2}$$

$$d_{31}\text{ 模式}\begin{cases}V_{31}=\sigma g_{31}H\\Q_{31}=-\sigma A d_{31}\end{cases} \tag{5.3}$$

式中，V 和 Q 分別指開路電壓和電荷量；σ、g 和 d 分別代表應力、壓電電壓常數和壓電應變常數；L、H 和 A 分別指電極間距、壓電層厚度和電極面積。

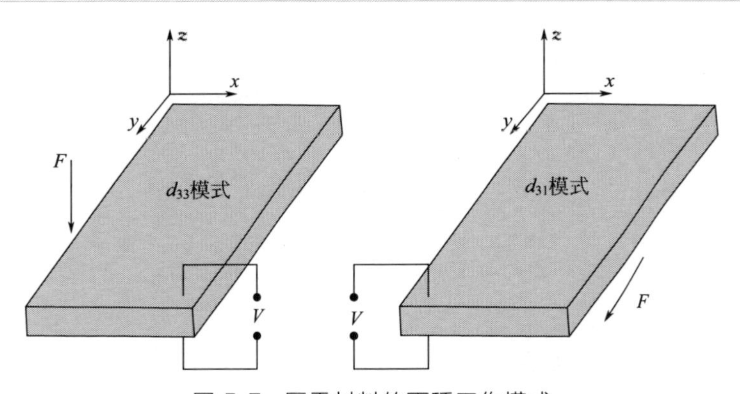

圖 5.7　壓電材料的兩種工作模式

由於機電轉換機理的不同，d_{33} 模式的壓電材料通常製備成塊狀結構，而 d_{31} 模式的壓電材料設計成懸臂梁結構。與 d_{33} 模式相比，在同樣外部激勵下，d_{31} 模式下的懸臂梁結構更易產生機械應變。不僅輸出性能更好，而且易與電路等其他微系統器件兼容。

(3) 壓電結構梁模型分析

帶質量塊的振動懸臂梁結構在壓電能量收集器中應用廣泛，這種結構通常採用單自由度的彈簧-質量系統進行建模和研究[9]。如圖 5.8 所示，質量塊質量為 M，彈簧彈性係數為 K，質量塊運動過程中會受到機械阻尼 C_{m} 和電氣阻尼 C_{e} 的影響。該系統擁有唯一的特性，可由阻尼常數 C 和共振頻率 ω_n 這兩個參數來描述，其中共振頻率可以表示為：

$$\omega_n=\sqrt{K/M} \tag{5.4}$$

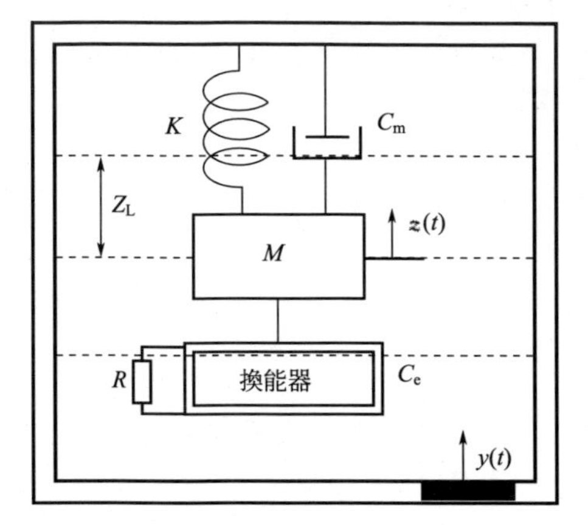

圖 5.8 振動能量收集器的等效集總彈簧-質量-阻尼系統模型

當系統受到的外部激勵位移為 $y(t)$ 時，質量塊與系統基座發生相對位移 $z(t)$，集總彈簧-質量-阻尼系統的運動方程可以描述如下：

$$M\ddot{z}(t)+C\dot{z}(t)+Kz(t)=-M\ddot{y}(t) \tag{5.5}$$

式(5.5) 也可以由阻尼係數和共振頻率表示，式中，阻尼係數 ζ 為無量綱量，包括 ζ_m 和 ζ_e，($\zeta=\zeta_m+\zeta_e$)，定義如下：

$$\zeta=C/2M\omega_n=C/2\sqrt{MK} \tag{5.6}$$

對於懸臂梁結構，剛度 $K=3Y_cI/L^3$。式中，I 為慣性矩；L 為懸臂梁的長度。矩形橫截面的慣性矩 $I=(1/12)bh^3$，其中，b 和 h 分別為懸臂梁的橫向寬度和厚度。

相對位移 $z(t)$ 和輸入位移 $y(t)$ 的比值可以由零初始條件下的拉普拉斯變換給出：

$$\left|\frac{z(s)}{y(s)}\right|=\frac{s^2}{s^2+2\zeta\omega_n s+\omega_n^2} \tag{5.7}$$

假設外部激勵 $y(t)=Y_0\sin(\omega t)$，Y_0 和 ω 分別為振幅和頻率，時域響應 $z(t)$ 可以由拉普拉斯反變換給出：

$$z(t)=\frac{Y_0(\omega/\omega_n)^2}{\sqrt{[1-(\omega/\omega_n)^2]^2+(2\zeta\omega/\omega_n)^2}}\sin(\omega t-\phi) \tag{5.8}$$

式中，輸出和輸入的相位角可以表示為：

$$\phi=\arctan\left(\frac{C\omega}{K-M\omega^2}\right) \tag{5.9}$$

圖 5.9 是能量收集系統的能量轉換結構框圖。在彈簧-質量-阻尼系統中，輸入的振動能量 U_{IN} 首先轉換成動能 U_K 和彈性勢能 U_S。由於機械阻

尼和電氣阻尼的存在，部分能量 U_C 將從系統中耗散從而轉換成電能 U_E 和損耗能 U_L。每個振動週期的耗散能量 U_C 可由阻尼因子 $C\dot{z}$ 的積分表示：

$$U_C = 2C\int_{-Z_0}^{Z_0} \dot{z}\,dz \tag{5.10}$$

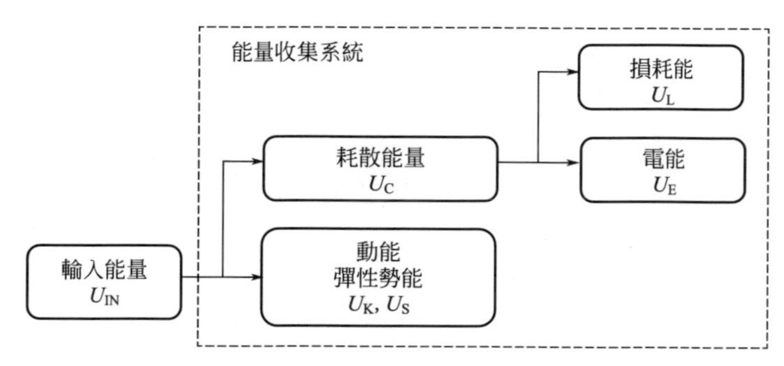

圖 5.9　能量收集系統的能量轉換結構框圖

利用式(5.8) 可以計算出 Z_0，從而計算出耗散能量 U_C，與角頻率相乘可以進一步求出耗散功率：

$$P = \frac{M\zeta Y_0^2(\omega/\omega_n)^3\omega^3}{[1-(\omega/\omega_n)^2]^2+(2\zeta\omega/\omega_n)^2} \tag{5.11}$$

當外部激勵頻率與共振頻率一致，即（$\omega=\omega_n$）時，可以獲得最大的輸出功率：

$$P_{\max} = \frac{mY_0^2\omega_n^3}{4\zeta} \tag{5.12}$$

可以看出，當能量收集器處於共振狀態時，降低系統阻尼、提高共振頻率、增大質量和激勵幅度可以提高功率輸出。理論上，當阻尼為零時，系統可以一直處於共振狀態，並產生無窮大的能量。但在實際應用中，這種情況不可能存在，並且減小阻尼係數會導致質量塊位移的增加。如圖 5.8 所示，質量塊的最大位移 Z_L 取決於能量收集器的尺寸和結構，所以阻尼需要足夠大以避免質量塊位移超過限定的範圍。當質量塊的位移剛好略小於 Z_L 時，可以獲得最優的阻尼係數 ζ_{opt}，從而取得受限制條件下的最優功率輸出。

重新整理式(5.8) 可以得到受限制條件下的最優阻尼係數 ζ_{opt}[10]：

$$\zeta_{opt} = \frac{1}{2\omega_c}\sqrt{\omega_c^4\left(\frac{Y_0}{Z_L}\right)^2-(1-\omega_c^2)^2} \tag{5.13}$$

式中，ω_c 是激勵頻率和共振頻率的比值。將式(5.13) 代入式(5.12) 可以算出受限制條件下的最大耗散功率：

$$P_{\text{Cmax}}=\frac{MY_0^2\omega^3}{2\omega_c^2}\left(\frac{Z_L}{Y_0}\right)^2\sqrt{\omega_c^4\left(\frac{Y_0}{Z_L}\right)^2-(1-\omega_c^2)^2} \tag{5.14}$$

當激勵頻率與共振頻率相匹配，即 $\omega_c=1$ 時，耗散功率為：

$$P_{\text{Cres}}=\frac{1}{2}MY_0\omega_n^3Z_L \tag{5.15}$$

(4) 壓電式微型振動能量收集器研究現狀

為了獲取更小的體積和更高的功率密度輸出，目前基於懸臂梁結構的壓電式微型能量收集器大多採用微加工工藝進行製備，其中氮化鋁 AlN 和 PZT 是最為常用的材料。

基於 AlN 的 MEMS 壓電能量收集器具有 CMOS 兼容性且擁有好的功率品質因子。IMEC 和 Holst 中心的研發團隊提出了一種 AlN 懸臂梁結構的 MEMS 壓電式能量收集器[11]。其中，AlN 電容器由 AlN 薄膜、Al 上電極和 Pt 下電極組成，電容器整體位於懸臂梁的上表面，懸臂梁的自由端帶有質量塊，具體微加工流程如圖 5.10(a) 所示，封裝圖和實物圖如圖 5.10(b) 所示。透過調整懸臂梁和質量塊的尺寸，收集器的共振頻率可以控制在 200～1200Hz 之間。當共振頻率和加速度分別為 572Hz 和 2g 時，其最大輸出功率為 60μW。

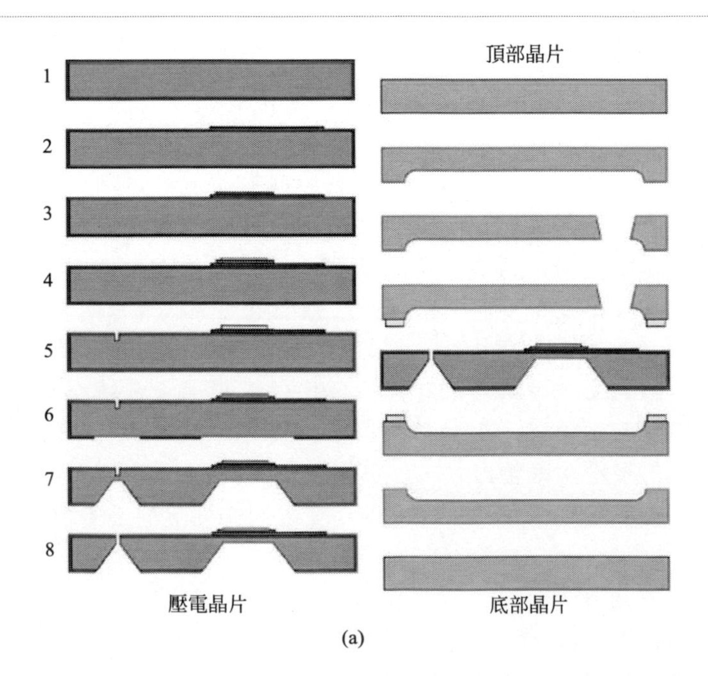

(a)

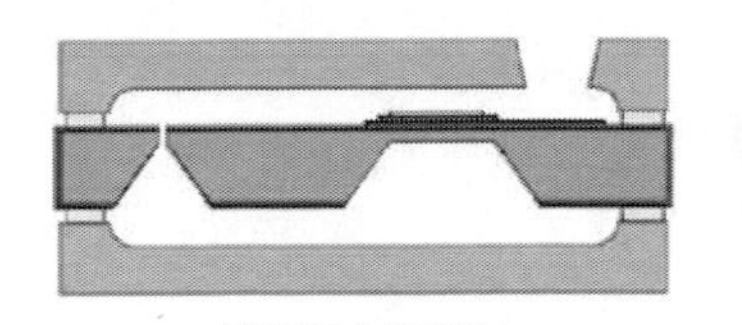
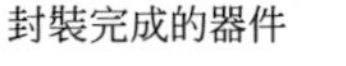

(b)

圖 5.10 （a）基於矽晶片的 AlN 懸臂梁製備流程圖和（b）封裝圖和實物圖 [11]

除了矽晶片，絕緣體上矽晶片（SOI）是另一種常用的微加工材料。SOI 是在頂層矽晶片和背襯底之間引入一層矽氧化層（SiO_2）而製成，頂層矽晶片可以透過研磨和拋光工藝達到所需的厚度。Andosca 等採用 SOI 成功製備了 AlN 壓電懸臂梁，如圖 5.11 所示[12]。懸臂梁和質量塊的厚度分別為 13.9μm 和 390μm。在共振頻率 58Hz±2Hz，加速度 0.7g 時，最大輸出功率為 63μW。

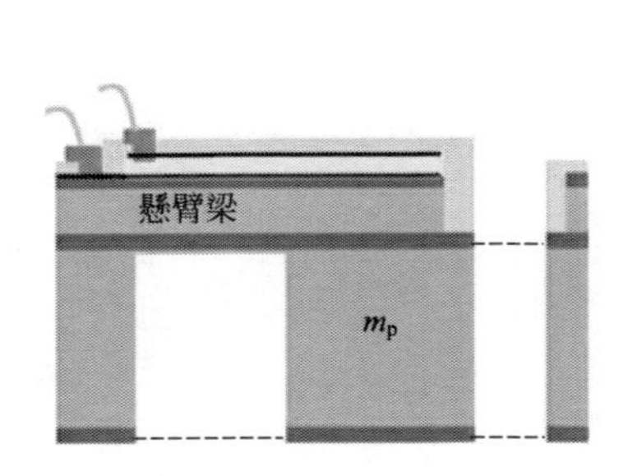

圖 5.11 基於 SOI 加工的 AlN 壓電懸臂梁 [12]

多晶 PZT 是壓電能量收集器中另一種常用的材料，具有較高的壓電係數。PZT 壓電懸臂梁有兩種工作模式：d_{31} 模式和 d_{33} 模式。基於 d_{31} 模式的 PZT 懸臂梁通常包括 PZT 層和上下電極層，而基於 d_{33} 模式的 PZT 懸臂梁則製備叉指電極。Fang 等[13] 設計了一種 d_{31} 工作模式的 PZT 壓電懸臂梁，如圖 5.12 所示。基底是 SiO_2/Si，PZT 的上下電極均為 Pt/Ti，懸臂梁的自由端固定連接了 Ni 質量塊，用於降低共振頻率以適應低頻的應用需求。該器件的最大輸出功率為 2.16μW，在共振頻率 608Hz 和加速度 1g 條件下取得。

為了對比 d_{31} 模式和 d_{33} 模式下 PZT 壓電懸臂梁的輸出，Lee 等[14] 設計了兩種模式的能量收集器模型。工作在 d_{31} 模式下的 PZT 壓電懸臂梁如圖 5.13(a) 所示，其器件質量塊尺寸為 500μm×1500μm×500μm，共振頻率 255.9Hz。而工作在 d_{33} 模式下的 PZT 壓電懸臂梁如圖 5.13(b) 所示，其器件質量塊尺寸為 750μm×1500μm×500μm，共振頻率為 214Hz，叉指電極的寬度和間隙均為 30μm。實驗結果如圖 5.13(c) 所示，當加速度為 2g 時，工作在 d_{31} 模式的壓電懸臂雖然輸出電壓小，但輸出功率更高。這是因為工作在 d_{31} 模式的器件電極間的距離更短，因而電容值更小，最優匹配負載也更小。

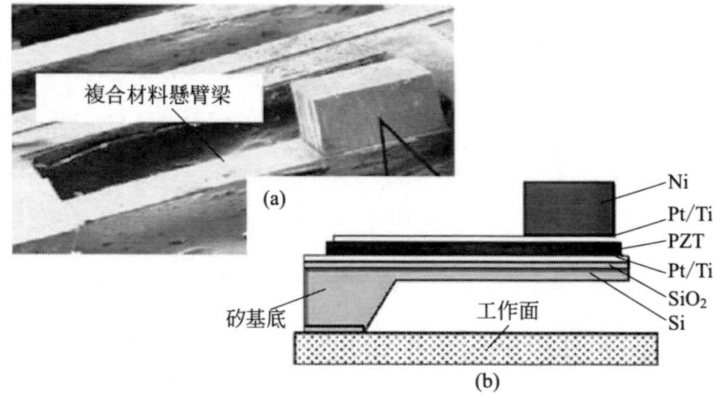

圖 5.12 基於 d_{31} 工作模式的 PZT 壓電懸臂梁 [13]

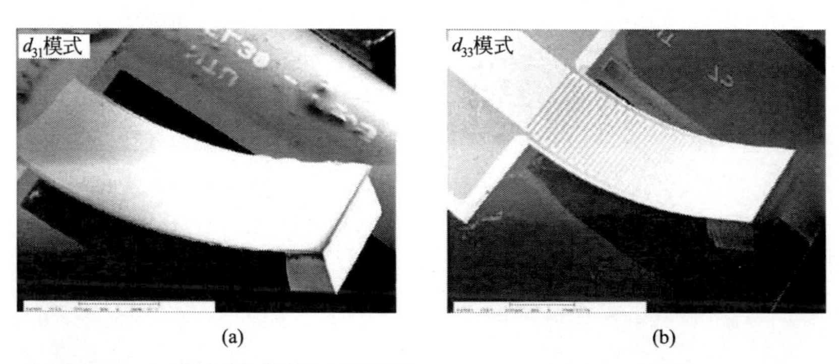

2g加速度下，d_{31} 模式和d_{33}模式輸出情況對比

壓電式	共振頻率	最優負載	功率輸出	電壓輸出(開路)	電壓輸出(負載)
d_{31}	255.9 Hz	150 kΩ	2.099 μW	2.415 V	1.587 V
d_{33}	214.0 Hz	510 kΩ	1.288 μW	4.127 V	2.292 V

(c)

圖 5.13 (a) 工作在 d_{31} 模式的 PZT 壓電懸臂；(b) 工作在 d_{33} 模式的 PZT 壓電懸臂梁和 (c) 兩種 PZT 壓電懸臂梁的輸出情況對比 [14]

表 5.3 是壓電式微能量收集器輸出情況的對比分析，主要的參數有加速度、共振頻率、有效體積、功率輸出和體積功率密度輸出。可以看出，壓電式微能量收集器雖然體積功率密度輸出較大，但由於其體積小，因而輸出功率並不理想，很難滿足大多數實際應用需求。要想進一步提高其功率輸出，一方面可提高壓電薄膜的機電耦合係數；另一方面可採用塊狀 PZT 鍵合和減薄工藝來增加壓電膜的厚度，從而提高輸出性能。從表中也可看出壓電式微能量收集器通常擁有較高的共振頻率，並需要較大的加速度輸入，這不利於其在低頻、低加速度的環境中工作。為了解決這一問題，研究者們也提出了一種升頻技術[15]，將低頻的振動轉化成高頻共振，從而提升器件的功率輸出。

表 5.3　壓電式微能量收集器的輸出對比

對比文獻	壓電材料	加速度 /g	頻率 /Hz	有效體積① /mm^3	功率 /μW	功率密度 /(μW/cm^3)
Yen, et al[16]	濺射成形 AlN, d_{31}	1.0	853	0.821②	0.17	207②
Elfrink, et al[11]	濺射成形 AlN, d_{31}	2.0	572	10.225②	60.0	5868②
Fang, et al[13]	溶膠-凝膠 PZT, d_{31}	1.0	608	0.196②	2.16	11020②
Shen, et al[17]	溶膠-凝膠 PZT, d_{31}	2.0	462.5	0.652	2.15	3272
Shen, et al[18]	溶膠-凝膠 PZT, d_{31}	0.75	183.8	0.769	0.32	416
Lee, et al[14]	霧化噴射成形 PZT, d_{31}	2.0	255.9	0.425②	2.10	4941②
Lee, et al[14]	霧化噴射成形 PZT, d_{33}	2.0	214	0.612②	1.29	2108②
Lei, et al[19]	平面印刷 PZT, d_{31}	1.0	235	12.888②	14.0	1086②
Aktakka, et al[20]	減薄工藝 PZT, d_{31}	1.5	154	17.955②	205.0	11417②
Tang, et al[21]	減薄工藝 PZT, d_{31}	1.0	514.1	0.401	11.56	28857
Tang, et al[22]	減薄工藝 PMN-PT, d_{33}	1.5	406	0.418	7.18	17182

①有效體積指的是壓電懸臂梁和質量塊的體積之和。
②根據參考文獻的數據得出的估計值。

5.2.2 電磁式振動能量收集技術

自從 1831 年法拉第發現電磁感應現象以來，電磁式發電機一直受到廣泛的關注，近幾年，微小型的電磁式振動能量收集器更是研究的熱點[23-25]。其最小尺寸可以達到幾個毫米，最大輸出功率可達數十到數百毫瓦，能夠基本滿足大多數微電子設備的供電需求。

（1）電磁感應

大多數電磁式振動能量收集器都是基於法拉第電磁感應原理製成。

如圖 5.14 所示，當閉環導體線圈中的磁通量發生變化時會產生感應電動勢 ε，其大小與磁通量的變化率有關：

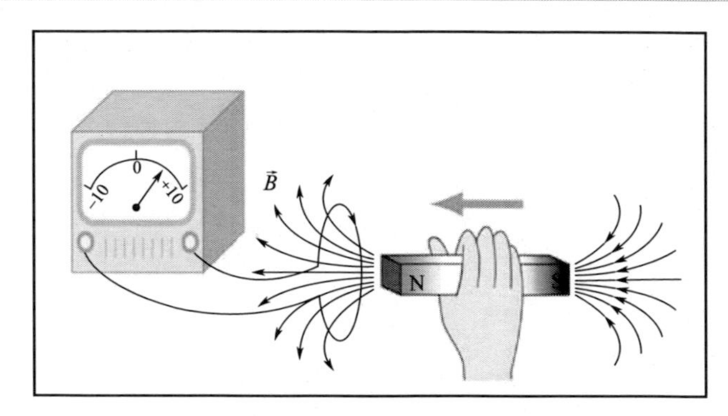

圖 5.14　法拉第電磁感應定律

$$\varepsilon = -\frac{\mathrm{d}\Phi}{\mathrm{d}t} \tag{5.16}$$

式中，Φ 代表穿過封閉線圈的磁通量。電磁式能量收集器通常採用永磁鐵產生磁場，並設計多匝線圈以提高電壓輸出，N 匝線圈產生的感應電動勢如下：

$$\varepsilon = -\frac{\mathrm{d}\Phi}{\mathrm{d}t} = \sum_{i=1}^{N}\int B\,\mathrm{d}A_i \tag{5.17}$$

式中，Φ 代表 N 匝線圈中總的磁通量，也可用每匝線圈磁通量的總和表示；A_i 代表第 i 匝線圈的內部面積；B 為第 i 匝線圈內的磁場強度。式(5.17) 可進一步表示成：

$$\varepsilon = -\frac{\mathrm{d}\Phi}{\mathrm{d}z}\frac{\mathrm{d}z}{\mathrm{d}t} = k_t\dot{z} \tag{5.18}$$

式中，k 表示磁通梯度，也被稱作轉換因子。此外，感應電動勢也可表示為：

$$\varepsilon = -\sum_{i=1}^{N}\frac{\mathrm{d}B}{\mathrm{d}t}A_i - \sum_{i=1}^{N}B\,\frac{\mathrm{d}A_i}{\mathrm{d}t} \tag{5.19}$$

由式(5.19) 可以看出，電磁感應現象可以透過固定線圈面積改變磁通量產生，也可透過在恆定磁場中改變線圈面積產生。基於此，可以設計多種不同結構的電磁能量收集器。圖 5.15 是兩種典型的結構，均為彈簧-質量-阻尼系統。結構 I 利用磁鐵的振動改變線圈中的磁通量，其中，磁鐵也充當了質量塊的作用；而結構 II 則利用線圈結構充當質量塊，透過行動線圈以改變磁通量。

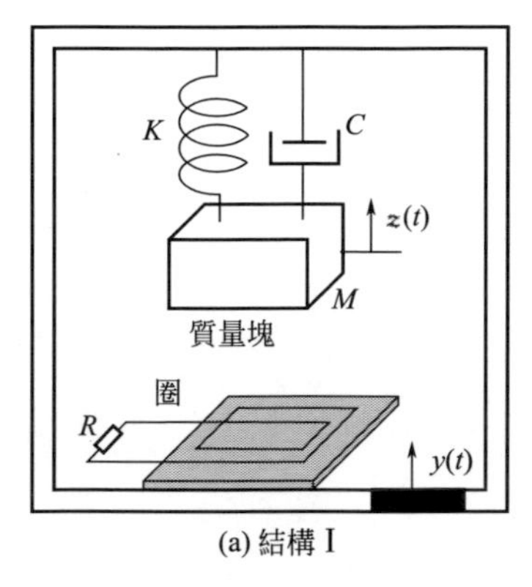

(a) 結構 I

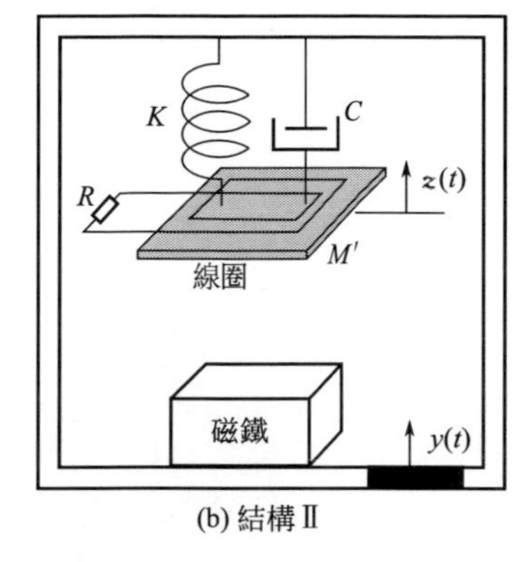

(b) 結構 II

圖 5. 15　電磁能量收集器的兩種典型結構

(2) 線圈和磁鐵

感應線圈是電磁式能量收集器的重要組成部分，線圈匝數 N 和電阻 R_C 是影響器件電壓和功率輸出的重要參數。通常，線圈採用漆包線繞制，其匝數由線圈內外徑、厚度和線圈密度共同決定。當線圈的總體尺寸固定時，其直徑越細則匝數越多，感應電動勢 ε 越大，但同時線圈的內阻也會增加。因此，線圈直徑應根據實際情況進行最佳化選擇。圖 5.16(a) 是典型的繞制線圈結構，其匝數、長度和電阻可以由式(5.20)～式(5.23) 表示：

$$V_T = \pi(r_o^2 - r_i^2)h \tag{5.20}$$

$$L_W = \frac{fV_T}{\pi\omega_d^2/4} \tag{5.21}$$

$$N = \frac{L_W}{r_i + \frac{r_o - r_i}{2}} \tag{5.22}$$

$$R_C = \rho\frac{L_W}{A_W} = \rho\frac{\pi(r_o - r_i)N^2}{f(r_o - r_i)h} \tag{5.23}$$

式中，r_i 和 r_o 分別為線圈的內、外半徑；h 為線圈的高度；ω_d 為導線直徑；A_W 和 L_W 分別為漆包線導體部分的面積和長度；N 和 V_T 分別為線圈匝數和體積；f 是線圈填充量；ρ 和 R_C 則分別是線圈磁導率和電阻。

除了繞制線圈外，應用於微電磁能量收集器的線圈也可採用微加工工藝進行製備。如圖 5.16(b) 所示，這種微型線圈通常以柔性材料、矽或印刷電路板為基底，利用光刻技術形成線圈結構。線圈可採用多層平面堆疊而成，單層線圈的最小尺寸與製備工藝有關，例如，PCB 工藝中線與線的間隔通常在 150μm 以上，而採用矽微加工工藝則可以將間距縮小至 1～2μm。繞制線圈和微加工線圈的本質區別在於，繞制線圈採用的是 3D 工藝，而微加工線圈採用 2D 平面工藝。圖 5.17 是已有的一些電磁式微振動能量收集器中採用的線圈結構[26-28]。

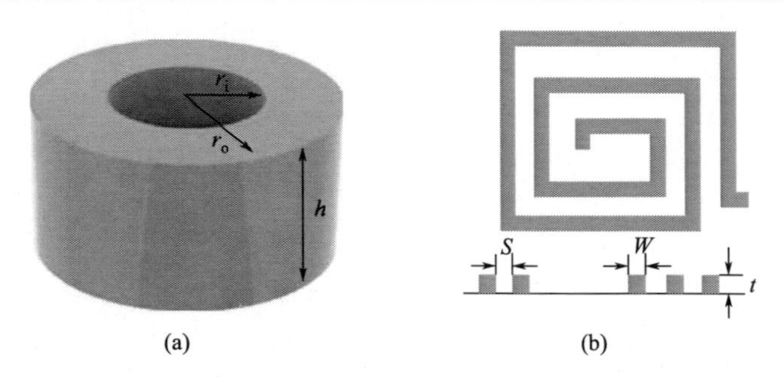

圖 5.16 （a）繞制線圈和（b）微加工線圈

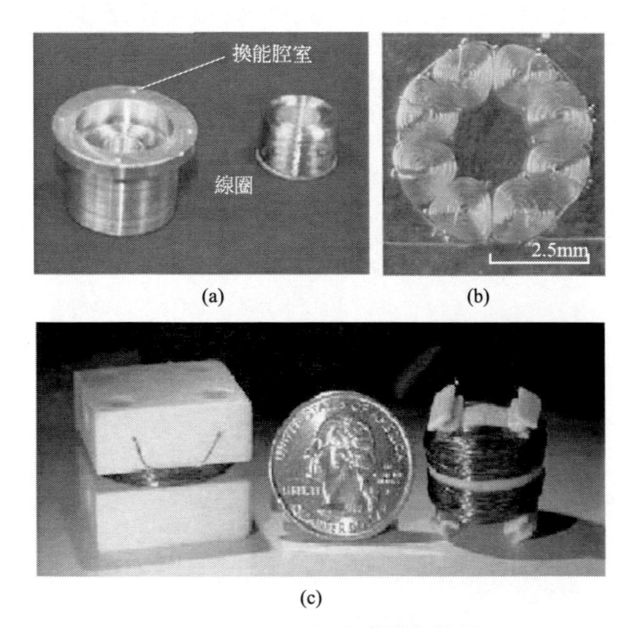

圖 5.17 不同形狀的繞制線圈

除了線圈，永磁鐵是微電磁能量收集器的另一個重要組成部件，用於提供磁場。當然，磁場也可由電磁鐵提供，但由於電磁鐵提供磁場需要外加電流，這需要消耗能量，因此在此處並不適用。永磁鐵通常由磁化後保持磁性的鐵磁材料製成。其磁感應強度 B 和磁場強度 H 的關係如下：

$$B=\mu_{\mathrm{m}}H \tag{5.24}$$

式中，μ_m 為相對磁導率和空間磁導率的乘積。最大能積 BH_{max} 是衡量磁性材料優劣的重要參數，能積越大，傳遞到周圍環境的能量就越多。此外，居里溫度和矯頑力也是選擇磁性材料需要關注的參數。

常用的永磁鐵有四類：磁鋼、陶瓷磁體、釤鈷磁體（SmCo）和釹鐵硼磁體（NdFeB）。其中，SmCo 和 NdFeB 是應用最為廣泛的兩種磁體，因為材料中含有稀土，因此也被稱作稀土磁體。這兩種永磁體均採用粉末冶金工藝製備，NdFeB 可採用黏結工藝製備成各種形狀。NdFeB 磁體的最大能積可達到 $400kJ/m^3$，但其耐腐性差，居里溫度僅為 310℃，因此更適用於低溫環境下的振動能量收集。相比之下，SmCo 擁有著更優秀的綜合性能，最大能積為 $240kJ/m^3$，熱穩定性好，工作溫度高且耐腐蝕，通常被使用於燃燒驅動電機上。

微小型能量收集裝置中的磁鐵也可採用微加工工藝進行製備，濺射和電鍍等澱積工藝已廣泛應用，電鍍因其成本低廉更受青睞。Jiang 等[29] 採用多層直流磁控濺射技術成功澱積了 20μm 厚的 NdFeB/Ta 磁性薄膜，其晶粒尺寸可透過單層 NdFeB 薄膜厚度進行控制。Zhang 等[30] 則成功製備了集成有磁鐵的微型電磁能量收集器，如圖 5.18 所示。他們首先在矽片上刻蝕出溝槽，接著覆蓋聚對二甲苯層和線圈層，然後在溝槽中填充釹鐵硼粉末和蠟粉，並採用剝離工藝去掉殘留粉末，最後採用磁化器對微磁鐵進行磁化。雙層線圈和微磁鐵實物見圖 5.18(e)。

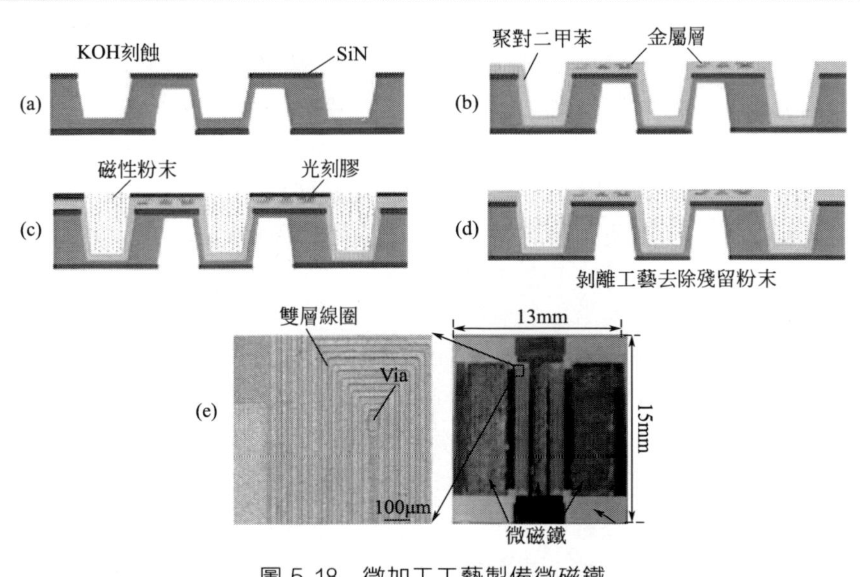

圖 5.18　微加工工藝製備微磁鐵

(3) 電磁式微型振動能量收集器研究現狀

電磁式微型振動能量收集器大致可分為三類：旋轉式、振動式和非線性式。如圖 5.19(a) 所示，旋轉式能量收集器在一個轉矩的驅動下，使得磁鐵和線圈間產生持續的相對旋轉運動；如圖 5.19(b) 所示，振動式能量收集器則通常工作在共振狀態，利用磁鐵和線圈間的相對位移來產生電能；如圖 5.19(c) 所示，非線性式能量收集器利用特殊的彈簧-質量塊結構設計，將線性運動轉換成非線性或非共振運動[31]。

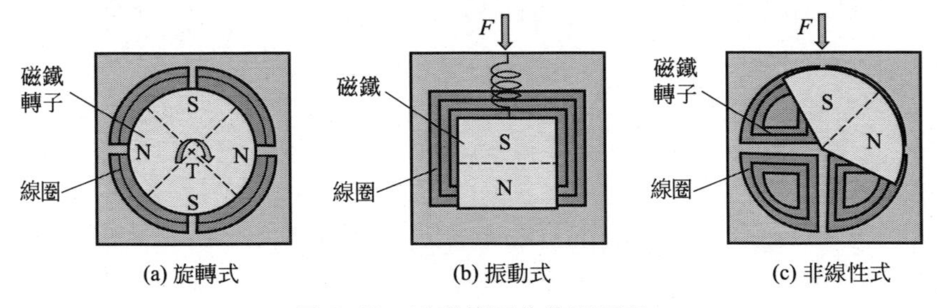

圖 5.19　電磁能量收集器原理

(a) 旋轉式微型電磁能量收集器

旋轉式的能量收集器一般用於連續旋轉能量的收集，如流體中的渦輪、熱發電機等。帝國理工學院的 Holmes 等[32] 提出了一種軸流式的微型渦輪發電機。該裝置定子部分在聚合物中嵌入永磁鐵，兩側轉子部分電鍍了平面線圈，製作工藝結合了矽微加工、電鍍和雷射刻蝕。實際工作時，轉子磁鐵在電子繞組中產生變化的磁通量，在 30kr/min 的轉速下最大輸出功率為 1.1mW。該裝置也可與微型軸流渦輪集成產生高功率的能量輸出。同時也可充當流量感測器使用。Pan 和 Wu[27] 也提出了類似的結構，採用獨特的纏繞方式設計了四層線圈的定子，轉子則由 8 塊獨立的弧形釹鐵硼磁鐵組成，在 2.2kr/min 的轉速下最大輸出功率為 0.41mW。

佐治亞理工學院和 MIT 的合作小組也基於微加工和精密裝配，設計了一系列的微型旋轉式電磁能量收集器[33-35]。圖 5.20 是一種三相軸向磁通的同步電機，設計的八級定子以及磁鐵轉子如圖 5.20(b)、(c) 所示。該裝置在轉子中集成了護鐵以增加氣隙中的磁場強度，可利用現成的氣動主軸進行驅動。第一代能量收集器在 120kr/min 的轉速下，可以產生 2.5W 的功率，透過整流橋整流後大約為 1.1W。第二代產品則能在 305kr/min 的轉速下輸出 8W 的直流功率[35]。

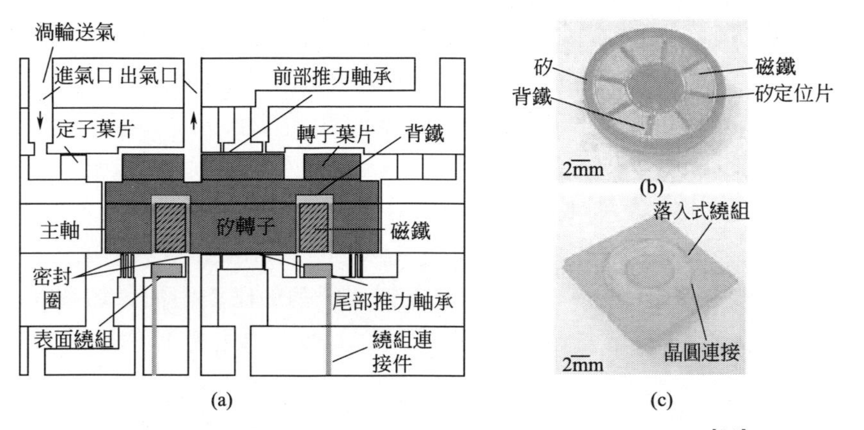

圖 5.20 Herrault 等人提出的微型旋轉式電磁能量收集器 [34]

(b) 振動式微型電磁能量收集器

與旋轉式能量收集器相比，振動式能量收集器通常結構更為簡單，也不需要渦輪等帶動結構。整個裝置可以看做彈簧-質量-阻尼系統，利用外部的振動激勵使磁鐵和線圈發生相對運動，其最大輸出功率通常在共振狀態下取得。共振狀態即外部激勵的頻率與系統的共振頻率相同時的振動狀態。振動式電磁能量收集器的彈簧結構一般有三類：薄膜結構、懸臂梁結構、平面彈簧結構。

最早的薄膜結構微型振動器件是英國謝菲爾德大學的 Williams 等設計的，如圖 5.21 所示。彈簧-質量塊部分將 SmCo 磁鐵與 GaAs 晶片上的聚酰亞胺圓膜固定連接，平面 Au 線圈則採用剝離工藝集成於晶片的背面，兩個晶片利用環氧樹脂黏接。該器件的整體尺寸為 5mm×5mm×1mm，能夠在頻率 4.4kHz，振幅 0.5μm 的狀態下輸出 0.3μW 的功率[36]。

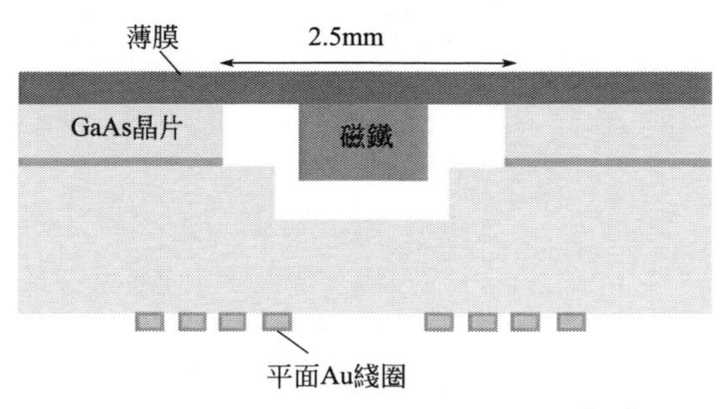

圖 5.21 薄膜結構振動能量收集器 [36]

南安普頓大學的研發團隊設計了基於懸臂梁結構的電磁式振動能量收集器[37,38]。如圖 5.22(a) 所示，懸臂梁的一端固定，自由端將一對永磁鐵放置於 U 形鐵芯中。漆包銅線圈固定於磁鐵的兩極之間，直徑為 0.2mm，共 27 匝。該裝置整體體積為 240mm^3，最大輸出功率約 0.53mW。Glynne-Jones 等人對該結構進行了進一步的改進，採用了四個永磁鐵，整體尺寸增加到 840mm^3，輸出功率也增加到 4mW。之後，Beeby 等人[39] 將該器件的尺寸縮減至 150mm^3，由分立磁鐵、纏繞線圈和機械零部件組成，線圈固定在四塊振動的磁鐵中間，如圖 5.22(b) 所示。最佳化後的器件，能夠在頻率 52Hz，加速度 0.59m/s^2 的條件下輸出 428mV 的電壓，最大功率為 46μW。除了固定線圈，振動磁鐵之外，也可將線圈固定於懸臂梁上，讓磁鐵固定，如圖 5.22(c) 所示。Beeby 和 Koukharenko 等人[40,41] 都在這一方面展開嘗試。他們在懸臂梁上刻蝕出圓形凹槽，用於放置 600 匝，25μm 厚的線圈，線圈的兩側固定了四個釹鐵硼磁鐵，如圖 5.22(d) 所示。在加速度 0.4g，負載 100Ω 時，該器件最大輸出功率為 122nW。

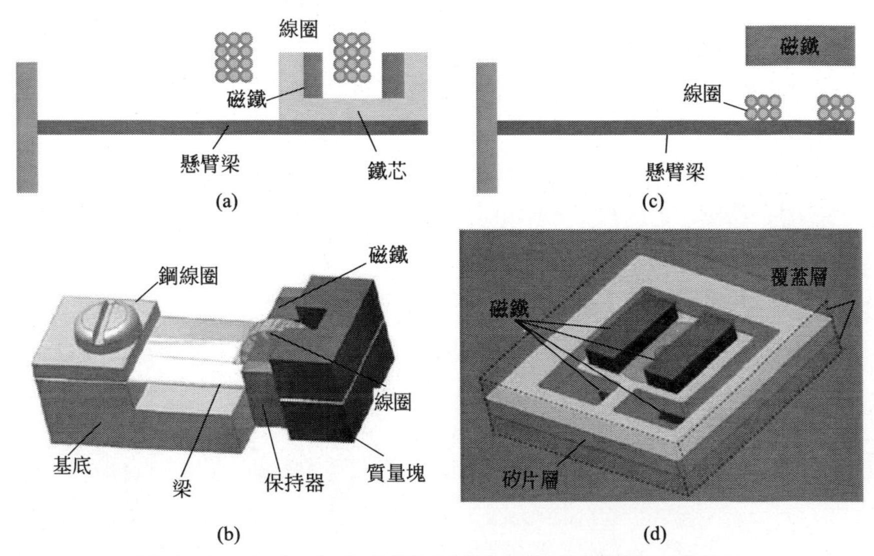

圖 5.22 (a),(b) 磁鐵振動的懸臂梁結構能量採集器和 (c),(d) 線圈振動的懸臂梁結構能量採集器 [39, 40]

平面彈簧結構是振動能量收集器中另一種常用的彈簧結構，如圖 5.23 所示。圖 5.23(a)、(b) 是 Jiang 等人[29] 設計的微型電磁式平面振動能量收集器，頂端的彈簧振動子內部嵌入了微型磁鐵，採用濺射沉積和矽成型工藝製成；底端基底上則集成了微線圈，採用光刻、電鍍和刻蝕工藝製成。該器件的最大輸出電壓為 2mV，功率密度 $1.2nW/cm^3$。將磁鐵固定於平面彈簧上，可以充當質量塊的作用，但這種結構由於集成裝配的問題很難將尺寸縮小。針對這一問題，劉會聰等人[42] 將微線圈集成在彈簧振子中，同時將圓柱形磁鐵固定在外殼內側，如圖 5.23(c)、(d) 所示。透過在摺疊彈簧上增加負重，可以將器件的共振頻率降至 82Hz。

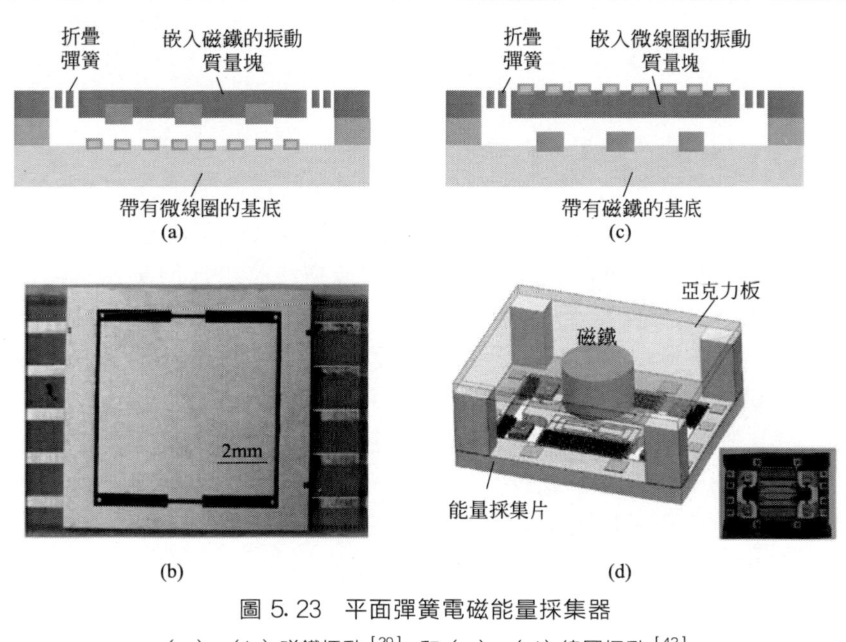

圖 5.23 平面彈簧電磁能量採集器

(a)，(b) 磁鐵振動[29] 和 (c)，(d) 線圈振動[42]

近幾年，市場上也已出現了一些比較成熟的振動式能量收集產品，其中具有代表性的是美國 Ferro Solutions 公司和英國 Perpetuum 公司設計的電磁式能量收集器。表 5.4 列舉了一些已有的電磁式振動能量收集器，並進行了輸出性能對比。

表 5.4 已有的電磁式振動能量收集器輸出對比

對比文獻	體積 $/cm^3$	頻率 /Hz	加速度 /g	開路電壓 (rms)/V	最大功率 /W	功率密度 /(W/cm^3)
Shearwood, et al[36]	0.025	4400	39	—	3×10^{-7}	1.2×10^{-5}
Williams, et al[45]	1	110	9.7	2.2(峰值)	8.3×10^{-4}	8.3×10^{-4}
Pan, et al[46]	0.45	60	—	0.04(峰值)	1.0×10^{-4}	2.2×10^{-4}

續表

對比文獻	體積 /cm^3	頻率 /Hz	加速度 /g	開路電壓 (rms)/V	最大功率 /W	功率密度 /(W/cm^3)
El-Hami, et al[37]	0.24	322	10	0.013	5.3×10^{-4}	2.2×10^{-3}
Glynne-Jones, et al[38]	0.84	322	5.4	0.009	3.7×10^{-5}	4.4×10^{-5}
Beeby, et a l[39]	0.06	357	0.43	0.03	2.85×10^{-6}	4.8×10^{-5}
Koukharenko, et al[40]	0.1	1600	0.4	—	1.0×10^{-7}	1.0×10^{-6}
Perpetuum[43]	130	100	1.4	15.6	4.0×10^{-2}	3.1×10^{-4}
Ferro Solutions[44]	75	21	0.1	—	9.3×10^{-3}	1.2×10^{-4}
Kulah, et al[47]	約 2.3	1	—	0.006(峰值)	4.0×10^{-6}	1.7×10^{-6}

(c) 非線性振動電磁能量收集器

基於共振的電磁能量採集器只有在共振狀態下才能取得最大的功率輸出，通常頻寬較窄。為了獲取更寬的頻寬，提高能量轉換效率，研究者們又研發了基於特殊彈簧-質量塊結構的非線性能量採集器，其具體實現方式有偏心轉子結構[48]、磁斥力（碰撞）結構[49] 和升頻結構[47]。圖 5.24(a) 是偏心轉子結構的原理圖，能夠將振動轉換成旋轉運動。1998 年，日本的 Seiko 設計了一種非線性振動能量採集器用於手錶供電[48]，它能夠將人體運動產生的振動轉換成偏心轉子的旋轉，並經過齒輪增速機構驅動發電機。Spreemann 等人[50] 也設計了類似的非線性結構，他們將磁鐵固定於轉子中，在固定線圈內產生感應電動勢。當振動頻率在 30～80Hz 之間時，能夠輸出 0.4～3mW 的電能。

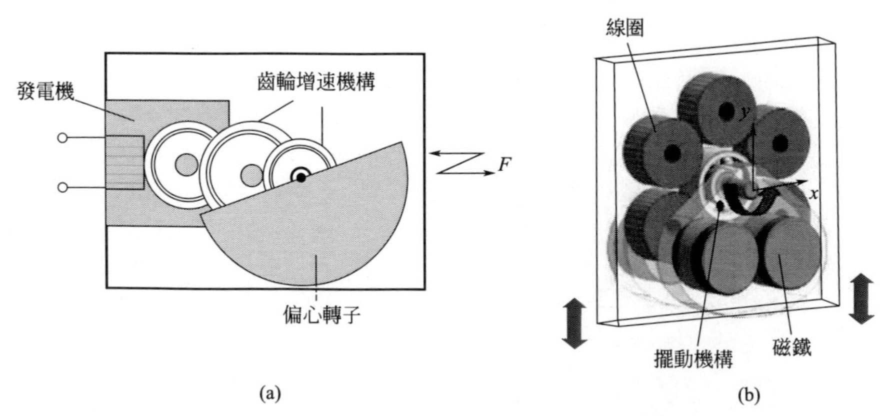

圖 5.24 偏心轉子結構的能量採集器原理圖（a）和實物圖（b）[50]

5.2.3 靜電式振動能量收集技術

電磁式能量收集器的尺寸效應比較明顯，即隨著器件尺寸的減小，輸出功率急劇降低。相比之下，靜電式振動能量收集器在尺寸效應上具有一定的優勢。研究表明，當能量收集器的體積降低為原來的1%，靜電式能量收集器的機電耦合係數降幅僅為電磁式能量收集器的1/10，因此靜電式能量收集器更適合微型化的發展和應用。除此之外，靜電式能量收集器與MEMS工藝有著很好的兼容性，且易於與電子器件集成，這有利於器件的大量生產，降低成本。

(1) 靜電效應

靜電式能量收集器的工作原理是基於電容效應的，利用外部的激勵，使電容極板的間距或相對位置發生改變，從而改變電容值，在外部電路產生電流。簡單的電容極板間的電壓可由式(5.25)表示：

$$V=\frac{Q}{C} \tag{5.25}$$

式中，Q 為極板所帶的電荷量；V 為極板間電壓；C 為電容值。電容值 C 又可以用式(5.26)表示：

$$C=\frac{\varepsilon A}{d} \tag{5.26}$$

式中，ε 為極板間的介電常數；A 和 d 分別為極板的相對面積和間距。可以看出，改變相對面積和間距均可改變電容值。其儲存電能的變化量如下：

$$\Delta W=\frac{1}{2}V(C_{\max}-C_{\min}) \tag{5.27}$$

式中，ΔW 為儲存電能的變化量；$C_{\max}$ 和 $C_{\min}$ 分別為電容的最大值和最小值。如果不考慮損耗，最大輸出功率 P 可以表示如下：

$$P=\Delta W f \tag{5.28}$$

式中，f 為振動頻率。

根據電容極板運動形式的不同，可以將靜電式微振動能量收集器的結構大致分為三類：平面內面積調諧叉指結構、平面內距離調諧叉指結構和平面外平行板電容結構。如圖5.25(a)所示的平面內面積調諧結構能夠取得較高的 Q 值，但大位移下的穩定性較差，且電容變化小；如圖5.25(b)所示的平面內距離調諧叉指結構通常電容變化大，但極板間存在著吸合的問題；如圖5.25(c)所示的平面外平行板電容結構具有較好的穩定性，且電容變化大，但工作時機械損耗較大。

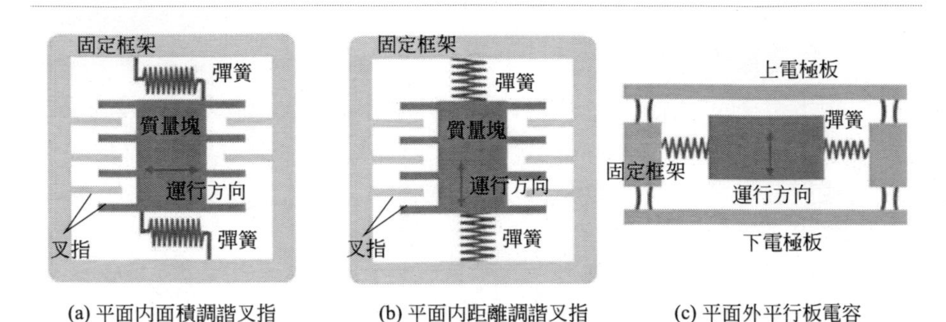

圖 5.25 靜電式能量收集器的三種結構

(2) 靜電式微型振動能量收集器研究現狀

目前，靜電式振動能量收集器的實現方式主要有兩種，一種是對電容極板施加初始電壓、另一種是採用駐極體材料製備電容極板。圖 5.26 是 2001 年 MIT 的 Meninger 等人[51] 最早設計的靜電式振動能量收集器，能夠在 2.5kHz 的振動激勵下取得 8μW 的功率輸出。該能量收集器採用的是平面內面積調諧叉指結構。

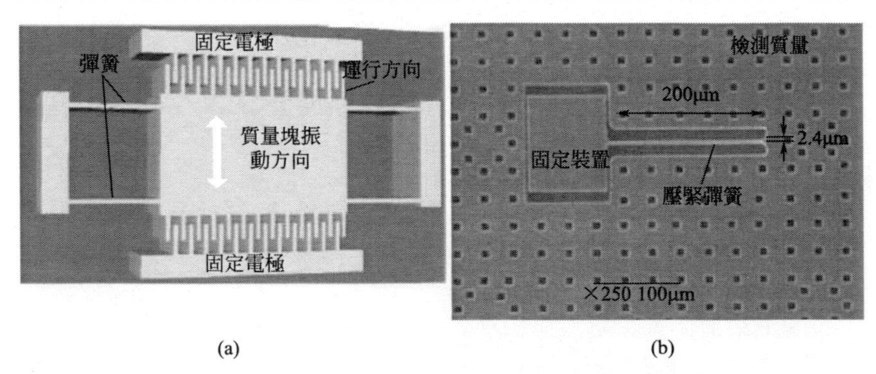

圖 5.26 MIT 設計的最早的靜電式振動能量收集器 [51]

2007 年臺灣交通大學的 Chiu 等人[52] 基於絕緣體上矽製備的能量收集器如圖 5.27 所示。該能量收集器的叉指電極間的初始間距和最小間距分別為 35μm 和 0.1μm，中間板上放置了用於降低器件的固有頻率鋼球，以使其與外部振動頻率匹配。該器件在輸入電壓 3.3V 時，能夠取得 40V 的輸出電壓，功率密度為 $200\mu W/cm^2$。

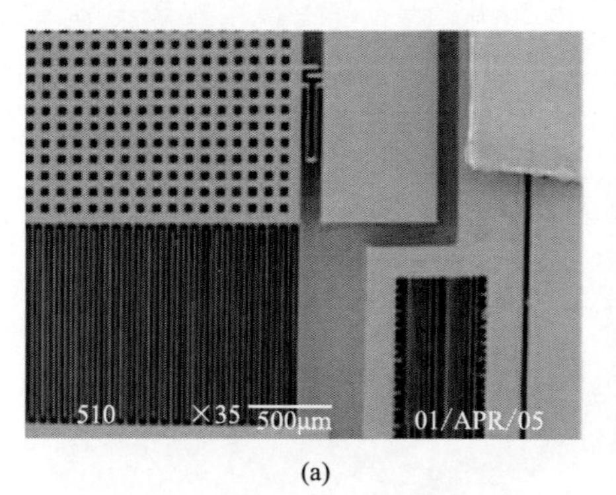

(a)

(b)

圖 5.27 基於絕緣體上矽製備的靜電式能量收集器[52]

為了提高器件的輸出功率和工作頻寬，挪威西富爾德大學的 Nguyen 等人[53] 對非線性彈簧展開了研究，透過理論和模擬得出了結論：彈簧的硬化作用和軟化作用均能擴展頻寬，但發生軟化作用的彈簧能夠產生更大的位移，基於此，他們在 2010 年設計了一款採用非線性的靜電式振動能量收集器。器件的整體尺寸為 9.5mm×9.5mm×0.3mm，圖 5.28 是器件的結構圖。測試結果顯示，當功率譜密度為 $7.0\times10^{-4}Hz^{-1}$ 時，相比同尺寸的線性結構，頻寬增大了 13 倍，輸出能量增加了 68%。

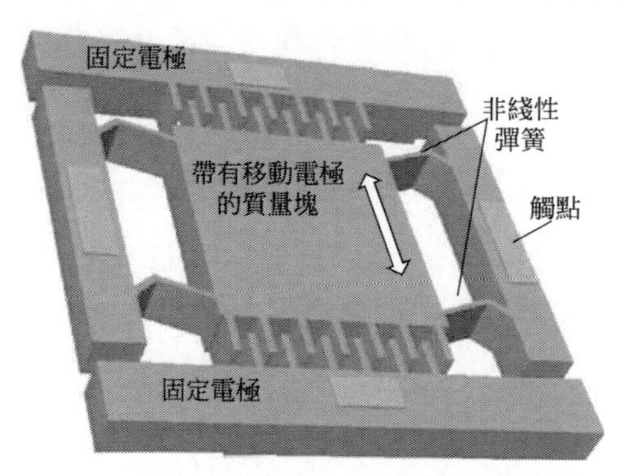

圖 5.28 非線性靜電式振動能量收集器[53]

環境中的振動具有多方向性和不可預測性。目前，大多數的振動能量收集器只能收集單一振動方向的能量，這限制了其應用範圍和能量轉化的效率。為了解決這一問題，新加坡國立大學的 Yang 等人[54] 設計了如圖 5.29 所示的平面內旋轉的靜電式能量收集器件。器件的整體尺寸為 7.5mm×7.5mm×0.7mm，並透過模擬最佳化確定了彈簧採用階梯形結構。在加速度為 0.52g、振動頻率 63Hz 時，最大輸出功率為 0.39μW。

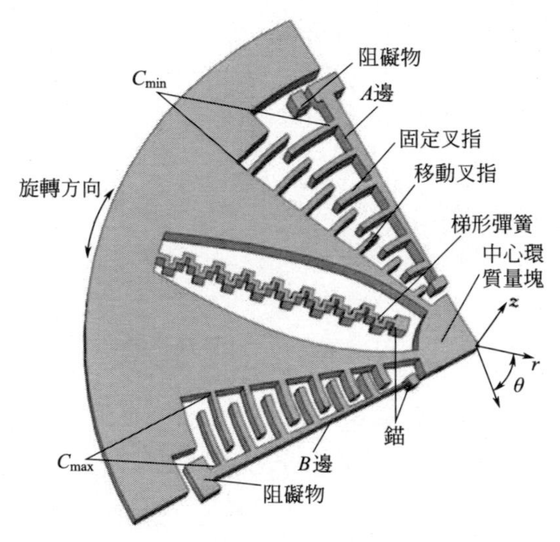

圖 5.29　平面內旋轉的靜電式能量收集器[54]

以上提到的靜電式振動能量收集器工作時均需使用外接電源，提供極板間的初始電壓，這給實際應用帶來了不便。近幾年，更多的靜電式能量收集器摒棄了這種設計，而採用駐極體材料進行器件製備。駐極體是一種自帶電荷或偶極矩的絕緣體，能夠提供偏置電場。駐極體材料通常分為 SiO_2 類無機物和聚合物類有機物。SiO_2/Si_3N_4 駐極體是靜電式能量收集器常用的一種材料，其儲存電荷的穩定性較好，且與 CMOS 工藝兼容。圖 5.30(a) 是 Naruse 等[55] 採用 SiO_2 駐極體設計的一種大振幅的能量收集器。SiO_2 的表面電荷密度達到 10mC/m^2。為了提高其儲存電荷的穩定性，採用了 SiO_2 和 Si_3N_4 雙層結構設計。但是，由於 SiO_2 的厚度受到製作工藝的限制，其表面並不能產生很高的電勢。

在聚合物類有機物駐極體中，Teflon 和 CYTOP 因為易於加工而最受歡迎。Kashiwagi 等人[56] 在 CYTOP 薄膜的表面製備了包含有機矽氧烷的奈米團簇，用於增強表面的電荷密度以及儲存電荷的熱穩定性。駐極體厚度為 15μm，表面電勢高達 1.6kV。Parylene HT 是一種新型的駐極體材料，在論文[57] 設計的能量收集器中有所提及。該器件的結構如圖 5.30(b) 所示，主要發電部分由 PEEK 轉子和電極定子組成，PEEK 轉子材料的表面覆蓋了一層 7.32μm 的 Parylene HT，並採用電暈充電法在表面施加電荷。該能量收集器能夠在 20Hz 的頻率下取得 9.23μW 的輸出功率。

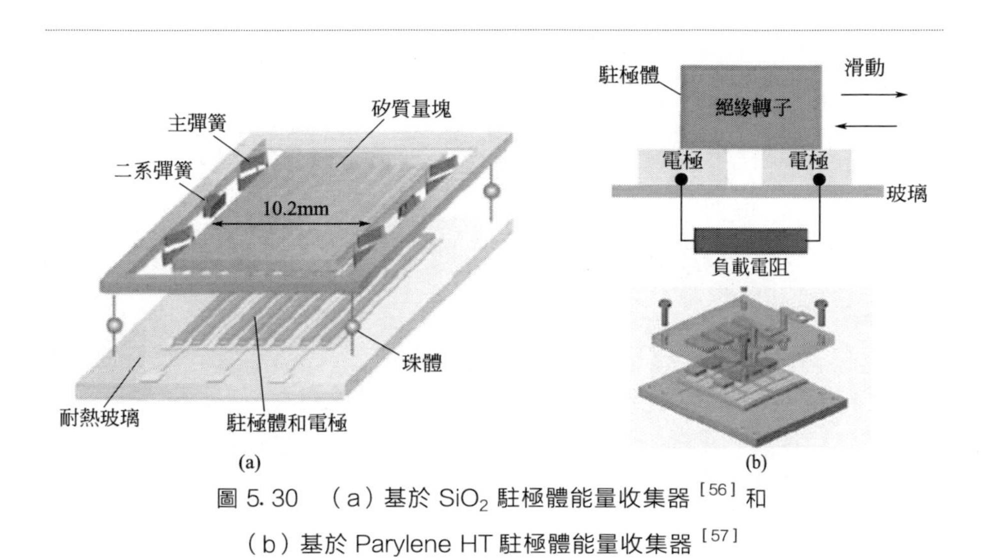

圖 5.30 （a）基於 SiO_2 駐極體能量收集器 [56] 和（b）基於 Parylene HT 駐極體能量收集器 [57]

5.2.4 摩擦電式振動能量收集技術

（1）摩擦電效應

摩擦生電是生活中普遍存在的一種現象。當兩種材料相互接觸時，由於得失電子能力的不同，電子會在材料接觸面上發生轉移[58]。當材料相互分離時，得電子能力強的材料保留電子，失電子的材料則帶上正電荷。由於具有摩擦生電效應的材料通常不導電或為絕緣體，所以電荷能夠在材料表面長時間保留，這就形成了靜電荷。在人類生產生活中，靜電荷的存在可能會引起爆炸、導致集成電路的損壞，通常是被消除的對象，然而科學家們卻利用這種現象發明了摩擦發電機。早期的摩擦發電機是著名的 Wimshurst 發電機，發明於 1880 年，其實物圖和原理圖如圖 5.31 所示，其主要結構有絕緣轉盤、兩個金屬刷子、兩個金屬球體以及金屬扇形區域。金屬觸頭用於收集轉盤表面的電荷，當兩極積累的電荷量達到一定值就會形成高壓擊穿空氣並產生電流，從而產生電能。

與其他幾類振動能量收集器不同，摩擦式振動能量收集器能夠在低至幾赫茲的振動環境下高效的工作，特別適合收集像人類活動、波浪等低頻振動的能量。摩擦式能量收集器能夠產生數十至幾百伏的高電壓輸出，但是由於其內阻較大（兆歐級），因此輸出功率並不高。想要進一步提高電壓輸出的方法通常有三種：①選擇輸出性能更好的摩擦材料；②在材料表面製備微結構；③在材料內部注射電荷。

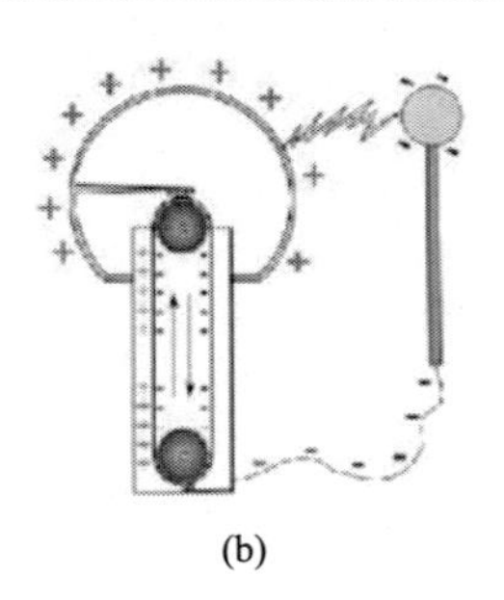

(a) (b)

圖 5.31 （a）Wimshurst 發電機實物圖和（b）Wimshurst 發電機原理圖

摩擦式能量收集器之所以能夠發電就是利用材料間得失電子能力的差異產生電荷分離，從而獲得電勢差[58]。得失電子能力相差越大，兩者相互摩擦時產生的電荷也越多，因此提高摩擦式能量收集器輸出的有效方式就是選擇性能更優的材料。當然材料的選擇也要考慮成本、製備難度、應用場合等。例如應用於人體能量收集的器件可以選擇柔性的 PDMS 材料作為摩擦層[70]。

通常摩擦材料表面都製備有微結構，金字塔形、圓柱形、凸臺形等。微結構能增加材料表面粗糙度，並增強電荷的轉移，從而提升器件的輸出性能。金字塔結構是 PDMS 薄膜上常用的微結構，其製備過程如圖 5.32 所示。

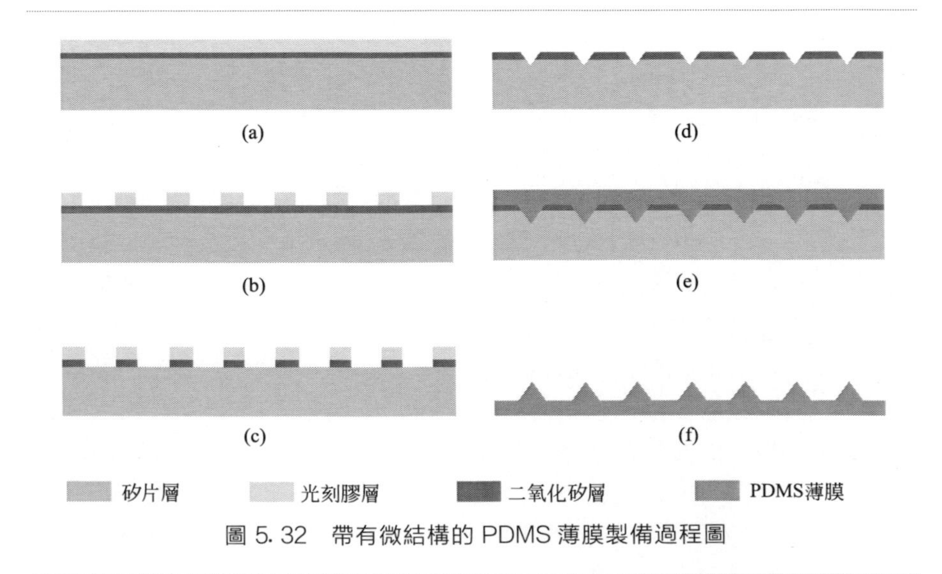

圖 5.32 帶有微結構的 PDMS 薄膜製備過程圖

(2) 摩擦電式振動能量收集器研究現狀

2012年至今，美國佐治亞理工學院和中科院奈米能源研究所的王中林教授團隊致力於摩擦式奈米發電機（TENG）的理論和模型研究，利用摩擦生電和靜電感應的耦合作用，將機械能轉化成電能，並成功應用於人體運動[59]、機械振動[60]、風能[61]、波浪能[62]的收集。摩擦式奈米發電機具有結構簡單、製備材料種類多、成本低廉、集成度高等眾多優點，除了可以收集環境中的能量，也可作為自供電感測器進行應用[59-76]。目前摩擦式奈米發電機按結構的不同可以分為四類：垂直接觸-分離式、滑動式、單電極式和非接觸式，如圖5.33所示。

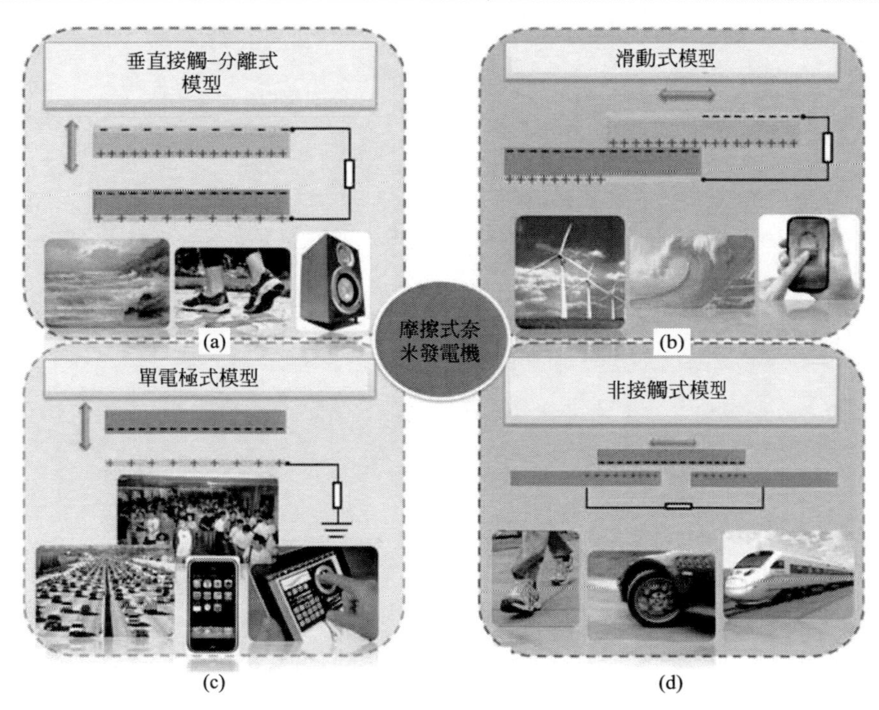

圖5.33　四種常見結構的摩擦式奈米發電機

垂直接觸-分離結構[63]是振動能量收集中最常用的結構，摩擦材料可選用兩種聚合物薄膜也可採用金屬和聚合物薄膜，其基本工作原理和電荷轉移方式如圖5.34所示，以摩擦材料Al和PDMS為例，其中Al失電子，PDMS聚合物得電子，Al也充當電極作用。

當摩擦層1和摩擦層2在外力或外界振動驅動下發生相互接觸時，根據摩擦生電原理，正負電荷會分別聚集在摩擦層2和摩擦層1的表面，並停留一段時間，但此時不會有電勢差產生，因為正負電荷差不多聚集在一個平面上；當兩種材料相互分離時，電勢差U就產生了，可以根據式(5.29) 計算出其數值：

$$U=-\frac{\sigma d}{\varepsilon_0} \tag{5.29}$$

式中，U為電勢差；σ為材料表面電荷密度；ε_0為真空介電常數；d為材料間的間距。

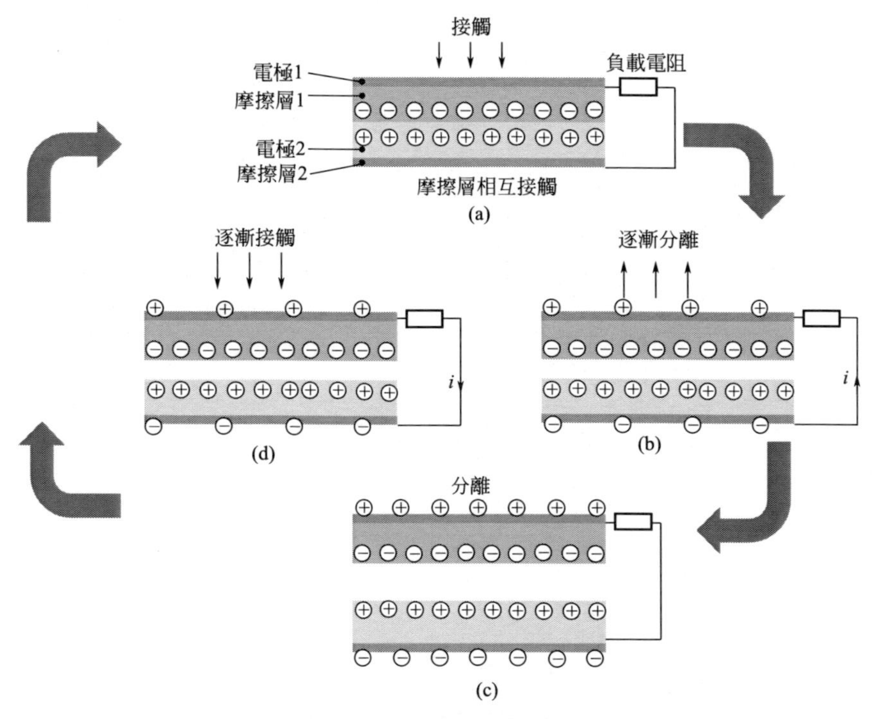

圖 5.34　垂直接觸-分離結構 TENG 電荷轉移圖

如果將兩個電極短接，在電勢差的驅動下，電子從電極 1 流向電極 2，產生電流，使得電極 1 帶上正電荷，電極上正電荷逐漸增大直到距離d達到最大。當距離再次減小時，摩擦層 1 逐漸向表面帶正電荷的摩擦層 2 靠近時，由於靜電感應電子從電極層 2 上流向電極層 1；最後當兩者完全接觸時，外電路沒有電子流動，電荷再次像初始狀態一樣分布，因此，隨著摩擦層間的相互接觸-分離，在外電路會產生交變電流。

Niu 等人[64] 基於平行板電容理論對該結構進行了如圖 5.35 所示的數學建模，理論的開路電壓和短路電流可以表示如下：

$$V_{oc}=\frac{\sigma x(t)}{\varepsilon_0} \tag{5.30}$$

$$I_{sc}=\frac{S\sigma d_0 v(t)}{[d_0+x(t)]^2} \tag{5.31}$$

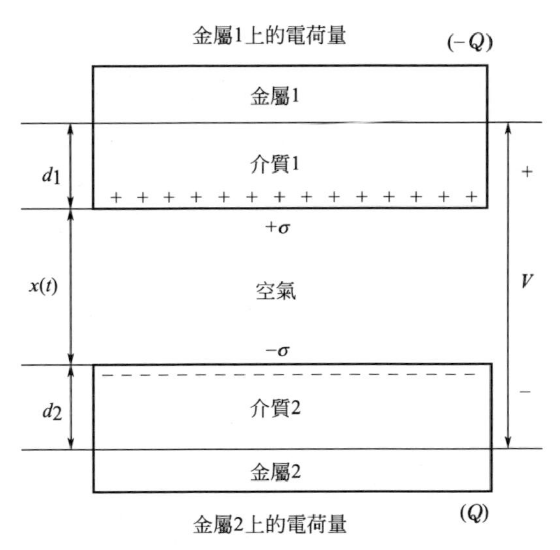

圖 5.35 垂直接觸-分離結構 TENG 參數模型[64]

式中，V_{oc} 是開路電壓；σ 是表面電荷密度；$x(t)$ 是摩擦層間的相對距離；ε_0 是空氣介電常數；I_{sc} 是短路電流；S 是摩擦表面積；$v(t)$ 是摩擦層間的相對速度；d_0 則是有效厚度，定義為：

$$d_0=\frac{d_1}{\varepsilon_{r1}}+\frac{d_2}{\varepsilon_{r2}} \tag{5.32}$$

式中，d_1 和 d_2 分別是摩擦層 1 和摩擦層 2 的厚度；ε_{r1} 和 ε_{r2} 是對應的相對介電常數。

滑動摩擦式奈米摩擦發電機的工作原理[65] 如圖 5.36 所示。當摩擦層 1 和摩擦層 2 相互接觸，表面分別帶有負電荷和正電荷；當兩個接觸面左右分離時，摩擦電荷會產生一個從右往左的電場，而電極 2 擁有更高的電勢。在電勢差的驅動下，電子將從電極 1 流向電極 2；當摩擦層在外部作用力下重新重合時，由於電勢差的減小，電子將重新由電極 2 流向電極 1，由此往復循環，產生交流電輸出。

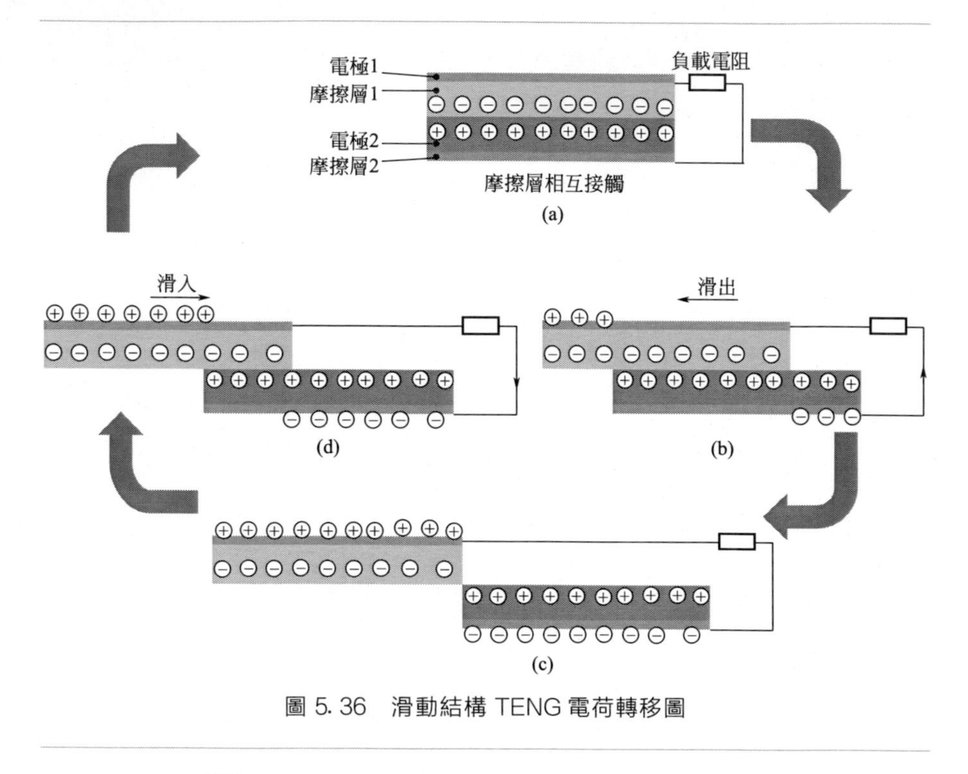

圖 5.36 滑動結構 TENG 電荷轉移圖

Niu 等人[66] 同樣對該結構進行了建模分析，得出的開路電壓和短路電流表達式如下：

$$V_{oc}=\frac{\sigma x}{\varepsilon_0(l-x)}\left(\frac{d_1}{\varepsilon_{r1}}+\frac{d_2}{\varepsilon_{r2}}\right) \tag{5.33}$$

$$I_{sc}=\sigma w v(t) \tag{5.34}$$

式中，V_{oc} 是開路電壓；σ 是表面電荷密度；x 是摩擦層間的相對距離；l 是摩擦層位移方向的長度；ε_0 是空氣介電常數；d_1 和 d_2 分別是摩擦層 1 和摩擦層 2 的厚度；ε_{r1} 和 ε_{r2} 是對應的相對介電常數；I_{sc} 是短路電流；$v(t)$ 是摩擦層間的相對速度；w 是摩擦層垂直於運動方向的橫向寬度。

垂直接觸-分離式和滑動式結構的摩擦收集器都需要兩個電極，這限制了其應用範圍，如圖 5.37 所示的單電極結構很好地克服了這一問題，發電形式也更為實用和靈活[67,68]。如圖 5.38 所示的非接觸式的摩擦能量收集器則降低了材料的摩擦損耗，提高了輸出的穩定性，適用於收集人體行走、汽車或磁懸浮列車的振動能和運動能量[69]。

圖 5.37 單電極摩擦能量收集器[67, 68]

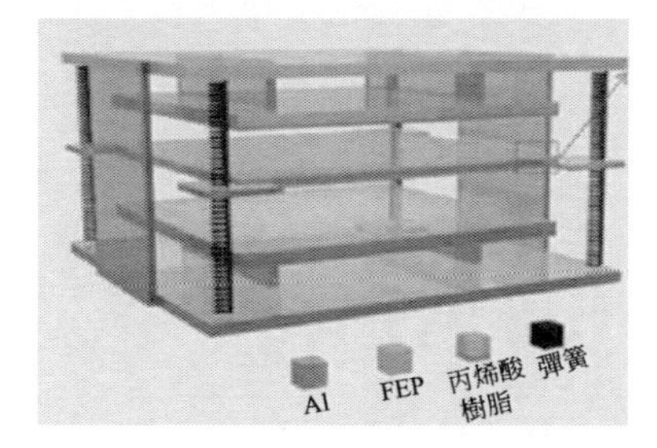

圖 5.38 非接觸式摩擦能量收集器[69]

摩擦式能量收集器在工作過程中，靜電荷分布在摩擦材料的表面。當電荷積累到一定值之後，將達到穩定狀態，不再繼續增加。這種電荷飽和的現象會限制摩擦層上電荷密度的進一步提高，而電荷注射的方法可以突破這一限制，進一步增加摩擦層上的電荷量，從而提高器件輸出。

Wang 等人[76] 在 FEP 薄膜的表面注射了負離子，注射模型如圖 5.39(a) 所示，將表面負電荷的密度從 $50\mu C/m^2$ 提升到 $260\mu C/m^2$。輸出的開路電壓從原來的 200V 增加至近 1000V，如圖 5.39(b) 所示。

北京大學的張海霞課題組基於 PDMS 材料製備了如圖 5.40 所示 r 型摩擦壓電複合式能量收集器[71]。摩擦材料分別為 Al 和 PDMS，在 5Hz 的給定壓力下最大輸出電壓 V_{pp} 達到 400V，體積功率密度為 $2.04mW/cm^3$，能夠在 120s 內將 $1\mu F$ 的電容充至 13V。Sihong 等人[72] 同樣採用 Al 和 PDMS 製備了雙弧形的摩擦能量收集器，並分析了振動頻率對輸出性能的影響。該器件在 10Hz 的工作條件下可輸出 230V 電壓和 $1301\mu A$ 電流，並在 5.2h 內給手機充入了 $10.4\mu A \cdot h$ 的電量。

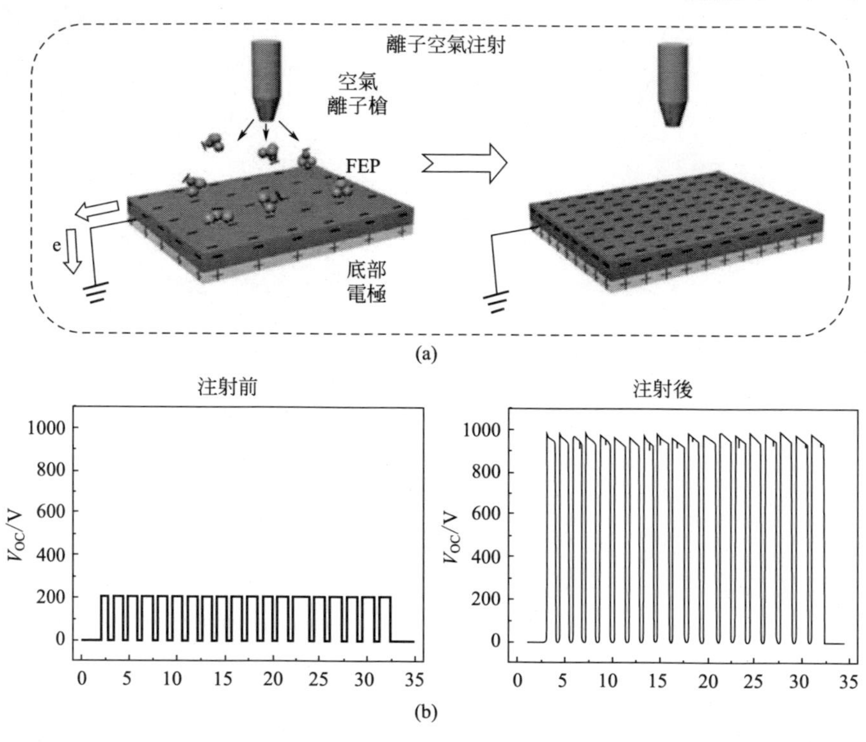

圖 5.39 (a) FEP 表面電荷注射和 (b) 電荷注射前後器件電壓輸出對比[76]

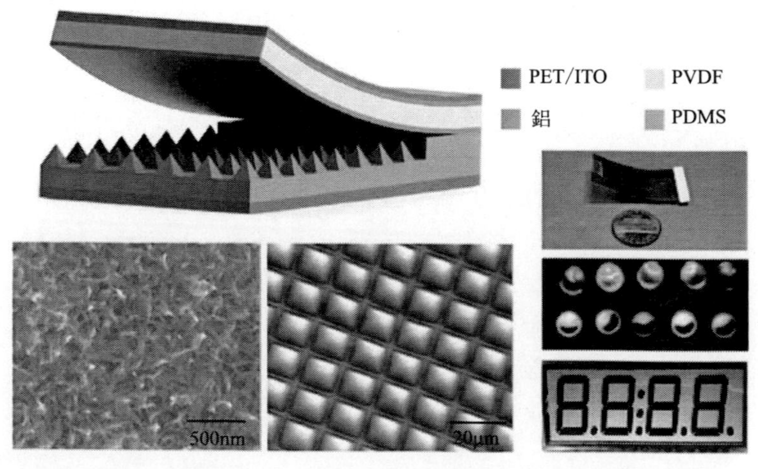

圖 5.40 r 型複合式能量收集器[71]

新加坡國立大學的 Dhakar 等人[74] 設計了如圖 5.41 所示的一種懸臂梁結構的寬頻摩擦式能量收集器。底部摩擦材料製備有柱形的微結構，文章對不同尺寸的微結構進行了對比分析，並總結了微結構尺寸對輸出性能的影響。此外，該器件利用碰撞結構將工作頻帶擴寬了284%。

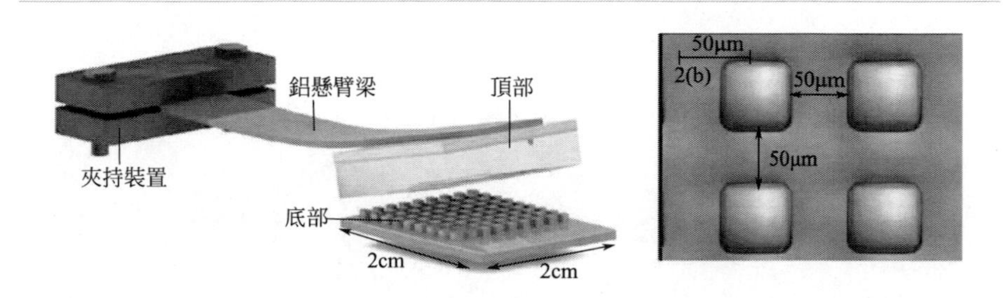

圖 5.41　懸臂梁結構寬頻摩擦式能量收集器[74]

Guo 等人[73] 利用 FEP 和銅合金摩擦材料製備了如圖 5.42 所示的旋轉式摩擦能量收集器，用於收集水流運動的能量。當轉子摩擦材料銅合金與定子摩擦層發生相對旋轉時，底部的銅合金電極將產生電壓輸出。在轉速為 600r/min 時，輸出電壓峰值 V_{pp} 為 500V。同時，該器件中還集成了電磁發電模塊，用於進一步提升整體的功率輸出。

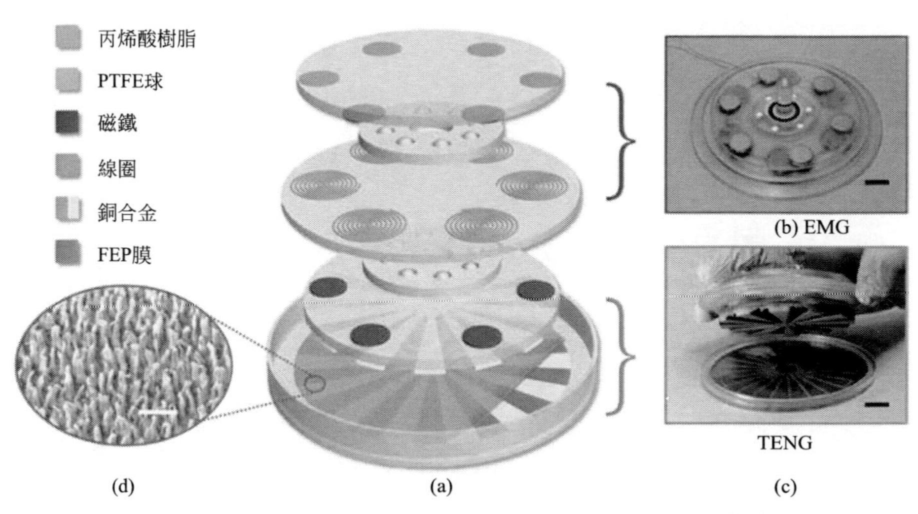

圖 5.42　基於 FEP 和銅合金的旋轉式摩擦能量收集器[73]

受矽片尺寸的限制，通常基於矽基底製備的摩擦材料尺寸較小，不能用於大尺寸器件的製備，為了解決這一問題，Dhakar 等人[75] 採用了一種「roll-to-roll」紫外線壓印工藝製備了大尺寸的帶有微結構的 PET 薄膜，如圖 5.43 所示。製成的摩擦能量收集器具有低成本，可大面積使用的特點。

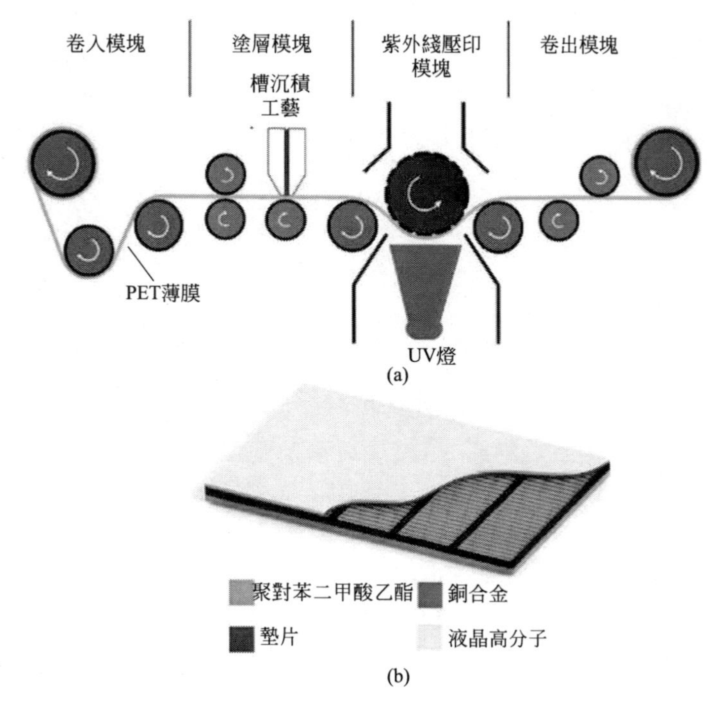

圖 5.43 （a）「roll-to-roll」 紫外線壓印工藝流程和（b）大尺寸摩擦能量收集器 [75]

5.3 風能收集技術

風能是可再生的清潔能源，儲量大、分布廣，但它的能量密度低，並且不穩定。自 1970 年代，人們開始重視風能的開發利用，並取得了長足的進步。研究表明，風功率與風速的關係如下：

$$P = 0.6Sv^3 \tag{5.35}$$

式中，P 為風功率；S 為與風向垂直的面積；v 為風速。風能收集器按工作方式可分為旋轉式和振動式兩大類。旋轉結構是風能收集器中更為常見的一種結構，像目前已投入使用的大型風力發電機大多採用旋轉結構。旋轉式風能收集器通常由風輪、齒輪增速箱、電磁發電機、控制櫃等組成，輸出功率可達千瓦甚至兆瓦級別。但其體積龐大，結構複雜且造價高，並不適合給一些功耗低的電子器件進行點對點的供電。對大型風力發電機的微型化同樣面臨著結構加工和安裝困難，工作效率低等問題。相比而言，振動式的風能收集器結構更為簡單，但如何提高其功率輸出是一個難點。微型振動式風能收集器根據結構和機理的不同可細分為：顫振式風能收集器、渦激動式風能收集器和共振腔式風能收集器。本節將對微型旋轉式風能收集器及幾種不同振動機理的微型風能收集器進行介紹。

5.3.1 旋轉式風能收集技術

微型旋轉式風能收集器通常是先將風能轉化成旋轉的機械能，再透過電磁、壓電、摩擦等能量轉換方式將機械能轉換成電能。圖 5.44 是得克薩斯大學阿靈頓分校的 Priya[77] 設計的一種基於壓電懸臂梁的旋轉式風能收集器。該裝置由風車、中心凸輪以及 12 片壓電懸臂梁構成，壓電懸梁尾端固定在圓環上。在風的驅動下，風車會帶動凸輪一起轉動，凸輪撥動與之咬合的壓電片，使其發生形變從而產生輸出電壓。在風速 4.5m/s、負載 6.7kΩ 時，輸出功率為 7.5mW。同時，透過調節壓電懸臂梁的個數，可以很好地控制裝置的功率輸出。該裝置為野外的無線感測節點和通訊設備的供電問題提供了可行的解決方案。但是其缺點在於體積大、結構相對複雜。

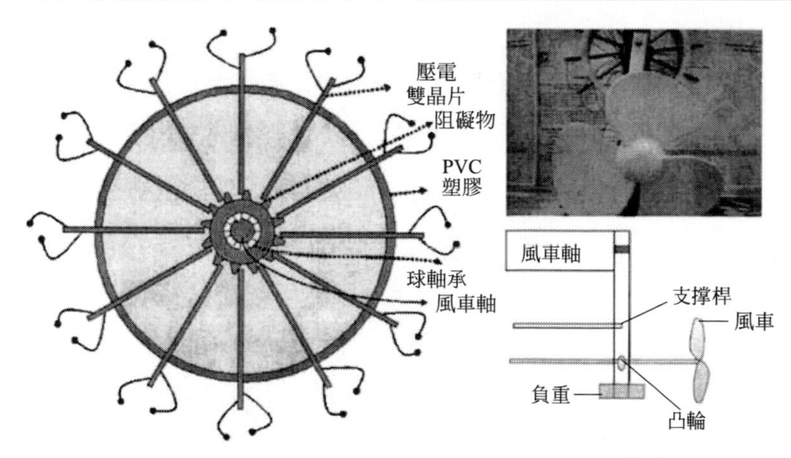

圖 5.44 基於壓電懸臂梁的旋轉式風能收集器[77]

同樣是基於壓電原理，密西根大學的 Karami 等[78] 利用永磁鐵的相互排斥效應將渦輪的旋轉轉化成壓電片的振動，設計了如圖 5.45 所示的壓電旋轉式微型風能收集器。收集器的整體尺寸為 8cm×8cm×17.5cm，PZT 壓電懸臂梁的頂端和渦輪底部分別安裝了永磁鐵。風速 10m/s、負載 247kΩ 時，單個 PZT 壓電懸臂梁功率輸出為 4mW。

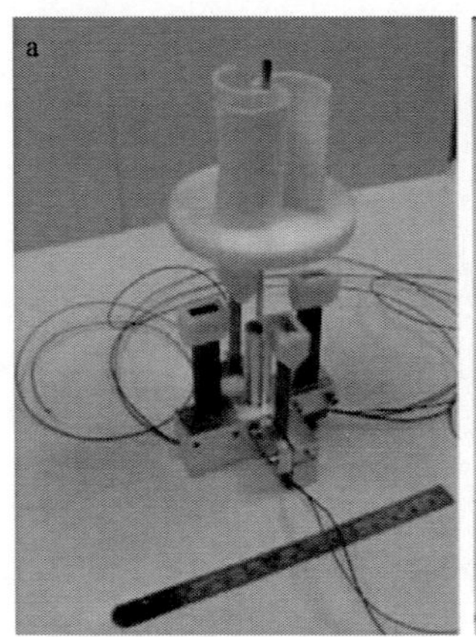

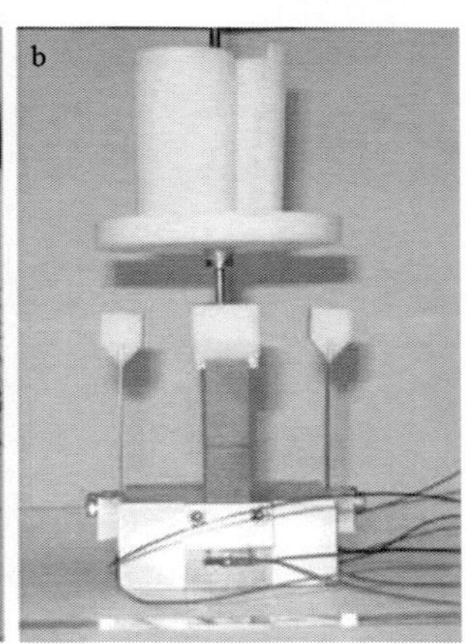

圖 5.45 壓電旋轉式微型風能收集器[78]

英國帝國理工學院的 Bansal 等[79] 結合了快速成型、傳統機械加工和柔性電路印刷技術製造了如圖 5.46 所示電磁旋轉式風能收集器。風輪葉片的直徑僅為 2cm，轉動機構與永磁鐵集成作為轉子，4 層固定線圈採用柔性電路印刷技術製成。在 10m/s 的風速條件下的最大輸出功率為 4.3mW。該裝置有著較高的功率密度，但其製作工藝複雜、精度要求高，並且採用寶石作為原料，因而製作成本高。

圖 5.46 電磁旋轉式風能收集器[79]

近幾年，摩擦能量收集器憑藉其結構簡單、成本低、能量轉化效率高的優勢，成了研究的焦點。其基本原理是基於摩擦生電和靜電感應的耦合效應。Xie 等人[80] 基於該原理研製了如圖 5.47 所示的摩擦旋轉式風能收集器。該裝置的蝸桿頂部連接著風輪，下端連接著摩擦材料 PTFE 和電極。旋轉時，摩擦材料 PTFE 與 Al 發生碰撞-分離運動，從而在電極間產生電荷轉移。PTFE 的表面製備有奈米線，用於提高摩擦材料的電壓輸出性能。在風速 15m/s 的條件下，裝置的最大功率密度輸出可達 $39W/m^2$，能夠同時點亮數百個 LED 燈。

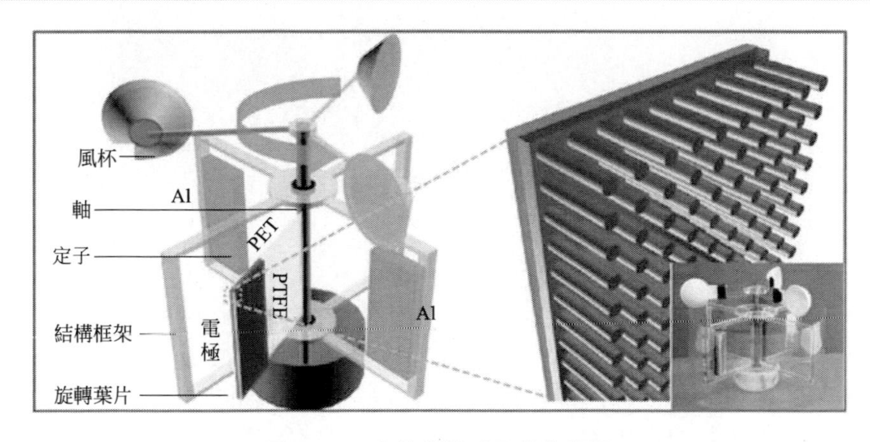

圖 5.47　摩擦旋轉式風能收集器

5.3.2 顫振式風能收集技術

顫振彈性結構在均勻氣流中受到力的耦合作用而發生大幅度自激振動現象[81]。當作用在結構體上瞬時氣體壓力與結構的位移存在相位差時，結構體將從氣體中吸取能量並擴大振幅。當風速較低時，結構體吸收的能量會被阻尼消耗掉，因而不發生顫振。只有當風速超過某一臨界值時，顫振現象才會發生。但如果風速過大，這種振動就會開始發散。顫振容易導致結構體的破壞，因而在飛行器、橋梁、高層建築的建設過程中都要避免顫振現象的發生。但研究者們卻利用這種現象，透過巧妙的結構設計將風能轉化成電能。

香港中文大學的 Fei 等[82] 特製了一種長度 1.2m 的風帶，使其在風中發生顫振，帶動磁鐵上下振動，從而在固定線圈中產生感應電流，具體結構如圖 5.48 所示。透過對磁鐵質量、風帶剛度等參數的最佳化，該裝置在 3.1m/s 的風速下可取得大約 7mW 的功率輸出。但其體積過大，難以推廣應用。

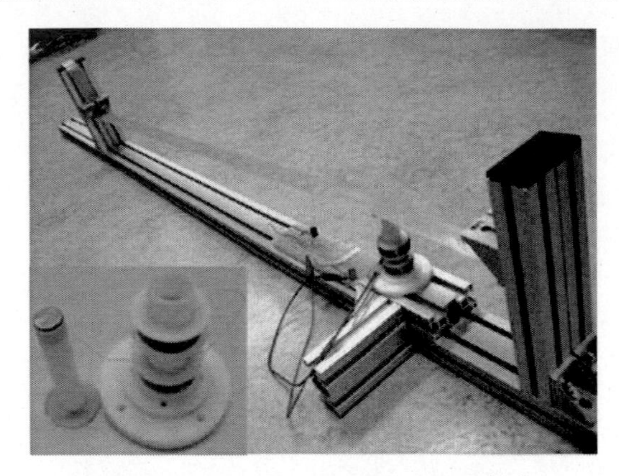

圖 5.48　風帶顫振式風能收集器[82]

美國 Humdinger Wind Energy 公司研製的微型顫振式風能收集器[83]，將體積縮至厘米級別（13cm×3cm×2.5cm）。如圖 5.49 所示，柔性膜兩端固定，磁鐵固定在柔性膜的一端，兩側分布著線圈。當風以一定角度水平吹向柔性膜時，柔性膜將在垂直方向上發生顫振，並帶動磁鐵和線圈發生相對運動，從而產生感應電動勢。

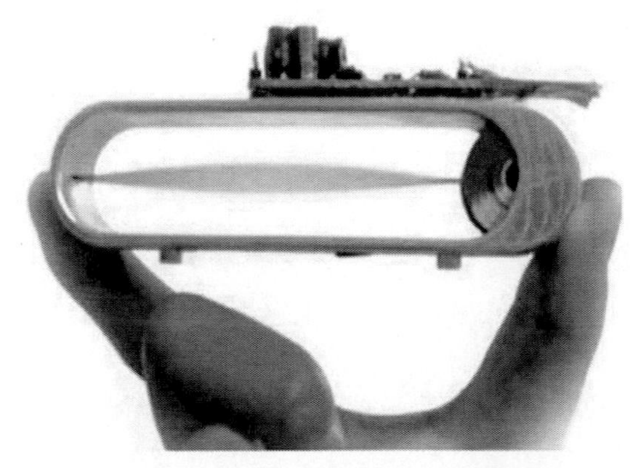

圖 5.49　微型顫振式風能收集器[83]

基於顫振現象，美國威斯康星大學的 Sun 等[84] 提出了基於 PVDF 壓電材料的顫振結構，如圖 5.50(a) 所示，它利用人體呼吸產生的微小氣流使 PVDF 薄膜發生振動，從而產生電能輸出。圖 5.50(b) 顯示的是隨風速和 PVDF 厚度變化，裝置功率變化的示意圖。由於 PVDF 薄膜的尺寸小、振幅小，透過人體正常呼吸所收集的功率僅有納瓦級別。儘管如此，利用電容對其能量進行儲存，同樣可以在 2～4m/s 的風速下獲得 8μJ～1.8mJ 的能量，足夠驅動數位秒表等微型的電子設備。

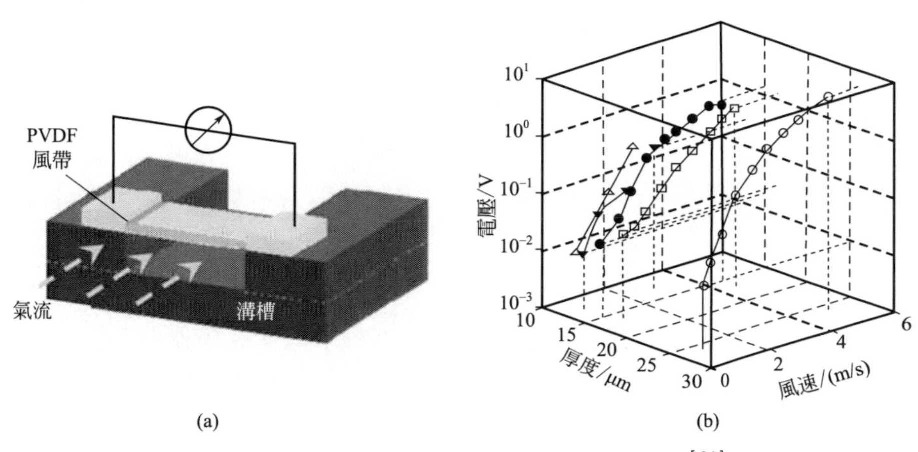

圖 5.50　收集人體呼吸產生能量的風能收集器[84]

意大利的 Taghavi 等[85] 採用新型的摩擦發電技術來收集風能。如圖 5.51 所示，該裝置主要由聚酰亞胺摩擦層和兩個銅電極層組成，摩擦層顫振時與電極層產生週期性的接觸-分離運動，使得電荷在兩個電極間發生轉移，從而產生電能。

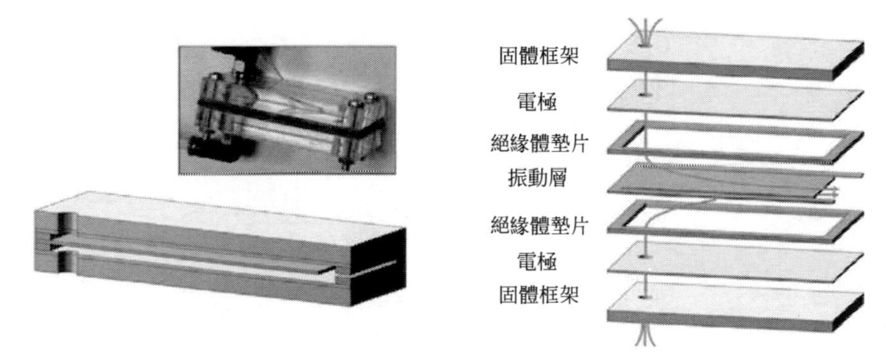

圖 5.51　基於摩擦電原理的顫振風能收集器[85]

5.3.3 渦激振動式風能收集技術

卡門渦街是流體力學中的一種現象[86]。在一定的條件下，當流體穿過某些障礙物（鈍體）時，鈍體後方兩側會週期性的脫落出兩排方向相反的旋渦。若旋渦作用於物體的兩側，物體則會發生渦激振動。像水流流過橋墩，風吹過煙囪、高塔都會產生這種現象。在平穩的氣流中，卡門渦街現象能否發生取決於雷諾數、斯特勞哈爾數、結構的平滑度、鈍體的尺寸等。其中雷諾數是關鍵的影響因素，具體定義如下：

$$Re=\frac{\rho v d}{u} \tag{5.36}$$

式中，Re 代表雷諾數；ρ、v、u 分別代表流體的密度、速度和黏性係數；d 表示鈍體的特徵尺度。當雷諾數在 200～15000 之間，渦街便會出現。

為了最大化風能的轉化效率，振動式風能收集器的共振頻率通常設計與激振頻率相匹配。即在一定的鎖定的狀態下，振動結構的頻率與無干擾情況下渦流產生的頻率一致。因此，風能收集器的設計目標是盡可能在不同的風速條件下，保持這種鎖定狀態，從而使振動結構一直處於共振狀態，提高裝置的輸出。

基於這種思想，美國伯克利大學的 Weinstein 基於壓電懸臂梁結構設計了如圖 5.52 所示的頻率可調的渦激振動式風能收集器[87]。該裝置前端的圓柱形鈍體用於產生渦流，懸臂梁的自由端負有一定的配重，透過調節配重的大小可以調節懸臂梁的共振頻率，使其在不同風速條件下，均能保持與渦流頻率一致，提高其使用範圍。在 5m/s 的風速下，該風能收集器的輸出功率可達 3mW。

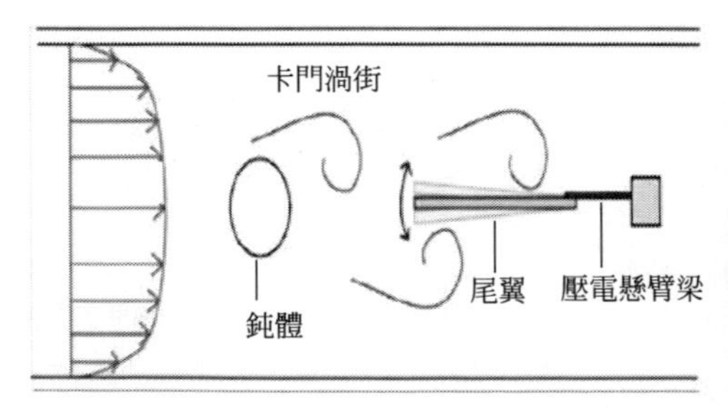

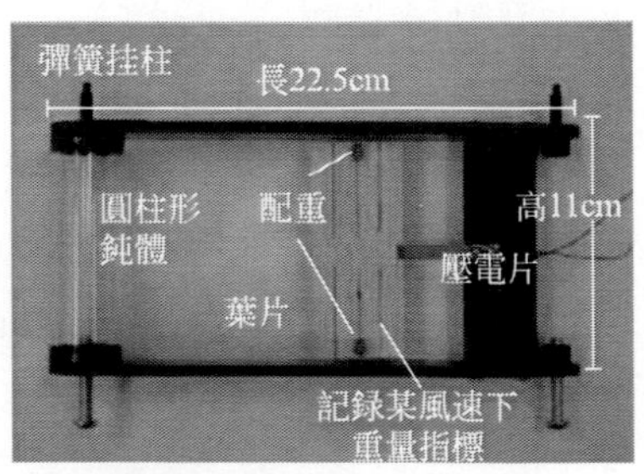

圖 5.52 頻率可調的渦激振動式風能收集器[87]

為提升懸臂梁振幅以提高壓電輸出，研究者設計了如圖 5.53 所示的基於葉片結構的風能收集器[88]，並探討了葉片垂直連接和平行連接對器件輸出的影響。當葉片水平連接時，卡門渦街現象的發生會使得葉片兩邊產生氣壓差，驅動葉片振動。而當葉片水平連接時，葉片振動同樣由卡門渦街現象引起，但之後葉片帶動懸臂梁發生形變，與氣流間形成夾角，這會進一步對懸臂梁產生氣動升力和側滑力，使其產生振動。實驗結果表明，葉片垂直連接的方式能夠產生更大的功率輸出，在風速8m/s，負載5MΩ時，峰值輸出功率大約615μW。與已有的一些旋轉式和壓電振動式風能收集器相比，該風能收集器具有成本低、生物相容性好、使用風速範圍廣的優勢。

圖 5.53 基於葉片結構的風能收集器[88]

與簡單的懸臂梁結構不同，美國佐治亞理工學院的Hobbs等提出了如圖5.54所示的樹幹搖擺式的風能收集裝置[89]。他們利用竹簽將聚乙烯管固定在壓電片上，並形成陣列結構。經過精確的風速設定和位置排布，風吹過第一根聚乙烯管後脫落的旋渦會使得後面的聚乙烯管產生渦激振動，固定在底端的壓電片會因此發生形變而發電。當風速為3m/s時，整體的輸出功率為96μW。西班牙的Vortex Bladeless公司也研製了類似的搖擺式風機Vortex。不同之處在於Vortex是一種大型的風力發電裝置，且發電方式是利用振動的機械能帶動交流發電機發電。

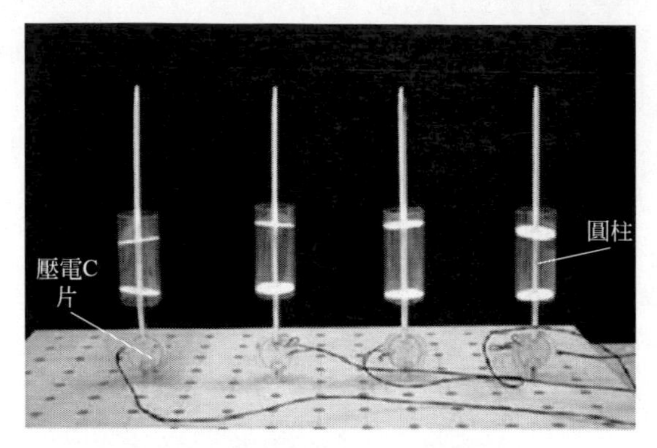

圖 5.54 樹幹搖擺式風能收集裝置 [89]

5.3.4 共振腔式風能收集技術

共振腔式風能收集器通常由一個開口的腔體和固定在開口處的懸臂梁組成。當氣流流進腔體時會導致腔體內氣壓的增加，使得懸臂梁向上彎曲；當氣流加速流出腔體時，裡面的氣壓急速減小，懸臂梁將恢復並向下彎曲。當風速達到一定條件時，懸臂梁將形成自激振盪。2010 年，美國克萊姆森大學的 Clair 等[90] 製作了一個直徑約 76mm 的圓柱形腔體，並將面積 1.56cm^2 的 PZT 壓電片固定於鋁制懸臂梁上，如圖 5.55 所示。在風速 12.5m/s 的條件下輸出功率為 0.8mW。

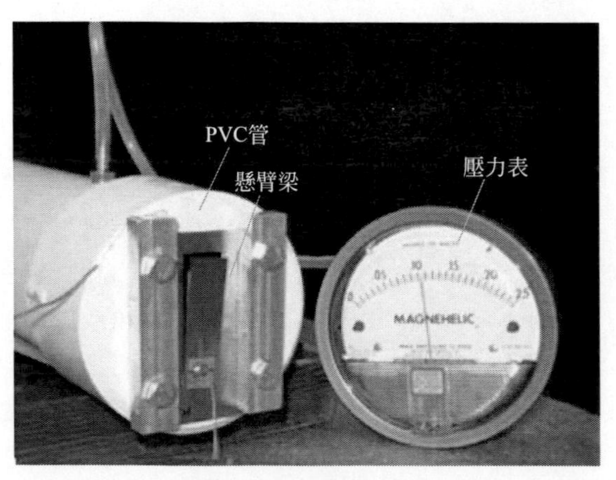

圖 5.55 圓柱形腔風能收集器 [90]

另一類共振腔式風能收集器採用的是赫姆霍茲共振結構，該結構由腔頸和腔體兩部分組成。當腔頸內的氣體由於外界壓力壓縮進腔體內時，腔體內的壓力會隨之增加；而當壓力移除後，腔體內的氣體會流出，導致內部氣壓低於外部，因而氣體又會重新壓縮進腔體內。這個過程會一直重複，只是氣壓的變化幅度會逐漸減小。赫姆霍兹共振腔可以簡化成如圖 5.56 所示的彈簧-質量塊結構，腔體內可壓縮的空氣類似於彈簧，頸部的空氣充當質量塊。其共振頻率與腔體體積和孔徑有關，具體如下：

$$f_{\mathrm{H}}=\frac{v}{2\pi}\sqrt{\frac{A}{V_{\mathrm{H}}L}} \tag{5.37}$$

式中，v 是氣流速度；A 和 L 分別代表腔頸截面積和長度；V_{H} 是腔體的體積。

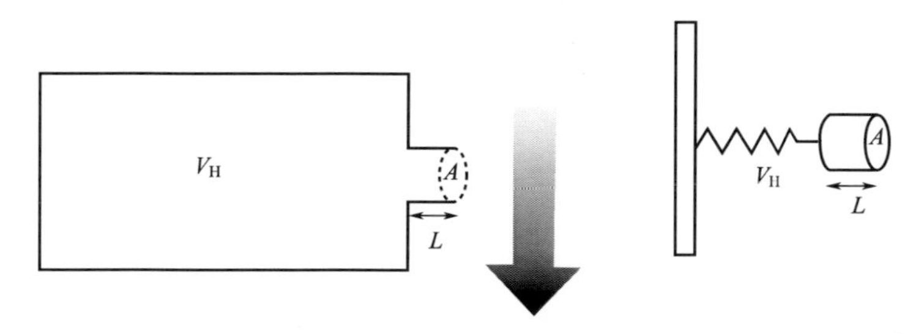

圖 5.56 赫姆霍兹簡化的彈簧-質量塊結構圖

圖 5.57 是 Matova 設計的基於赫姆霍兹共振結構的壓電共振腔式風能收集器[91]。其工作原理是首先透過共振腔將風能轉化成振動的機械能，然後利用壓電換能片將振動能轉化成電能。透過結構、尺寸的設計可使得共振腔的頻率與壓電片自然頻率一致，從而使壓電片的輸出最大化。該裝置可在 20m/s 的風速條件下獲得 42.2μW 的最大輸出功率。

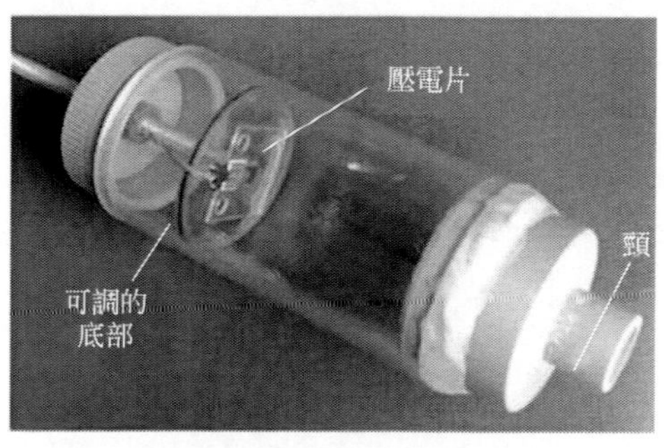

圖 5.57 壓電共振腔式風能收集器[91]

美國佐治亞理工學院的 Kim 等人[92] 也研製了微型的共振腔式風能收集器，如圖 5.58 所示。該裝置採用雷射加工技術製造了一個毫米級的腔體和頸部，並在底部布置了磁鐵和線圈。當風從頸部上方吹過，開口處的氣壓發生波動，使得彈簧-質量塊結構發生振動並帶動底部磁鐵一起運動。在 5m/s 的風速下，線圈中的感應電動勢為 4mV。

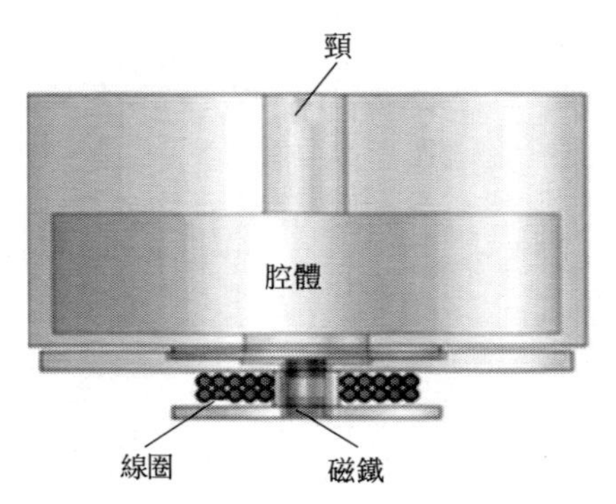

圖 5.58　微型共振腔式風能收集器[92]

5.4 自供電微感測系統應用舉例

微感測器的供電問題是制約其發展的關鍵因素，收集環境中的振動能、風能等能量給微感測器供電，形成自供電微感測系統是一種潛在的解決方案，具有廣闊的前景。自供電微感測系統一般包括三個主要模塊，分別為能量收集模塊、電路管理模塊和微感測器模塊。能量收集器模塊負責收集環境中的能量，將振動能、風能等能量轉化成電能；電路管理模塊則負責整流、充放電控制以及能量的分配等；微感測器模塊負責訊號的收集、處理和發送等。當然，也有一些自供電微感測器件本身就能夠輸出電能，並且可將電訊號轉換成感測訊號，集能量收集和感測器於一體。下面將簡要介紹一些自供電感測器的應用案例。

(1) 振動能自供電系統

隨著能量收集設備和能量管理電子技術的成熟日益成熟，自供電感測器和無線感測器網路系統在智慧監控領域的應用得到廣泛關注。Elvin 研究了一種如圖 5.59 所示的壓電 PVDF 裝置，該裝置收集到的能量可用於將感知到的數據遠端無線傳輸到接收器，從而可以用一個 PVDF 裝置實現應變感測和能量採集兩個功能[93]。Aktakka 等設計了一種自供電的 MEMS 能量收集器[94]，它的電源管理電路用於對儲能器進行自動充電，該能量收集器建議的包裝尺寸為<0.3cm^3。Zhu 設計了如圖 5.60 所示的信用卡大小的自供電智慧感測器節點[95]，該節點由壓電能量採集雙晶片、功率調節電路、感測器和射頻發射器組成，所產生的能量足夠進行週期性的資訊感測和訊號傳輸。

圖 5.59 Aktakka 等設計的 MEMS 壓電能量收集器

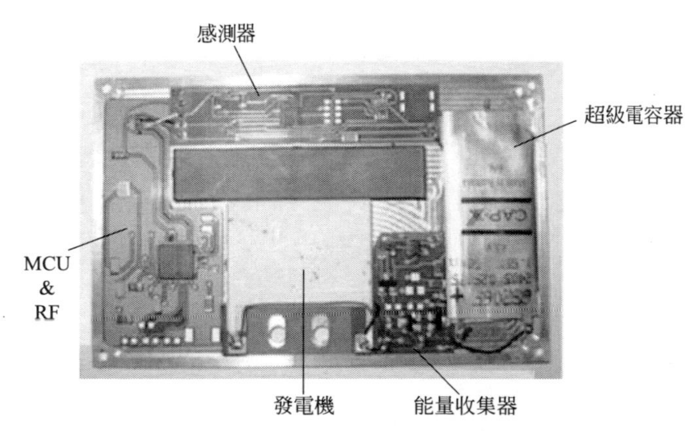

圖 5.60 卡片式自供電智慧感測器節點

(2) 人體動能自供能系統

麻省理工學院的 Shenck 和 Paradiso 率先設計了一種裝有電子元件的壓電式 RFID 鞋[96]。如圖 5.61 所示，該裝置由一個鞋裝壓電發電機和一個完整的後續功率調節電路組成。該電路支持一個活躍的射頻標籤，可以在佩戴者行走時傳輸一個 12 位的短程無線識別代碼。

圖 5.61 裝有電子元件的壓電式 RFID 鞋 [96]

中科院奈米能源所與上海長海醫院胸心外科研究所合作研發了如圖 5.62 所示的自供電柔性植入式摩擦感測器[97]。將其貼在心臟的外部，能夠即時監測心率跳動情況，準確率達到 99%。摩擦感測器的工作原理同樣是基於摩擦材料的摩擦生電和靜電耦合效應，具體結構為垂直接觸-分離結構。當心臟擴張和收縮時，摩擦材料間會發生擠壓和分離的運動，並由此產生電壓脈衝。電壓脈衝的頻率與心臟跳動的頻率一致，因而可以作為心跳監測的感測器使用。

上海交通大學與上海長海醫院合作開發了基於壓電陶瓷和薄膜柔性襯底的植入式能量採集器，有效轉化心臟跳動為電能，用於心律調節器[98]。

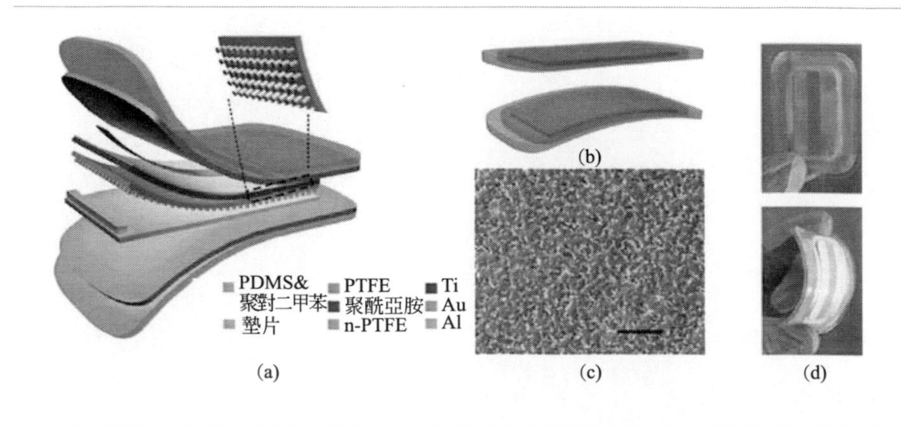

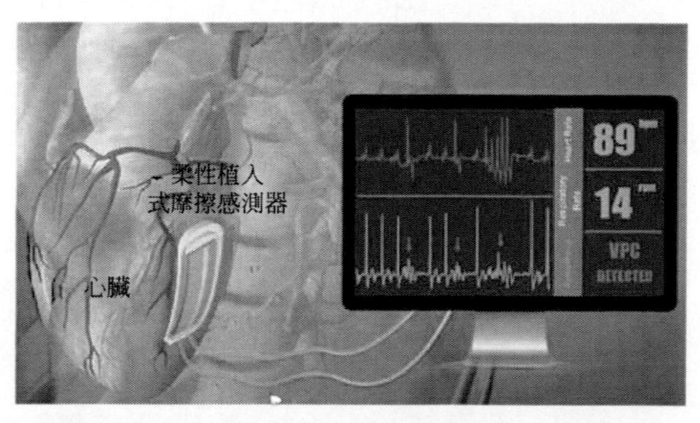

圖 5. 62　用於心跳監測的自供電柔性植入式摩擦感測器

(3) 風能自供電系統

在智慧家居產業中，透過對室內溫度、溼度、PM2. 5 的檢測，可實現家庭電器的智慧化管理，從而營造出舒適的居住環境。北京奈米能源與系統研究所的王中林團隊設計了一種能量收集器[99]，用於室內溫度、溼度感測器的供電。其利用太陽能電池板和摩擦材料同時收集太陽能和風能，具體結構如圖 5. 63 所示。該能量收集器覆蓋於屋頂上，摩擦材料在風中由於顫振現象，發生相互碰撞，產生電能。在 15m/s 的風速下，摩擦部分的輸出功率可達 26mW，太陽能模塊也能輸出 8mW 的電能。透過整流和儲能模塊的設計，能夠成功驅動溫度、溼度感測節點。

圖 5. 63　自供電溫度、溼度感測器系統[99]

同樣是基於風能收集，重慶大學的 Zhang[100] 等人研發了一款自供電無線溫度感測節點（圖 5. 64）。能量採集部分設計了自激振動的風能收集器結構，利用壓電薄膜的形變輸出電能。11. 2m/s 風速下的最大輸出功率為

1.59mW。能量管理部分利用集成芯片 LTC3588-1 和 LT3009 實現了整流、自動開關控制和能量儲存。無線溫度感測節點則遵循低功耗的設計原則，設置了空閒狀態休眠模式。將三者集成之後的測試結果表明，基於風能收集器供電，溫度感測節點每隔 12s 左右可以採集和發送一次數據。

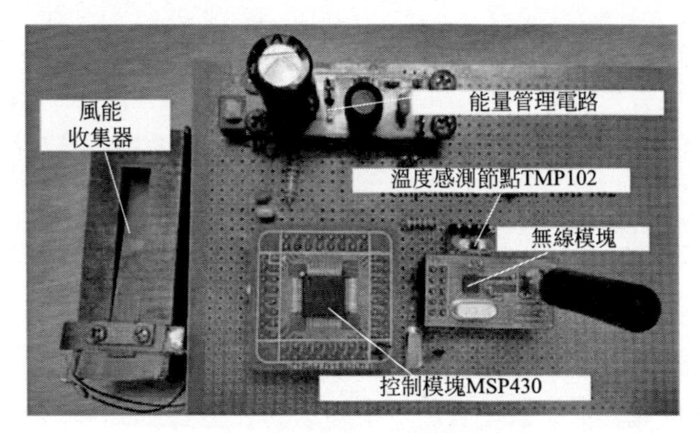

圖 5.64 自供電溫度感測節點 [100]

此外，王中林團隊還設計了一種自供電的空氣淨化系統。傳統的靜電除塵方法需要透過外部電源施加千伏電壓，而該團隊則採用旋轉式摩擦電奈米發電機輸出高電壓對空氣淨化裝置進行自供電。這種自供電的空氣淨化系統可以檢測並淨化空氣中的粉塵顆粒和二氧化硫，如圖 5.65 所示。

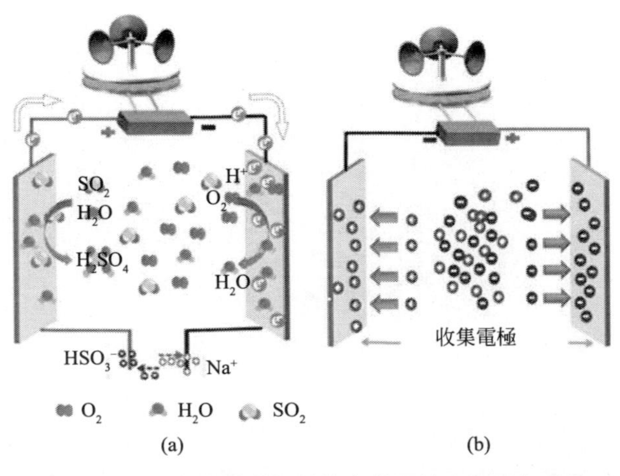

圖 5.65 王中林團隊設計的自供電的空氣淨化系統

劉會聰等人設計了一種微懸臂梁結構的壓電式風能採集器，同時也是一種風速感測器，其系統結構圖如圖 5.66(a) 所示[101]。該器件的壓電微懸臂梁在風中會由於顫振發生形變，從而產生電壓輸出。如圖 5.66 (b) 所示，在一定範圍內，風越大，輸出電壓越高，兩者之間近似成線性關係，因此可作為風速感測器，靈敏度為 0.9mV/(m/s)。透過壓電懸臂梁的陣列化設計，結合相應管理電路，可實現風速感測訊號的無線發送，由此形成自供電風速感測系統。

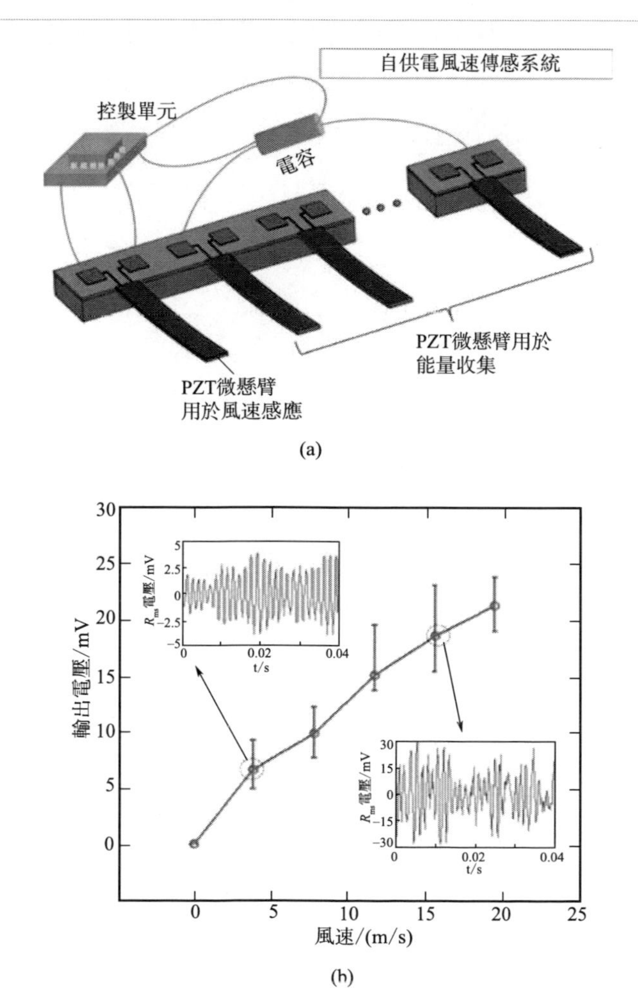

圖 5.66 （a）自供電風速感測系統；（b）壓電懸臂梁電壓輸出隨風速變化情況

（4）自供能無線監測感測網

輸電線路監測系統主要透過無線感測網路採集輸電線路的運行環境

數據和線路鐵塔的運行環境數據等，包括線路溫度、溼度、污穢、覆冰、風偏、山火、雷擊及鐵塔環境溫度、應力狀況等，並在多資訊集成和融合條件下實現線路故障監測及管理，為數位化線路奠定基礎。國家電力建設研究所目前已將 Crossbow 公司開發的無線感測器網路節點部署在高壓輸電線上，如圖 5.67 所示。感測器網路網關固定在輸電線上，用於監測大跨距輸電線路的應力、溫度和振動等參數。此外，帶有影片採集功能的無線感測器網路節點可以採集現場圖像，用於進行災害預警，實現令電網可視的感測器節點。無線感測器網路可以獲取電網運行狀態、參數等物理資訊，為電網運行和管理人員提供更為全面、完整的電網營運數據，有利於決策系統控制實施方案和應對預案，也將成為未來智慧電網的有效組成部分。

圖 5.67　安裝在電線上的無線感測器網路節點

參考文獻

[1] Raghunathan V，Kansal A，Hsu J，et al. Design Considerations for solar energy harvesting wireless embedded systems[C]. 2005 International Symposium on Information Processing in Sensor Networks. IEEE，2005：457-462.

[2] 朴相鎬，褚金奎，吳紅超，等．微能源的研究現狀及發展趨勢[J]．中國機械工程，2005，16：1-4.

[3] Fei F，Mai J D and Li W J. A wind-flutter energy converter for powering wireless sensors[J]. Sensor and Actuators A:

Physical, 2012, 173 (1): 163-171.

[4] Jiang X, Polastre J and Culler D. Perpetual environmentally powered sensor networks[C]. 2005 International Symposium on Information Processing in Sensor Networks. IEEE Press, 2005: 65-70.

[5] Kishi M. Micro Thermoelectric Device and Themoelectric Powered Wrist Watch [J]. Bulletin of the Japan Institute of Metals, 1999, 38 (10): 755-758.

[6] Almoneef T S, Ramahi O M. Metamaterial electromagnetic energy harvester with near unity efficiency [J]. Applied Physics Letters, 2015, 106 (15): 4184-4187.

[7] 張學福，王麗坤．現代壓電學中冊[M]. 北京：科學出版社，2002.

[8] Erturk A and Inman D J. Piezoelectric energy harvesting [J]. Bulletin of Science Technology and Society, 2011, 28 (6): 496-509.

[9] Laura P A A, Pombo J L and Susemihl E A. A note on the vibration of clamped-free beam with a mass at the free end. [J]. Journal of Sound and Vibration, 1974, 37 (2): 161-168.

[10] Peroulis D, Pacheco S P, Sarabandi K, et al. Architectures for vibration-driven micropower generators[J]. Journal of Microelectromechanical systems, 2004, 13 (3): 429 - 440.

[11] Elfrink R, Kamel T M, Goedbloed M, et al. Vibration energy harvesting with aluminum nitride-based piezoelectric devices [J]. Journal of Micromechanics and Microengineering, 2009, 19 (9): 094005.

[12] Andosca R, Mcdonald T G, Genova V, et al. Experimental and theoretical studies on MEMS piezoelectric vibrational energy harvesters with mass loading[J]. Sensors and Actuators: A Physical, 2012, 178 (5): 76-87.

[13] Fang H B, Liu J Q, Xu Z Y, et al. Fabrication and performance of MEMS-based piezoelectric power generator for vibration energy harvesting [J]. Microelectronics Journal, 2006, 37 (11): 1280-1284.

[14] Lee B S, Lin S C, Wu W J, et al. Piezoelectric MEMS generators fabricated with an aerosol deposition PZT thin film [J]. Journal of Micromechanics and Microengineering, 2009, 19 (6): 065014.

[15] Liu H, Lee C, Kobayashi T, et al. Piezoelectric MEMS-based wideband energy harvesting systems using a frequency-up-conversion cantilever stopper [J]. Sensors and Actuators: A Physical, 2012, 186 (4): 242-248.

[16] Yen T T, Hirasawa T, Wright P K, et al. Corrugated aluminum nitride energy harvesters for high energy conversion effectiveness [J]. Journal of Micromechanics and Microengineering, 2011, 21 (8): 085037.

[17] Shen D, Park J H, Ajitsaria J, et al. The design, fabrication and evaluation of a MEMS PZT cantilever with an integrated Si proof mass for vibration energy harvesting [J]. Journal of Micromechanics and Microengineering, 2008, 18 (5): 055017.

[18] Shen D, Park J H, Noh J H, et al. Micromachined PZT cantilever based on SOI structure for low frequency vibration energy harvesting[J]. Sensors and Actuators: A Physical, 2009, 154 (1): 103-108.

[19] Lei A, Xu R, Thyssen A, et al. MEMS-based thick film PZT vibrational energy harvester[C]. International Conference on MICRO Electro Mechanical

Systems. IEEE, 2011: 125-128.

[20] Aktakka E E, Peterson R L and Najafi K. Thinned-PZT on SOI process and design optimization for piezoelectric inertial energy harvesting[C]. Solid-State Sensors, Actuators and Microsystems Conference. IEEE, 2011: 1649-1652.

[21] Tang G, Liu J, Yang B, et al. Fabrication and analysis of high-performance piezoelectric MEMS generators[J]. Journal of Micromechanics and Microengineering, 2012, 22 (6): 065017.

[22] Tang G, Yang B, Liu J Q, et al. Development of high performance piezoelectric d 33, mode MEMS vibration energy harvester based on PMN-PT single crystal thick film [J]. Sensors and Actuators: A Physical, 2014, 205 (205): 150-155.

[23] Priya S and Inman D J. Energy Harvesting Technologies[J]. Sensor Review, 2008, 269 (1): 991-1001.

[24] Beeby S and White N. Energy Harvesting for Autonomous Systems. 2010.

[25] Spreemann D and Manoli Y. Electromagnetic Vibration Energy Harvesting Devices[M]. Springer Netherlands, 2012.

[26] Galchev T V, Mccullagh J, Peterson R L, et al. Harvesting traffic-induced vibrations for structural health monitoring of bridges[J]. Journal of Micromechanics and Microengineering, 2011, 21 (10): 104005.

[27] Pan C T and Wu T T. Development of a rotary electromagnetic microgenerator[J]. Journal of Micromechanics and Microengineering, 2006, 17 (1): 120-128.

[28] Bowers B J, Arnold D P. Spherical, rolling magnet generators for passive energy harvesting from human motion[J]. Journal of Micromechanics and Microengineering, 2009, 19 (19): 094008.

[29] Jiang Y, Masaoka S, Fujita T, et al. Fabrication of a vibration-driven electromagnetic energy harvester with integrated NdFeB/Ta multilayered micromagnets[J]. Journal of Micromechanics and Microengineering, 2011, 21 (9): 095014.

[30] Ng W B, Takada A and Okada K. Electrodeposited Co-Ni-Re-W-P thick array of high vertical magnetic anisotropy[J]. IEEE Transactions on Magnetics, 2005, 41 (10): 3886-3888.

[31] Arnold D P. Review of Microscale Magnetic Power Generation[J]. IEEE Transactions on Magnetics, 2007, 43 (11): 3940-3951.

[32] Holmes A S, Hong G, Pullen K R. Axial-flux permanent magnet machines for micropower generation [J]. Journal of Microelectromechanical Systems, 2005, 14 (1): 54-62.

[33] Arnold D P, Das S, Park J W, et al. Microfabricated High-Speed Axial-Flux Multiwatt Permanent-Magnet Generators—Part II: Design, Fabrication, and Testing[J]. Journal of Microelectromechanical Systems, 2006, 15 (5): 1351-1363.

[34] Herrault F, Yen B C, Ji C H, et al. Fabrication and Performance of Silicon-Embedded Permanent-Magnet Microgenerators[J]. Journal of Microelectromechanical Systems, 2010, 19 (1): 4-13.

[35] Arnold D P, Herrault F, Zana I, et al. Design optimization of an 8 W, microscale, axial-flux, permanent-magnet generator [J]. Journal of Micromechanics and Microengineering, 2006, 16 (9): S290-S296.

[36] Shearwood C and Yates R B. Development of an electromagnetic micro-generator, Electronics Letters[J]. 1997, 33 (22): 1883-1884.

[37] El-Hami M, Glynne-Jones P, White N M, et al. Design and fabrication of a new vibration-based electromechanical power generator[J]. Sensors and Actuators: A Physical, 2001, 92 (1-3): 335-342.

[38] Glynne-Jones P, Tudor M J, Beeby S P, et al. An electromagnetic, vibration-powered generator for intelligent sensor systems [J]. Sensors and Actuators: A Physical, 2004, 110 (1-3): 344-349.

[39] Beeby S P, Torah R N, Tudor M J, et al. A micro electromagnetic generator for vibration energy harvesting[J]. Journal of Micromechanics and Microengineering, 2007, 17 (7): 1257-1265.

[40] Koukharenko E, Tudor M J and Beeby S P. Performance improvement of a vibration-powered electromagnetic generator by reduced silicon surface roughness [J]. Materials Letters, 2008, 62 (4-5): 651-654.

[41] Beeby S P, Tudor M J, Koukharenko E, et al. Micromachined silicon Generator for Harvesting Power from Vibrations[J]. Chemistry and Technology of Fuels and Oils, 2004, 9 (2): 123-128.

[42] Liu H, Qian Y, Wang N, et al. An In-Plane Approximated Nonlinear MEMS Electromagnetic Energy Harvester [J]. Journal of Microclcctromechanical Systems, 2014, 23 (3): 740-749.

[43] Perpetuum PMG17-100 Data Sheet [Online]. Available: http: //www. perpetuum. co. uk.

[44] Ferro Solutions Energy Harvester Data Sheet [Online]. Available: http: //www. ferrosi. com.

[45] Williams C B, Shearwood C, Harradine M A, et al. Development of an electromagnetic micro-generator. IEEE Proc Circuits Devices Syst[J]. IEE Proceedings - Circuits Devices and Systems, 2002, 148 (6): 337-342.

[46] Pan C T, Hwang Y M, Hu H L, et al. Fabrication and analysis of a magnetic self-power microgenerator [J]. Journal of Magnetism and Magnetic Materials, 2006, 304 (1): e394-e396.

[47] Kulah H and Najafi K. Energy scavenging from Low-Frequency vibrations by using frequency Up-Conversion for wireless sensor applications [J]. IEFF Sensors Journal, 2008, 8 (3): 261-268.

[48] Hayakawa M. Electronic Wristwatch with Generator[J]. 1991.

[49] Mann B P and Sims N D. Energy harvesting from the nonlinear oscillations of magnetic levitation [J]. Journal of Sound and Vibration, 2009, 319 (1-2): 515-530.

[50] Spreemann D, Manoli Y, Folkmer B, et al. Non-resonant vibration conversion [J]. Journal of Micromechanics and Microengineering, 2006, 16 (9): S169-S173.

[51] Meninger S, Mur-Miranda T O, Amirtharajah R, et al. Vibration-to-electric energy conversion [C]. International Symposium on Low Power Electronics and Design. ACM, 1999: 48-53.

[52] Yi C, Kuo C T and Chu Y S. MEMS design and fabrication of an electrostatic vibration-to-electricity energy converter [J]. Microsystem Technologies, 2007, 13 (11-12): 1663-1669.

[53] Hoffmann D, Folkmer B and Manoli Y.

Analysis and characterization of triangular electrode structures for electrostatic energy harvesting[J]. Journal of Micromechanics and Microengineering, 2011, 21(10): 104002-10401.

[54] Yang B, Lee C, Krishna Kotlanka R, et al. A MEMS rotary comb mechanism for harvesting the kinetic energy of planar vibrations[J]. Journal of Micromechanics and Microengineering, 2010, 20(6): 065017.

[55] Naruse Y, Matsubara N, Mabuchi K, et al. Electrostatic micro power generation from low-frequency vibration such as human motion[J]. Journal of Micromechanics and Microengineering, 2009, 19(9): 094002.

[56] Kashiwagi K, Okano K and Miyajima T. Nano-cluster-enhanced high-performance perfluoro-polymer electrets for energy harvesting[J]. Journal of Micromechanics and Microengineering, 2011, 21(12): 125016.

[57] Lo H and Tai Y C. Parylene-based electret power generators[J]. Journal of Micromechanics and Microengineering, 2008, 18(10): 1023-1029.

[58] Diaz A F and Felix-Navarro R M. A semi-quantitative tribo-electric series for polymeric materials: the influence of chemical structure and properties[J]. Journal of Electrostatics, 2004, 62(4): 277-290.

[59] Jing Q, Zhu G, Bai P, et al. Case-encapsulated triboelectric nanogenerator for harvesting energy from reciprocating sliding motion. [J]. Acs Nano, 2014, 8(4): 3836-42.

[60] Yang J, Chen J, Yang Y, et al. Broadband Vibrational Energy Harvesting Based on a Triboelectric Nanogenerator[J]. Advanced Energy Materials, 2014, 4(6): 590-592.

[61] Meng X S, Zhu G and Wang Z L. Robust thin-film generator based on segmented contact-electrification for harvesting wind energy[J]. Acs Applied Materials and Interfaces, 2014, 6(11): 8011.

[62] Cheng G, Lin Z H, Du Z, et al. Simultaneously Harvesting Electrostatic and Mechanical Energies from Flowing Water by a Hybridized Triboelectric Nanogenerator[J]. Acs Nano, 2014, 8(2): 1932-9.

[63] Hou T C, Yang Y, Zhang H, et al. Triboelectric nanogenerator built inside shoe insole for harvesting walking energy[J]. Nano Energy, 2013, 2(5): 856-862.

[64] Niu S, Wang S, Lin L, et al. Theoretical study of contact-mode triboelectric nanogenerators as an effective power source[J]. Energy and Environmental Science, 2013, 6(12): 3576-3583.

[65] Zhu G, Chen J, Ying L, et al. Linear-Grating Triboelectric Generator Based on Sliding Electrification[J]. Nano Letters, 2013, 13(5): 2282.

[66] Niu S, Liu Y, Wang S, et al. Theory of sliding-mode triboelectric nanogenerators[J]. Advanced Materials, 2013, 25(43): 6184-6193.

[67] Yang Y, Zhang H, Chen J, et al. Single-electrode-based sliding triboelectric nanogenerator for self-powered displacement vector sensor system[J]. Acs Nano, 2013, 7(8): 7342-7351.

[68] Zhang H, Yang Y, Su Y, et al. Triboelectric Nanogenerator for Harvesting Vibration Energy in Full Space and as Self-Powered Acceleration Sensor[J].

Advanced Functional Materials, 2014, 24(10): 1401-1407.

[69] Lin L, Wang S, Niu S, et al. Noncontact free-rotating disk triboelectric nanogenerator as a sustainable energy harvester and self-powered mechanical sensor[J]. Acs Applied Materials and Interfaces, 2014, 6(4): 3031-3038.

[70] Wang Z L. Triboelectric nanogenerators as new energy technology for self-powered systems and as active mechanical and chemical sensors. [J]. Acs Nano, 2013, 7(11): 9533-9557.

[71] Han M, Zhang X S, Meng B, et al. r-Shaped Hybrid Nanogenerator with Enhanced Piezoelectricity [J]. Acs Nano, 2013, 7(10): 8554-8560.

[72] Wang S, Lin L, and Wang Z L. Nanoscale triboelectric-effect-enabled energy conversion for sustainably powering portable electronics. [J]. Nano Letters, 2012, 12(12): 6339-6346.

[73] Guo H, Wen Z, Zi Y, et al. A Water-Proof Triboelectric-Electromagnetic Hybrid Generator for Energy Harvesting in Harsh Environments[J]. Advanced Energy Materials, 2016, 6(6): 1501593.

[74] Dhakar L, Tay F E H and Lee C. Development of a Broadband Triboelectric Energy Harvester With SU-8 Micropillars[J]. Journal of Microelectromechanical Systems, 2015, 24(1): 91-99.

[75] Dhakar L, Gudla S, Shan X, et al. Large Scale Triboelectric Nanogenerator and Self-Powered Pressure Sensor Array Using Low Cost Roll-to-Roll UV Embossing [J]. Scientific Reports, 2016, 6: 22253.

[76] Wang S, Xie Y, Niu S, et al. Maximum surface charge density for triboelectric nanogenerators achieved by ionized-air injection: methodology and theoretical understanding[J]. Advanced Materials, 2014, 26(39): 6720-6728.

[77] Priya S. Modeling of electric energy harvesting using piezoelectric windmill [J]. Applied Physics Letters, 2005, 87 (18): 184101.

[78] Karami M A, Farmer J R and Inman D J. Parametrically excited nonlinear piezoelectric compact wind turbine[J]. Renewable Energy, 2013, 50 (3): 977-987.

[79] Bansal A, Howey D A, Holmes A S. CM-scale air turbine and generator for energy harvesting from low-speed flows[C]. 2009 International Solid-State Sensors, Actuators and Microsystems Conference. IEEE, 2009: 529-532.

[80] Xie Y, Wang S, Lin L, et al. Rotary triboelectric nanogenerator based on a hybridized mechanism for harvesting wind energy [J]. Acs Nano, 2013, 7 (8): 7119-7125.

[81] 趙興強. 基於顫振機理的微型壓電風致振動能量收集器基礎理論與關鍵技術[D]. 重慶: 重慶大學光電工程學院, 2013.

[82] Fei F and Li W J. A fluttering-to-electrical energy transduction system for consumer electronics applications[C]. 2009 International Conference on Robotics and Biomimetics. IEEE Press, 2009: 580-585.

[83] Frayne S M. Generator utilizing fluid-induced oscillations[P]. US, 20090309362, 2009-12-17.

[84] Sun C, Shi J, Bayerl D J, et al. PVDF microbelts for harvesting energy from respiration[J]. Energy and Environmental Science, 2011, 4(11): 4508-4512.

[85] Taghavi M, Sadeghi A, Mazzolai B, et al. Triboelectric-based harvesting of gas flow energy and powerless sens-

ing applications[J]. Applied Surface Science，2014 (323)：82-87.

[86] 王振東．馮・卡門與卡門渦街[J]. 自然雜誌，2010，32 (4)：243-245.

[87] Weinstein L A，Cacan M R，So P M，et al. Vortex shedding induced energy harvesting from piezoelectric materials in heating，ventilation and air conditioning flows[J]. Smart Materials and Structures，2012，21 (4)：45003-45012.

[88] Li S，Yuan J and Lipson H. Ambient wind energy harvesting using cross-flow fluttering [J]. Journal of Applied Physics，2011，109 (2)：026104.

[89] Hobbs W B and Hu D L. Tree-inspired piezoelectric energy harvesting [J]. Journal of Fluids and Structures，2012，28 (1)：103-114.

[90] Clair D S，Bibo A，Sennakesavababu V R，et al. A scalable concept for micropower generation using flow-induced self-excited oscillations[J]. Applied Physics Letters，2010，96 (14)：144103.

[91] Matova S P，Elfrink R，Vullers R J M，et al. Harvesting energy from airflow with a michromachined piezoelectric harvester inside a Helmholtz resonator[J]. Journal of Micromechanics & Microengineering，2011，21 (21)：104001-104006.

[92] Kim S H，Ji C H，Galle P，et al. An electromagnetic energy scavenger from direct airflow [J]. Journal of Micromechanics and Microengineering，2009，19 (9)：094010.

[93] Elvin N，Elvin A，Choi D H. A self-powered damage detection sensor[J]. Journal of Strain Analysis for Engineering Design. 2003，38 (2)：115-124.

[94] Aktakka E E，Peterson R L，Najafi K. A self-supplied inertial piezoelectric energy harvester with power-management IC[C]. 2011 IEEE International Solid-State Circuits Conference (ISSCC 2011)，120-121.

[95] Zhu D，Beeby S P，Tudor M J，et al. A credit card sized self powered smart sensor node[J]. Sensors and Actuators A-Physical. 2011，169 (2)：317-325.

[96] Shenck N S，Paradiso J A. Energy scavenging with shoe-mounted piezoelectrics [J] . IEEE Micro. 2001，21 (3)：30-42.

[97] Ma Y，Zheng Q，Liu Y，et al. Self-powered，one-stop，and multifunctional implantable triboelectric active sensor for real-time biomedical monitoring[J]. Nano Letters. 2016，16 (10)：6042-6051.

[98] Li N，Yi Z，Ma Y，et al. Direct powering a real cardiac pacemaker by natural energy of a heart beat [J] . ACS Nano. 2019，13：2822-2830.

[99] Wang S，Wang X，Wang Z L，et al. Efficient Scavenging of Solar and Wind energies in a Smart City [J] . Acs Nano. 2016，10 (6)：5696-5700.

[100] Zhang C，He X F，Li S Y，et al. A wind energy powered wireless temperature sensor node [J] . Sensors. 2015，15 (3)：5020-5031.

[101] Liu H，Zhang S，Kathiresan R，et al. Development of piezoelectric microcantilever flow sensor with wind-driven energy harvesting capability [J]. Applied Physics Letters. 2012，100 (22)：1604-1614.

第6章

新興微感測系統應用展望

6.1 新興功能材料在微納感測系統的應用展望

新興材料是一個寬泛的概念，有些新興材料是顛覆性的材料，有些新興材料是兩種或者多種材料的複合，而有些時候新興材料也指在新領域的創新性的應用，一些新的配方和新的工藝可以使「老材料」煥發出新機。功能材料是指透過光、電、磁、熱、化學、生化等作用後具有特定功能的材料。功能材料種類繁多，用途廣泛[1]。功能材料按材料的材質可以分為金屬功能材料、非金屬功能材料、有機高分子功能材料和複合功能材料 4 大類。

6.1.1 金屬功能材料

多鐵性（multiferroic）材料是一種同時具備多種基本鐵性（鐵磁性、鐵電性、鐵彈性）的材料。多鐵性材料在本身具有多種鐵性物理性質的同時，所有的鐵性之間均存在耦合作用，因而使得多鐵性材料具有包括磁電效應在內的多種新的效應，大大拓展了鐵性材料的應用範圍。多鐵性材料具有鐵電、壓電、鐵磁等性能，在一定的溫度下會同時具有極化有序和磁化有序特性。這些特性的存在引起的磁電耦合效應使多鐵性材料具有在磁場和溫度場下改變阻值特性的物理性質。透過多鐵性材料的磁電耦合，可以運用外加電場來控制材料的磁化狀態，或者運用外加磁場來控制材料的極化狀態。多鐵性材料由於具有多種新的效應，未來可以透過將其兩種或兩種以上的性質結合而製作出集成功能的微納感測器，從而實現單一感測器的多功能化[2]。

如圖 6.1 所示為採用多鐵性材料製備的壓力感測器[3]，1 為多鐵奈米

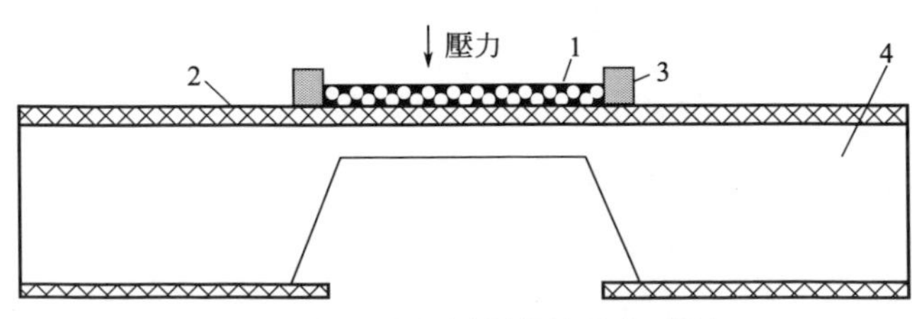

圖 6.1　多鐵性材料製備的壓力感測器

1—多鐵奈米複合纖維；　2—二氧化矽薄膜；　3—引出金屬電極；　4—支撐矽襯底

複合纖維材料，透過奈米纖維的壓電效應將壓力訊號轉化為模擬的電訊號；2 為與壓電材料相對應的襯底間的絕緣隔離層，材料選用二氧化矽薄膜；3 是感測器輸出訊號的電極；4 為支撐矽襯底，它在感測器的背面經各向異性腐蝕製成壓力窗口。

6.1.2 非金屬功能材料

6.1.2.1 石墨烯

石墨烯（graphene）是從石墨材料中剝離出來、由碳原子組成的只有一層原子厚度的二維晶體。作為目前發現的最薄、強度最大、導電和導熱性能最強的一種新型奈米材料，石墨烯被稱為「黑金」，是「新材料之王」，科學家甚至預言石墨烯將「徹底改變 21 世紀」。它極有可能掀起一場席捲全球的顛覆性新技術新產業革命。石墨烯目前最有潛力的應用是成為矽的替代品。

有關石墨烯研究的學術論文自 2004 年以來一直呈指數成長。在產業應用方面，歐盟在 2013 年初宣布石墨烯入選「未來新興技術旗艦項目」，並投資 10 億歐元，歷時 10 年，致力於將石墨烯從實驗室技術發展成能夠服務於社會的新材料。中國科技部和自然科學基金委從 2007 年開始，累計投資數億人民幣進行石墨烯的相關基礎研究[4]。

石墨烯是一種由碳原子構成的單層片狀結構的新材料。碳原子以 sp2 雜化軌道組成六角形蜂巢晶格，可以透過自頂向下的流程（例如機械/電化學/化學剝離石墨）或自底向上的方法（化學氣相沉積和化學合成）製造。石墨烯是目前世上最薄卻也是最堅硬的奈米材料，它幾乎是完全透明的，只吸收 2.3%的光；熱導率高達 5300W/(m・K)，高於碳奈米管和金剛石；常溫下其電子遷移率超過 $15000cm^2/(V \cdot s)$，比碳奈米管或矽晶體高，而電阻率只有約 $10^{-6}\Omega \cdot cm$，比銅和銀更低，目前為世界上電阻率最小的材料。因為它的電阻率極低，電子遷移的速度極快，因此被期待可用來發展出導電速度更快、更薄的新一代電子元件或晶體管。優異的導電性能和室溫量子霍爾效應及室溫鐵磁性等特殊性質，使石墨烯成為感測器件的寵兒[5]。石墨烯對一些酶表現出優異的電子遷移能力，並且對一些生物小分子（H_2O_2、雙酚 A、咖啡因、嗎啡等）具有良好的催化性能，使其適合做基於酶的生物感測器（如過氧化物酶感測器、葡萄糖感測器、乙醇感測器等）[6]。目前用於氣體感測器中的石墨烯一般是透過 CVD 方法制得，產物結構完整、比表面積極大，有利於氣體吸附；而用於電化學感測器中的石墨烯一般是透過氧化還原方法制得，產物通常有較多的結構缺陷，存在一些未被還原的官能團，有利於其在電化學領域中的應用。

（1）石墨烯在氣敏感測器上的應用

石墨烯巨大的表面積使之對周圍的環境非常敏感，即使是一個氣體分子吸附或釋放都可以被檢測到，使之在氣敏感測器方面有著重大的應用。比如，以石墨烯/聚苯胺奈米複合材料為敏感元件，製備得到了檢測 NH_3 的感測器（圖 6.2）；用全氟磺酸/鎳奈米粒子/石墨烯製備得到複合薄膜，然後再用複合膜修飾玻碳電極製備得到高靈敏度的非酶乙醇感測器；還有用水熱合成方法製備得到二氧化錫/石墨烯複合材料，用於製作室溫氣體感測器。

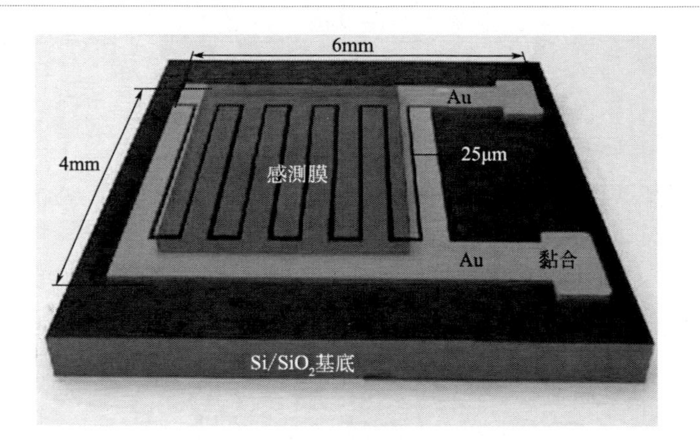

圖 6.2　交叉型石墨烯氣敏感測膜

（2）石墨烯在味敏感測器上的應用

用化學氣相沉積法（CVD）製備得到石墨烯，然後利用其晶體場效應製得柔性的葡萄糖感測器；合成 Pt/Au 雙金屬奈米粒子並使之附載到石墨烯/碳奈米管上得到複合奈米材料，再用這種材料修飾玻碳電極製備得到檢測 H_2O_2 的非酶感測器；用磁性奈米粒子修飾還原氧化石墨烯和殼聚糖一起製備得到檢測 BPA 的電化學感測器。

（3）石墨烯在酶感測器上的應用

將氧化石墨烯/奈米金粒子/過氧化酶/殼聚糖混合修飾到玻碳電極上，製備得到了檢測過氧化氫的酶感測器。結果表明，該感測器響應迅速，靈敏度極高，並且具有很好的再現性和穩定性。

(4) 石墨烯在離子感測器上的應用

用化學還原氧化石墨烯修飾玻碳電極制得選擇性極高的檢測亞硝酸鹽的感測器；利用層層自組裝石墨烯片製備得到具有很好選擇性的離子感測器（圖 6.3）。

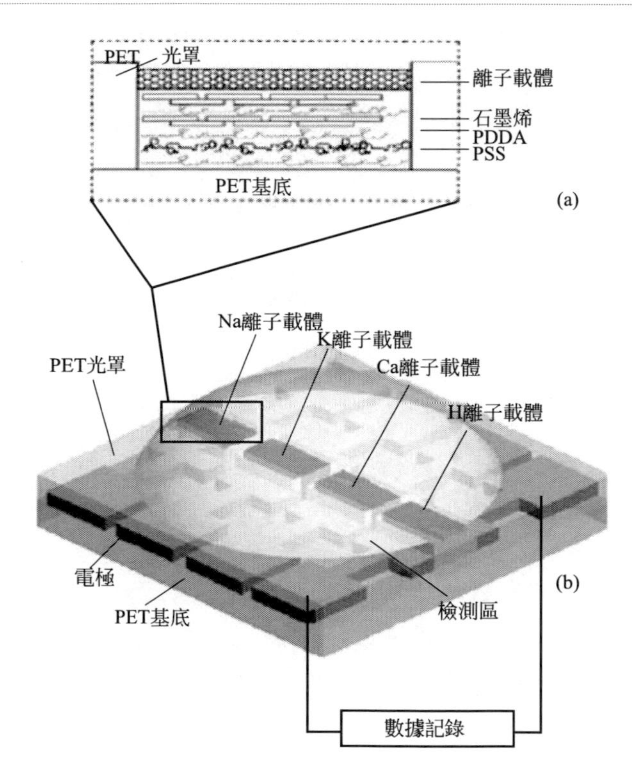

圖 6.3　離子感測器敏感元件（a）和感測器的結構（b）

(5) 石墨烯在溼度感測器上的應用

石墨烯具有良好的溼敏特性，用石墨烯/聚吡咯製備出能夠檢測溼度的感測器，採用了化學氧化聚合的方法製得不同石墨烯摻入比例的敏感元件材料。

(6) 石墨烯感測器的應用展望

不僅如此，基於石墨烯優異的電學性能以及邊界電學特異性能，石墨烯有望應用於應力應變感測器領域。基於其高靈敏性、重現性、快速響應性和穩定性好等優點，由於其獨特的電化學特性、生物相容以及分子結構力學等特點，為用石墨烯開發超靈敏電化學生物感測器提供了依據。基於石墨烯優異的電催化活性，它可以用於電化學檢測生物小分子，以及電化學分析（如生物醫藥分析、環境分析的電化學感測器）。在這些領域中，石墨烯表現出比碳奈米管更為優異的性能。

然而，石墨烯基的材料/器件的研發仍然處於初期階段，石墨烯的製備也沒有能夠實現經濟化、產業化。在電化學感測領域化學還原石墨烯氧化物是一種比較可行的方法，但是其導電性能又會隨著氧化還原的過程而變差，故研究石墨烯雜化材料以及雜化材料之間的共同效應在感測器中的應用將成為新的研究方向。把生物酶和相應的石墨烯敏感材料結合製備得到複合感測器，這將會把感測器的靈敏度推向更高的級別。除了研究基於石墨烯大比表面積、電性能的化學感測器外，還可以研究基於石墨烯光性能、力學性能、高熱導性能、室溫鐵磁效應等開發出新的感測器，如光敏感測器、壓力感測器、熱感測器和電磁感測器等。

6.1.2.2 多孔矽

多孔矽是一種新興的室溫氣敏材料。它的發現很早，但是近幾年才被用於氣敏感測器。一般根據多孔矽的表面孔徑尺寸將其分為大孔矽（Macro-PS）、介孔矽（Meso-PS）及奈米孔矽（Nano-PS）。

多孔矽用於氣敏微感測器主要有以下優點：具有巨大的比表面積；室溫下顯現出一定的靈敏度和氣體的選擇性；工藝較簡單而且更便於與集成電路工藝兼容；成本較低廉[6]。

由於現階段，多孔矽氣敏感測器仍然存在著靈敏度低、反應速度較慢、恢復特性差等缺點。因此，一些科研人員希望透過一定的製備方法，將金屬氧化物薄膜和多孔矽複合在一起，以便製備出新型的工作溫度低、靈敏度高、響應快的多孔矽基金屬氧化物氣敏感測器。

6.1.3 有機高分子材料

6.1.3.1 基於聚 *N*-異丙基丙烯酰胺高分子材料

聚 *N*-異丙基丙烯酰胺（PNIPAM）是一種具有功能發現能力的高分子智慧材料，是一種集檢測、判斷和處理功能於一體的新型材料。經研究 PNIPAM 水溶液的特性黏數在 25～31.5℃之間的變化，發現特性黏數隨溫度升高而下降，呈現兩個階段：低溫階段的斜率較小，而高溫階段的斜率較大，轉折溫度約為 30.1℃，表明從 25℃起分子鏈就開始收縮，到30℃以上時升溫對收縮的促進更顯著。人們已經對其獨特的性能和潛在的應用進行了廣泛的研究。由PNIPAM製備而成的多種高分子材料已經應用於藥物控制釋放、生物工程、免疫分析等多個領域[7]。

基於聚*N*-異丙基丙烯酰胺的溫敏性可以設計相關的溫度感測器。其中基於高雙折射微納光纖和高分子材料相結合的超高靈敏度溫度感測器，能夠在一定溫度範圍內對溫度的響應達到極高的靈敏度。聚*N*-異丙基丙烯酰胺與微納光纖結合，將聚*N*-異丙基丙烯酰胺和微納光纖封裝在水溶液中，利用聚*N*-異丙基丙烯酰胺的溫敏性，將環境溫度的改變反映到微納光纖干涉光譜的漂移上，可以實現44.1nm/℃的超高溫度敏感度[8]。

PNIPAM的環境敏感行為在調光材料領域也有特殊的應用。研究發現，透過調節沿同一方向的紅外線輻照強度可以控制PNIPAM凝膠對可見雷射的通過能力。由於紅外輻照使得凝膠局部變熱，凝膠結構部分溫度升高發生收縮形成塌陷微區，當微區大小與雷射波長相當時，雷射會發生散射，造成凝膠對可見雷射的透過率的降低，且這種轉變非常迅速和具可逆性。基於這種敏感特性，這種材料可被用於製作具有自動調光功能的感測器[9]。

6.1.3.2 有機螢光奈米複合材料

有機螢光奈米複合材料是將有機螢光材料與其他無機或高分子材料相結合製備的功能性奈米複合材料。奈米複合材料不僅具備了奈米級材料的優異性能，而且同時擁有了有機螢光材料自身的螢光特性。用這種材料製備的有機螢光探針可以透過與被測物質進行具有專一的選擇性的化學反應，而引起有機螢光探針分子空間結構發生變化並伴隨其外層電子雲分布發生改變，導致螢光光譜發生變化，從而將分子識別的資訊轉換成螢光訊號傳遞給外界，將人與分子間的對話變成可能。

利用對於銅、汞、鉑等重金屬離子具有特殊選擇性識別能力的化合物（四苯基卟啉），金屬離子的引入會造成其顏色發生變化以及螢光發射的淬滅。將這種對於汞離子具有良好感測響應能力的有機螢光探針分子透過化學鍵、共價鍵連接到二氧化矽奈米微球的表面，製備一種新型材料。這種材料不僅具有奈米尺度的優良性能，同時還具備螢光探針的感測性能，是一種具有螢光識別效果的新型奈米微球複合材料。透過這種材料可以在水質監測與重金屬污染物監測回收方面做出一定的探索工作[10]。

這裡主要介紹了有機螢光奈米複合材料在螢光感測領域的應用，奈米複合微球在生物醫學領域也有應有前景，比如藥物緩釋方向、免疫測定方向、抗腫瘤方向以及體內成像技術、DNA 分離技術等方向均具有較好的潛力。

6.1.3.3 形狀記憶高分子奈米複合材料

形狀記憶高分子材料（SMPs）能「記住」一個或多個臨時賦形，當受到如熱、水、光等外界刺激就能恢復其原始的形態。與形狀記憶合金和形狀記憶陶瓷不同，形狀記憶高分子柔韌、質量小、廉價易得、形變量大、加工賦形容易、結構和功能多樣、觸發方式多樣、生物相容性和生物可降解性好等諸多優點，使之成為智慧材料家族中獨特的分支。SMPs 具備突出的刺激響應性和驅動性。而形狀記憶高分子奈米複合材料可以極大地強化或者拓展形狀記憶高分子的功能。但是形狀記憶高分子同樣有它的局限性：其化學結構設計往往較難且不易實現；對於外界刺激響應有限，大部分 SMPs 一般都是接觸式熱響應型的。因此與奈米材料複合可以強化和拓展 SMPs 的功能，完善其應用技術，兩者結合發展出電誘導 SMPs 奈米複合材料、水誘導 SMPs 奈米複合材料、磁誘導 SMPs 奈米複合材料、光誘導 SMPs 奈米複合材料、熱致感應型 SMPs，可以對電、水、磁、光、熱等物理條件做出響應。熱致感應型 SMPs 是在室溫以上變形並能在室溫固定形變且可長期存放，當溫度回升至某一特定響應溫度時，器件能很快回復初始形狀的聚合物[11,12]。

採用簡易的轉移法製備的具有雙層結構的奈米銀線/形狀記憶聚酯奈米複合材料具有良好的柔韌性和優越的導電性，而且其導電性呈現與拉伸形變相關的可逆變化，該材料可以透過電訊號的變化對外界溫度做出應答，是製備導電型溫度感測器的理想材料；透過簡易的轉移法製備的具有雙層結構的碳奈米管/形狀記憶聚酯奈米複合材料展現了電和水雙重刺激響應的形狀記憶行為，該複合材料在水感測器件方面具有潛在應用價值。熱致感應型 SMPs 由於其設計簡單，易於控制，廣泛應用於醫療衛生、體育運動、建築、包裝、汽車及電子電器等領域，比如醫用器械、坐墊、光資訊記憶介質及警報器等。

這裡只簡單介紹了幾種主要的 SMPs 奈米複合材料，目前眾多學者致力於研究 SMPs 熱機械理論模型，旨在開發更多通用性更廣的新型 SMPs 材料，現在 pH 響應型、微波響應型以及具有自修復功能的 SMPs 材料相繼問世。相信 SMPs 奈米複合材料依舊可以保持爆發式的發展態勢，在不久的將來可以見到功能強大的通用 SMPs 材料在各個領域綻放光彩。

6.1.4 量子點

量子點（Quantum Dots，QDs）是一種新興的奈米發光材料，具有很好的光穩定性、寬的激發譜和窄的發射譜，很好的生物相容性，壽命長等特點。除作為螢光標記物在生物感測和細胞成像方面應用外，它也是一種半導體的奈米晶體。

選用量子點作為奈米螢光探針的功能化水溶性量子點螢光猝滅感測器可以快速檢測食用油的摻假。不同摻雜比例的劣質食用油中有不同濃度的猝滅劑，從而引起不同程度的螢光猝滅，整體上表現出不同的螢光強度。實驗表明該感測器可在 2min 內對摻假 0.4％以上的劣質食用油進行快速鑒別，有很大的現場應用前景。基於核算/半導體量子點的雜化體系結合了核算的識別、催化性能和量子點的光物理性能，可以實現用於檢測 DNA 的不同光學感測平臺的開發[13]。

利用奈米螢光量子點作為螢光訊號報告分子的螢光適配體感測器可以快速、專一、同時分離和定量檢測大腸桿菌 O157：H7、單增李斯特菌、鼠傷寒沙門氏菌和金黃色葡萄球菌等四種食源性致病菌，在致病微生物多元檢測現場應用中有極大的潛力[14]。

6.2 新興微感測系統在智慧工農業領域的應用

隨著物聯網（Internet of Things，IoT）技術和「網路＋」的不斷發展，行業轉型升級和技術革新的浪潮不斷推進，「智慧製造」「智慧工廠」「智慧農業」「智慧地球」等相關概念應運而生。如圖 6.4 所示的物聯網結構圖可知，感測器是機器感知物質世界的「感覺器官」，可以感知熱、力、光、電、聲、位移等訊號，為物聯網系統的傳輸、處理、分析和反饋提供最原始的資訊。近年來，隨著 MEMS 技術的日趨成熟和無線感測網路（Wireless Sensor Networks，WSN）的廣泛應用，推動了感測技術的不斷進步，微感測器因其微型化、智慧化、低功耗、易集成的特點更是越來越受青睞。以新興感測器網路為核心的感知網路研究迅速升溫並取得了大量研究成果。

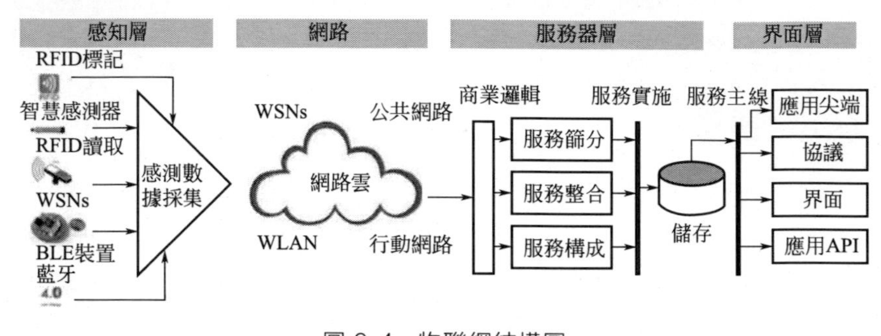

圖 6.4 物聯網結構圖

6.2.1 新興微感測系統在智慧工業物聯網領域的應用

智慧化是製造業的發展方向，如何構建基於物聯網、雲計算、大數據等新興技術的智慧工廠是產學研高度關注的焦點。首先應當在傳統的車間局部小範圍智慧製造基礎上，透過物聯網集成底層設備資源，實現製造系統的泛在感知、互通互聯和數據集成；其次利用生產數據分析與性能最佳化決策，實現工廠生產過程的即時監控、生產調度、設備維護和品質控制等工廠智慧化服務；最後透過引入服務網路，將工廠智慧化服務資源虛擬化到雲端，透過人際網路互聯互動，根據客户個性化需求，按需動態構建全球化工廠的共同智慧製造過程。由圖 6.5 所示的智慧工廠總體設計方案不難看出，製造物聯是實現智慧工廠的前提基礎，而基於無線感測網路的數據採集是物聯網實現「物物相聯，人物互動」的基礎。由此可見，在未來的智慧工廠中，感測器作為機械的觸覺，是實現自動檢測和自動控制的首要環節，是實現工廠智慧化、物流智慧化和過程智慧化的前提基礎。

無線感測器網路（WSNs）是由部署在監測區域内大量的微型感測器節點組成，透過無線通訊方式形成的一個多跳的、自組織的網路系統，能協作地感知、採集和處理網路覆蓋區域中被監測對象的資訊，並發送給協調器。數量巨大的感測器節點以隨機散播或者人工放置的方式部署在監測區域中，透過自組織方式構建網路，WSNs 可以在任何時間、任何地點、任何環境條件下獲取人們所需資訊，是物聯網底層網路的重要技術形式。

工業無線感測網路（IWSN）發展自 WSNs 技術，由大量感測器節點組成，這些感測器包括振動、溫度、溼度、壓力、流量、可燃氣體、電壓、電流感測器等，透過感知和採集相關參數，並經由無線網路發送給使用者終端，以幫助實現環境感知、狀態監測、過程控制、能效管理和安保監控等應用。目前，包括艾默生、霍尼韋爾、通用電氣、ABB以及西門子等工業自動化巨頭都參與到該領域的研究當中。下面本文就現場環境監測和設備狀態監測這兩個方面來舉例說明新興的微感測系統在工業無線感測網路方面的應用。

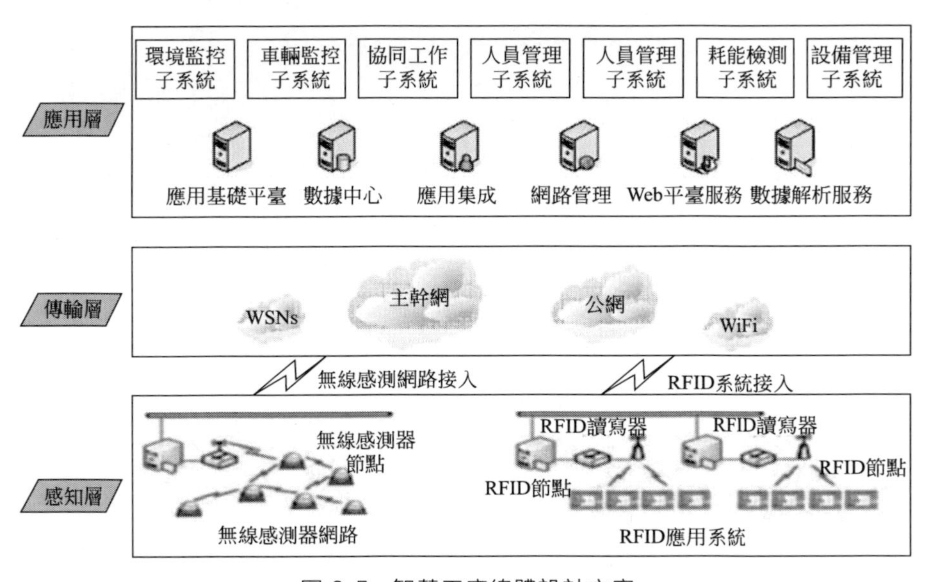

圖 6.5　智慧工廠總體設計方案

(1) 現場環境監測

煤礦安全監控系統結構圖如圖 6.6 所示，透過瓦斯感測器、二氧化碳感測器、氧氣感測器、一氧化碳感測器、溫（溼）度感測器等新興的微型感測器組的行動節點和參考節點為煤礦安全監控資訊。行動節點安裝於井下工作人員的安全帽上，從而實現人員即時定位。這樣一方面工作人員能夠知道井下人員的分布情況，方便管理和調度；另一方面礦難發生時工作人員可以根據系統的人員歷史位置資訊快速找到被困人員，提高救援效率。參考節點則安裝於井下某一固定座標位置，從而監測環境參數資訊（如溫度或氣體濃度等）並透過無線方式傳遞給地面資訊監控中心。資訊監控中心對收集到的環境資訊進行處理，分析隧道内的安全狀況，當井下監測節點採集到的數據出現異常狀態時，通知井下人員，降低事故發生率。

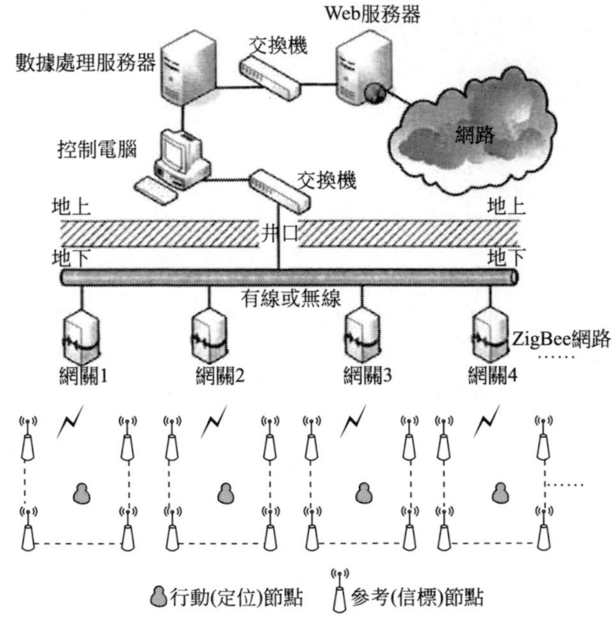

圖 6.6　煤礦安全監控系統結構圖

(2) 設備狀態監測

由於吊鉤本身結構的限制及其工作環境的不確定性，預留下的空間極為有限，傳統感測器體積較大，不適合吊鉤的安裝，海內外都較少開展對於起重機吊鉤運動監控的研究。西北工業大學的薛峰等針對起重機吊鉤運動狀態的即時監控問題，設計並實現了一種基於 MEMS 感測器的吊鉤運動監控系統，該系統框圖如圖 6.7 所示。該系統採用 ADI 公司的三軸 MEMS 加速度計 ADXL312 作為傾角測量感測器，微磁強計採用

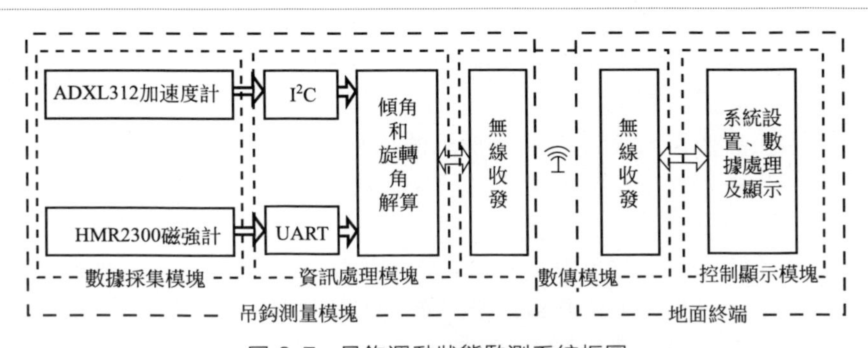

圖 6.7　吊鉤運動狀態監測系統框圖

Honeywell 公司的 HMR2300，即時測量了吊鉤的二維傾角和水平方位角，並透過誤差補償，實現對吊鉤傾角和水平方位角的即時監控，該系統的吊鉤運動狀態監測節點和地面終端如圖 6.8 所示。該感測器開發成本低、精度高，不僅可滿足起重機現場使用要求，也可以為起重機吊臂閉環控制系統的研究提供物理參量。

圖 6.8　吊鉤狀態監測節點和地面終端

6.2.2 新興微感測系統在智慧農業領域的應用

中國傳統農業正在加快向現代農業轉型，而智慧農業將成為現代農業未來發展的趨勢。所謂「智慧農業」就是充分應用現代資訊技術成果，集成應用電腦與網路技術、物聯網技術、音影片技術、3S 技術、無線通訊技術及專家智慧與知識，實現農業可視化遠端診斷、遠端控制、災變預警等智慧管理，其系統結構圖如圖 6.9 所示。它主要透過各種無線感測器即時採集農業生產現場的空氣溫溼度、光照強度、土壤溼度和土壤 pH 值等參數，利用影片監控設備獲取農作物的生長狀況等資訊，遠端監控農業生產環境，同時將採集的參數和獲取的資訊進行數位化轉換和匯總後，經傳輸網路即時上傳到相關農業智慧管理系統中；系統按照農作物生長的各項指標要求，精確地遙控農業設施自動開啓或者關閉，實現智慧化的農業生產，有效減少成本，提高農作物產量。

應用於農業領域的無線感測網路按節點的位置可分為地面無線感測網路（terrestrial wireless sensor networks，TWSN）和地下無線感測網路（wireless underground sensor networks，WUSN）。TWSN 主要用於採集地面資訊，如使用溫溼度、光照、雨量、風速、風向、氣壓等微型感測器採集地面氣象資訊。當氣象資訊超出正常值可及時採取措施，減輕自然災害帶來的損失。WUSN 主要用於地下資訊採集，如使用土壤溫度、水分、水位、溶氧、pH 值等監測資訊，實現合理灌溉，杜絕水源浪費和大量灌溉導致的土壤養分流失。下面就農作物種植、家禽飼養和水產養殖這三個方面來舉例說明新興微感測系統在智慧農業方面的應用。

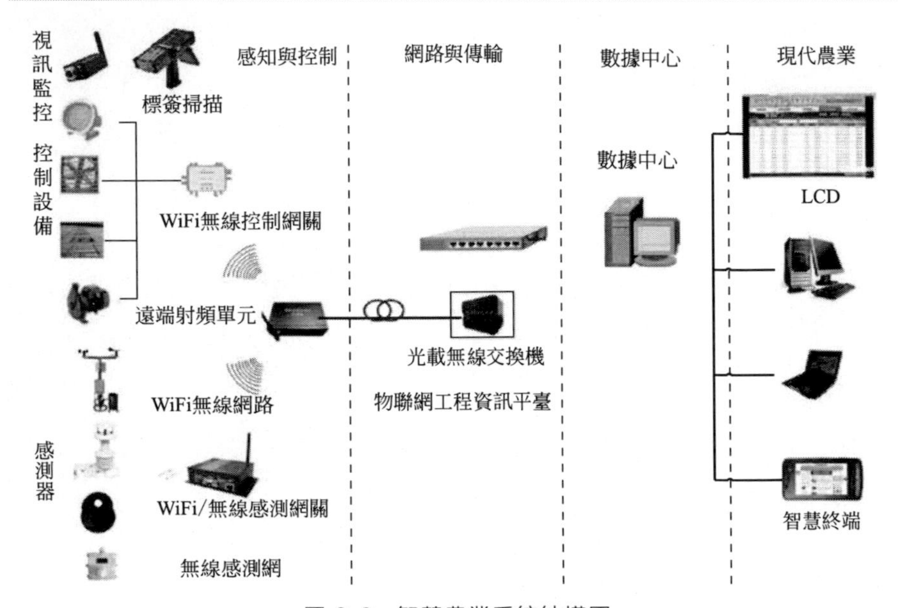

圖 6.9 智慧農業系統結構圖

(1) 葡萄園智慧管理

在農作物種植方面，美國英特爾公司在俄勒岡州建立了第一個無線葡萄園，感測器節點被分布在葡萄園的各個角落，每隔 1min 檢測一次土壤溫度、溼度和該區域有害物的數量，以確保葡萄健康生長，進而獲得大豐收。中國的聞珍霞等為了實現對設施農業中植物-土壤-環境的動態即時監控，以杭州美人紫葡萄栽培基地首批資訊化試驗區為基地，開發和應用無線感測網路系統和智慧化管理及控制系統，實現了對土壤水分、養分、溫度、溼度和光照等資訊的即時動態測試與顯示，並能根據葡萄優質高產生長的需要進行自動控制灌溉，取得了較好的效果。圖 6.10(a) 為其系統框圖，圖 6.10(b) 則為安裝在葡萄園內的微感測器節點。

(2) 智慧家禽飼養

TekVet 公司和 IBM 公司合作建立了名為 TekSensor 的項目，使用有源 RFID 家畜進行追蹤系統即時地透過網路確認牛的位置情況，與傳統家畜追蹤系統不同的是該項目的 RFID 集成了溫度感測器對牛的體溫進行即時監測，使管理者能夠隨時了解牛群的健康狀況，並對於體溫不正常的家畜進行早期治療。中國的林惠強等設計了一個切實可行的無線感測器網路動物檢測系統，使飼養場的動物（如豬/牛）戴上無線感測器節點，透過一定的路由將相關的資訊（如體溫、脈搏、位置資訊）收集到 Sink 節點，再透過網路（有線或無線）傳送到服務器上，經過運算，對動物的發情、疾病、疫情透過手機或 PDA 進行即時預報或預警，其系統框圖見圖 6.11(a)，飼養場感測節點分布示意圖見圖 6.11(b)。

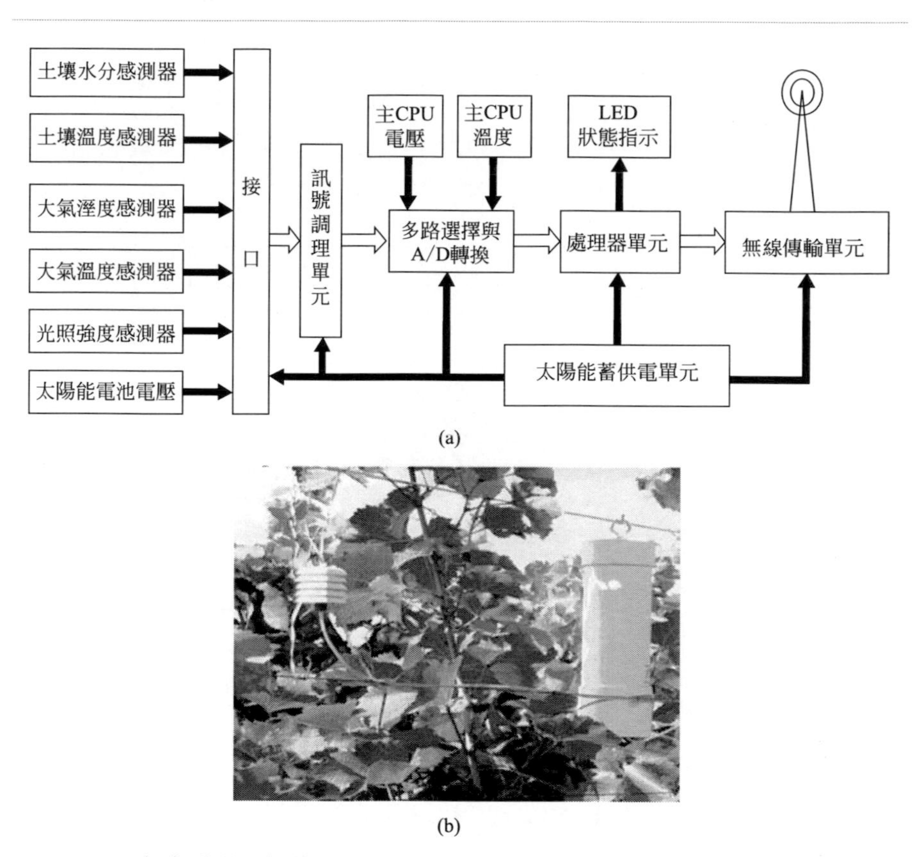

圖 6.10　（a）葡萄園智慧管理系統框圖和（b）安裝在葡萄園內的微感測器節點

(3) 智慧水產養殖

中國農業大學李道亮團隊將水質監測無線感測網路運用到了水產養殖中，透過感測層的智慧感測節點，構建一個分布式即時在線水質參數監測控制系統，對養殖水體水溫、溶解氧、酸碱度、氨氮值、亞硝酸鹽、硫化氫等參數進行自動檢測。根據檢測參數實現智慧控制，數據透過無線方式即時傳輸到網路，顯示終端再從網路獲得數據並及時顯示。並具有歷史數據保存、圖形顯示、列印等功能，方便使用者進行數據分析和系統研究。目前，該系統在江蘇省宜興市河蟹養殖中應用推廣。

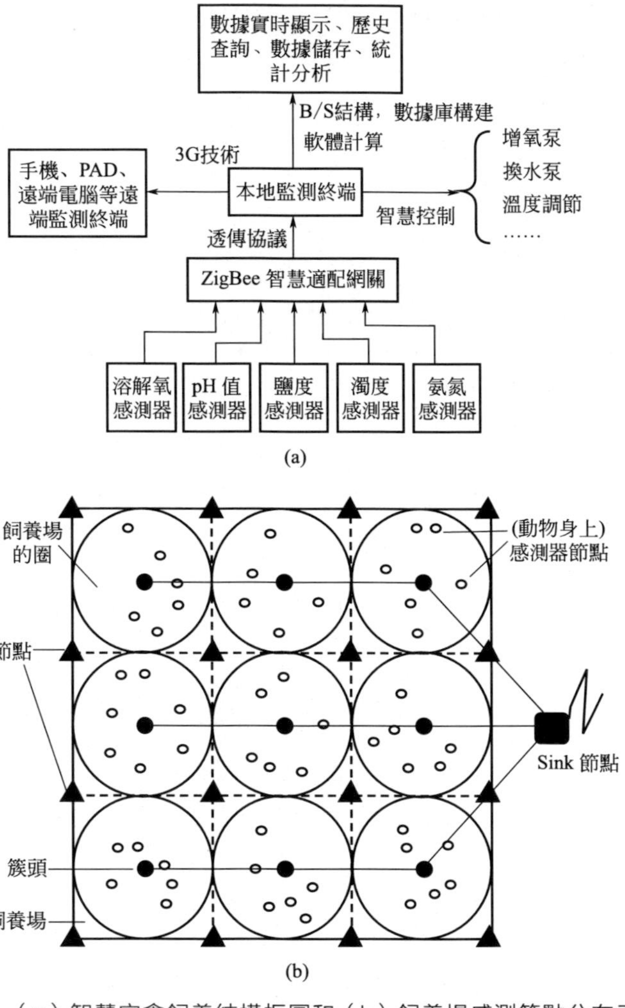

數據實時顯示、歷史查詢、數據儲存、統計分析
B/S結構，數據庫構建
軟體計算
3G技術
手機、PAD、遠端電腦等遠端監測終端
本地監測終端
智慧控制
增氧泵
換水泵
溫度調節
……
透傳協議
ZigBee 智慧適配網關
溶解氧感測器
pH 值感測器
鹽度感測器
濁度感測器
氨氮感測器

(a)

飼養場的圈
(動物身上)感測器節點
錨節點
Sink 節點
簇頭
飼養場

(b)

圖 6.11 （a）智慧家禽飼養結構框圖和（b）飼養場感測節點分布示意圖

6.3 新興微感測系統在生物醫療領域的應用展望

6.3.1 可穿戴醫療設備

隨著高性能、低功耗集成電路和微奈米加工技術的迅速發展，醫療電子設備尺寸在逐步縮小。伴隨著嵌入式單片機、嵌入式系統、操作系

統等軟體技術的發展，過去需要透過硬體實現的功能現在可以透過軟體實現，為醫療電子設備小型化發展奠定了基礎。可穿戴醫療設備是指可以直接穿戴在身上的便攜式醫療電子設備，在軟體支持下感知、記錄、分析、調控、干預甚至治療疾病，維護健康狀態。其真正價值在於讓生命體態數據化，可穿戴醫療設備可以即時監測血糖、血壓、心率、血氧、體溫、呼吸頻率等人體健康指標[15]。

迄今為止，智慧可穿戴設備產品已經頗多，功能也十分豐富，涵蓋了社交、娛樂、導航、健身、健康管理等多個方面，主要有智慧眼鏡、智慧手錶、智慧腕帶、智慧跑鞋、智慧戒指、智慧臂環、智慧腰帶、智慧頭盔、智慧紐扣等。這眾多的可穿戴設備，以健康管理的需求最為突出、最具革命性，如智慧手環、心率監控器、可穿戴式健身追踪器、可分析人體成分的體重計等。

2018 年，蘋果公司發布的 Apple Watch Series 4 中配備有心率感測器、加速度感測器、陀螺儀、重力感測器等微感測器[16]。如圖 6.12 所示，它能夠即時監測佩戴者的心率，只需將手指放在表冠上，背面和表冠監測到脈衝，傳給 S4 處理器，30s 後便能產生一個心電圖。所測得 ECG 結果都以 PDF 格式儲存在 Health 應用程式中，並且可以與醫生共享，以便進行進一步的治療。由於身體原因，老人在日常生活中會發生摔倒，這時手錶中的重力感測器就能識別使用者當前的身體狀況，透過分析手腕軌跡和重力加速度來判斷使用者是否摔倒。該手錶會在使用者摔倒後發出警報，如果 60s 後感知佩戴者仍處於靜止狀態，它將會自行啓動緊急呼叫服務並將消息與位置發給緊急聯繫人。

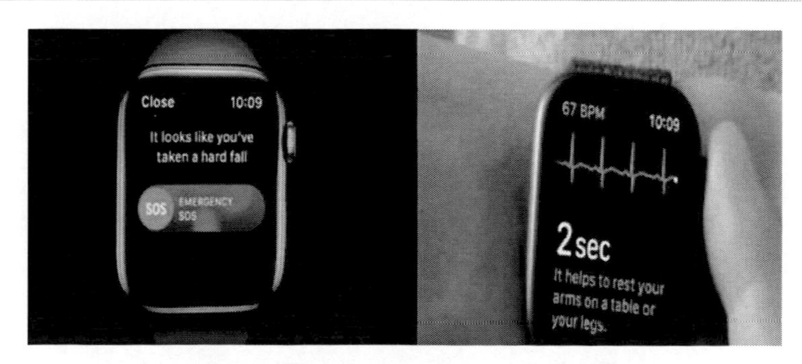

圖 6.12　蘋果公司發布的智慧手錶[16]

為了提高運動成績和個人舒適度，運動產業驅動了智慧織物感測器的研究，如可透氣防水紡織品 Gore-Tex 和吸汗紡織品 Coolmax，在布料中集成各種微感測器，用於檢測運動員的脈搏、血壓、體溫、心電等生理訊號，如圖 6.13 所示[17]。壓電材料製造的應變感測器可用於生物力學分析，提供一種穿戴式的肌肉運動感知接口用於檢測姿勢，提高運動成績並降低由於劇烈運動而造成的傷害。

圖 6.13 智慧運動背心[17]

2016 年，糖尿病患者健康監測公司 Siren Care 推出了一款產品——智慧襪子，如圖 6.14 所示[18]。該襪子利用溫度感測器來監測糖尿病患者的腳是否出現了發炎，從而來進行病情監控。1 型和 2 型糖尿病患者都容易發生足部腫脹，以及其他足部問題。並且如果不及時進行檢查，就會導致一些嚴重的問題，例如足部潰瘍，甚至最後可能導致截肢，所以早發現病情是防止嚴重並發症的關鍵。Siren Care 將溫度感測器放於襪子中，利用炎症發生時所帶來的溫度變化，來即時監測患者足部是否存在炎症，然後將所有資訊上傳到智慧手機上的 App 中，這樣患者便能即時查看相應的報告。

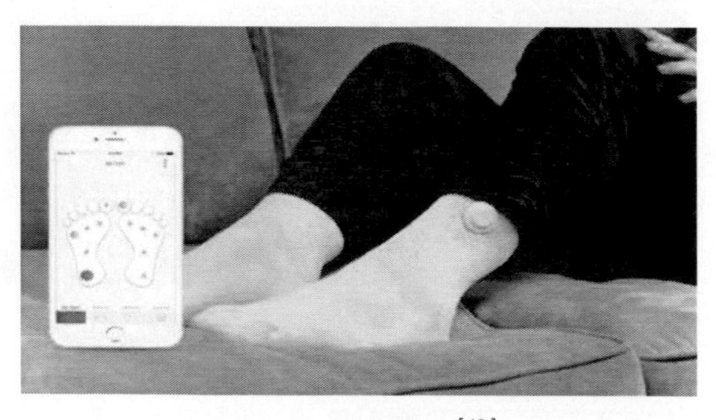

圖 6.14 智慧襪子[18]

一方面，可穿戴醫療健康設備能夠實現使用者自行採集身體指標數據的功能，讓使用者即時掌握個人的身體健康狀況，及時更正不良的生活習慣，從而實現疾病的預防與早期治療。另一方面，可穿戴醫療健康設備對人體健康指標的長期動態監控，為疾病的診斷治療提供了大量數據，為一些疾病的初步診斷及慢性病的治療提供了依據。目前的可穿戴醫療設備還是一種浮於表面的健康管理模式，並未突破到臨床醫療領域。

美國加州大學奈米工程學教授研發了一款極具未來氣息的感測器。這種感測器能透過檢測汗液、唾液和眼淚的方式，提供有價值的健康和醫療資訊。該團隊還開發出一種能持續檢測血糖程度的紋身貼，以及一種放置在口腔中就能獲得尿酸數據的柔性檢測裝置。這些數據通常都需要指血或靜脈抽血測試才能獲得，這對糖尿病和痛風患者而言至關重要。該團隊表示，他們正在一些大公司的幫助下，開發和推廣這些新興的感測器技術。

韓國首爾國立大學金大賢教授研究小組提出了包含數據儲存、診斷工具以及藥物在內的，具有柔性和延展性的柔性電子貼片。這種皮膚貼片能夠檢測出帕金森病獨特的抖動模式，並將收集到的數據儲存起來備用。當檢測到帕金森病特有的抖動模式時，其內置的熱量和溫度感測器能自動釋放出定量藥物進行治療。

由加州大學伯克利分校（UC Berkeley）研究人員開發的新興柔性感測器可以在大面積皮膚、身體組織和器官上繪製血氧含量圖，從而為醫生提供即時監測傷口癒合情況的新方法。如圖 6.15 所示，新型感測器由印刷發光二極管和光電探測器交替組成陣列，可以探測身體任何部位的血氧含量。感測器將紅光和紅外光照射進皮膚內，並探測反射光的比例。

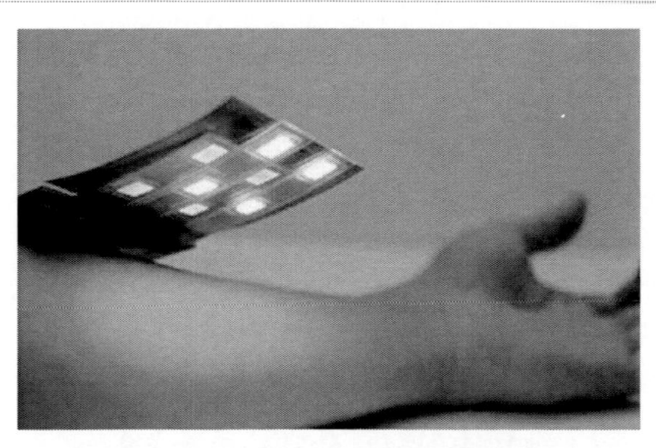

圖 6.15　新型可穿戴式血氧儀 [19]

相比於傳統的指夾式感測器，這種血氧計更加輕薄和靈活。無論是糖尿病、呼吸系統疾病甚至睡眠呼吸暫停的患者都可以使用該感測器，可以隨時隨地的佩戴，以便全天候監測血氧含量。該血氧計使用發光二極管（LED）發出紅光和紅外光，並穿過皮膚，然後探測有多少光到達另一側。紅色、富含氧氣的血液會吸收更多的紅光。透過觀察反射光的比例，該感測器就能夠確定血液中的氧氣含量[19]。

6.3.2 植入式醫療設備

植入式醫療設備是一種埋置在生物體或人體內的電子設備，主要用來測量生命體內的生理、生化參數的長期變化與診斷、治療某些疾病，實現在生命體無拘無束自然狀態下的、體內的直接測量和控制功能，也可用來代替功能已經喪失的器官。植入式醫療設備主要有以下優點：①可保證生物體在處於自然的生理狀態條件下對各種生理、生化參數進行連續的即時測量與控制；②採用植入式微感測系統後，體內的各種資訊不需經皮膚測量，可大大減少各種干擾因素，因此可得到更加精確的數據；③便於對器官和組織的直接調控，能獲得理想的刺激和控制響應，有利於損傷功能的恢復和病情的控制；④可以用來治療某些疾病，比如癲癇等；⑤用來代替某些器官的功能，比如腎臟、四肢、耳蝸等。因此植入式醫療設備將是 21 世紀生物醫學電子發展的一個重要方向[20]。

如圖 6.16(a)、(b) 所示，傳統地測血糖的方法是刺破手指，再用血糖儀採血，而且為了數據的準確性，一天內需要多次測量，這給患者造成了很大的痛苦。如圖 6.16(c) 所示，美國加州大學聖地亞哥分校和 GlySens 公司的生物工程師們成功研發出一款可植入人體的葡萄糖感測器（glucose sensor）和無線遙測系統，用於持續的檢測組織的血糖並將資訊傳送到一個外部的接收器[21]。來自組織周圍的葡萄糖和氧擴散到該感測器，葡萄糖氧化酶在此進行化學反應，其中被消耗的氧氣與葡萄糖的含量成正比例。對剩餘的氧氣進行測量，然後將其與一個幾乎完全相同的氧含量參考感測器所記錄下的氧氣基準進行比較。氧減少訊號與基準氧訊號的比較，反映出血糖的濃度，而運動所產生的影響以及流向組織局部血液的變化在很大程度上被差分氧感測系統去掉了，圖 6.16(d) 是在糖尿病豬和非糖尿病豬上長期監測的結果。這款植入式的葡萄糖感測器，其直徑為 1.5in、厚度為 5/8in，透過一個簡單的門診手術即可植入。

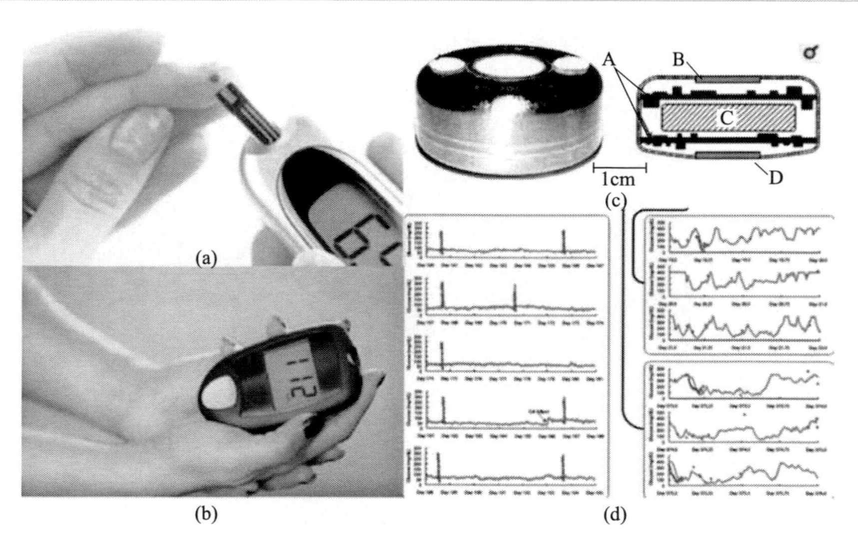

圖 6.16 可植入式葡萄糖感測器[21]

這款長期使用的葡萄糖感測器可用於 1 型和 2 型糖尿病患者。1 型糖尿病患者自身不能產生足夠的胰島素。長期使用該葡萄糖感測器可用於調整胰島素的針劑量和注射頻率，由此降低因胰島素過量而引發血糖低的風險，胰島素過量所引發的低血糖可能隨時危及生命。2 型糖尿病患者可以利用這款植入式的葡萄糖感測器來幫助他們調整自己的飲食和鍛煉計劃。並且該感測器還可以將資訊發送到手機上，當睡在隔壁的患糖尿病的孩子發生夜間低血糖時，它就會向家長發出警報。

加州大學聖地亞哥分校的研究人員開發出一種微型、功耗超低、可植入皮膚表面的生物感測器，能夠長期連續的對體內酒精含量進行檢測。如圖 6.17 所示（與 25 美分硬幣的大小對比圖），該芯片的尺寸非常小，其體積大約為 $1mm^3$，因此可以植入人體皮膚下的細胞間液（細胞間液是一種存在於身體細胞間質中的組織液），並透過無線充電為其供電。這款生物感測器內有一個被酒精氧化酶覆蓋的感測器，酒精氧化酶可以選擇性的與酒精相互作用產生副產品，並透過電化學的方式被檢測到，電訊號被無線傳輸到附近的可穿戴設備（如智慧手錶、智慧手機），從而可以檢測出體內酒精的含量。並且研究人員在設計時盡量將功耗降至最低，共 970nW，大約是智慧手機通話時功耗的萬分之一。在未來可以根據病人的要求，訂製監測所需物質的芯片，以提供長期的個性醫療監測。

圖 6.17　植入皮膚表面的微型酒精檢測芯片

植入式心律調節器已經拯救了成千上萬心臟病患者的生命並提高了他們的生活品質。美國伊利諾伊大學香檳分校的 Rogers 和華盛頓大學聖路易斯分校的 Efimvo 教授課題組透過 3D 列印技術，製作了心臟專用的「外套」[22]。如圖 6.18 所示，這個「外套」上配備有電、熱和光刺激的執行器，ECG 感測器、應變感測器、pH 感測器、溫度感測器、微型電極和 LED 燈，在植入心臟後能夠及時檢測出心率的異常並施以精確的電擊，並且在未來還有望透過智慧手機應用獲取即時數據來進行操作。透過與智慧手機相連，它能讓患者和醫生獲取與心臟健康相關的數據，而功能豐富的感測器能讓醫生追踪代謝、體溫、血液酸碱值等指標，以便在患者身體有所感覺之前提早發現心力衰竭和心肌缺血等問題。並且柔軟、有彈性的「外套」能夠很好地與心臟外膜緊密接觸，可以針對使用者進行訂製，從而完美的貼合每一位患者的心臟。

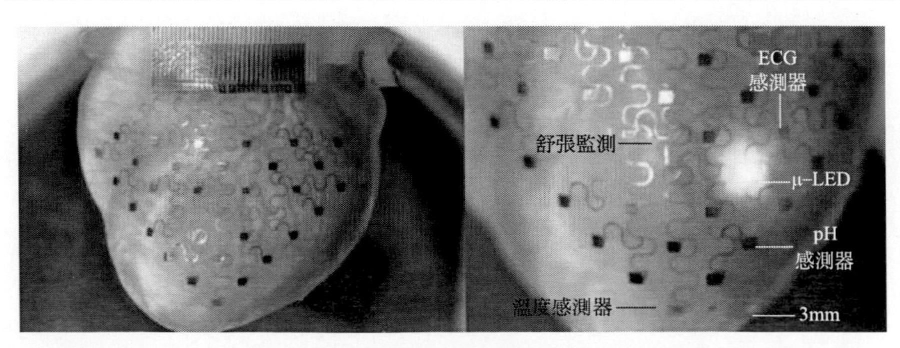

圖 6.18　植入式心臟「外套」電子系統[22]

韓國首爾國立大學化學與生物工程學院的 Dae-Hyeong Kim 等人研

製了一種多功能球囊導管，如圖 6.19 所示[23]。球囊導管是一種極其簡單但功能強大的醫療器械，可以直接透過柔軟的機械接觸提供治療，並且其應變可以達到 200%左右，能有效地治療血管阻塞等疾病。該球囊導管上配備有 ECG/觸覺/溫度/流量感測器，能夠對生物組織和腔內表面進行診斷。在心率失常治療中，透過暴露的電極對異常的組織進行消融，此時溫度感測器就能對溫度進行有效的檢測，防止過熱導致組織損傷。感測器還能提供組織和設備之間接觸的精準反饋。

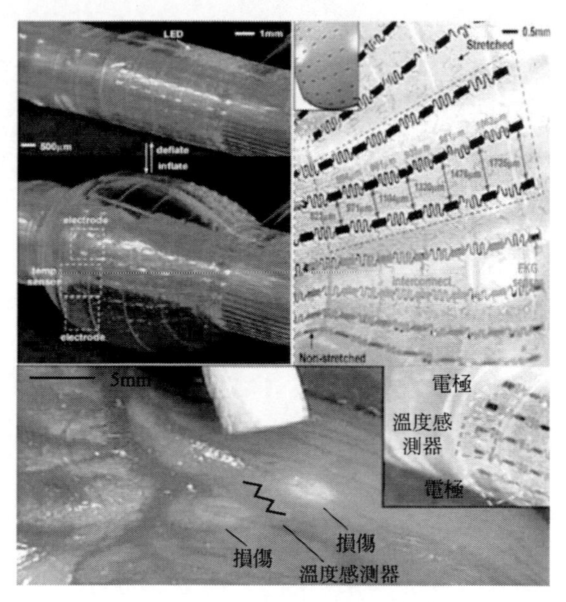

圖 6.19　多功能球囊導管[23]

參考文獻

[1] 楊親民．新材料與功能材料的分類、應用與策略地位[J]．功能材料資訊，2004，(02)：17-23.

[2] 羅遠晟，楊濤，丁忠．多鐵材料概述及其應用[J]. 科學諮詢（科技・管理），2015，(07)：55.

[3] 馮春鵬，趙智增．多鐵奈米 MEMS 壓力感測器性能測試系統設計[J]．山西電子技術，2016，(03)：17-19，24.

[4] 盧紅斌．石墨烯：一種策略性新興材料[J].

科學，2016，68（5）：16-22.

[5] Chong C，Shuang L，Thomas A，et al. Functional Graphene Nanomaterials Based Architectures：Biointeractions，Fabrications，and Emerging Biological Applications [J]. Chemical Reviews，2017.

[6] 孫鵬．多孔矽基複合薄膜氣敏感測器的研究[D]. 天津：天津大學，2012.

[7] 曾鈁，童真，佐藤尚弘等．聚（N-異丙基丙烯酰胺）的分子鏈特性[J]. 中國科學 B 輯，1999，29（5）：426-431. DOI：10. 3321/j. issn：1006-9240. 1999. 05. 007.

[8] 田壯．藉助於功能材料的微納光纖感測器研究[D]. 廣州：暨南大學，2015.

[9] 李珍，董先明．聚 N-異丙基丙烯酰胺水凝膠研究進展[J]. 廣東化工，2015，42（2）：92.

[10] 趙天一．有機/高分子螢光奈米複合材料的製備、性能及應用研究[D]. 吉林大學，2015.

[11] Ying Shi，Mitra Yoonessi，and R. A. Weiss，High Temperature Shape Memory Polymers，Macromolecules，2013，46（10），4160-4167.

[12] 黎志偉．形狀記憶高分子奈米複合結構的構建及其性能研究[D]. 廣州：廣東工業大學，2016.

[13] 徐李舟．基於量子點的螢光生物與化學感測器及其食品安全快速檢測應用[D]. 杭州：浙江大學，2016.

[14] Ronit Freeman，Julia Girsh，and Itamar Willner，Nucleic Acid/Quantum Dots（QDs）Hybrid Systems for Optical and Photoelectrochemical Sensing，ACS Applied Materials & Interfaces，2013，5（8），2815-2834.

[15] 石用伍．可穿戴醫療設備的研究進展[J]. 醫療裝備，2018，31（5）：193-195.

[16] Watch 心電圖[J]. 生物醫學工程學進展，2018，39（03）：175.

[17] S. Coyle，D. Dermot. Smart Nanotextiles：Materials and Their Application. Encyclopedia of Materials Science & Technology，2010：1-5.

[18] P. Liu. SirenCare 智慧襪可預防糖尿病[J]. 中國自動識別技術，2016（6）：32-32.

[19] Y. Khan.；D. Han.；A. Pierre.；J. Ting.；X. C. Wang.；et al. A flexible organic reflectance oximeter array. PNAS. 2018，11，115（47）：1015-1024.

[20] 謝翔，張春，王志華．生物醫學中植入式電子系統的現狀與發展[J]. 電子學報，2004，32（3）：462-467.

[21] D. A. Gough.；L. S. Kumosa.；T. L. Routh.；J. T. Lin.；J. Y. Lucisano. Function of an implanted tissue glucose sensor for more than 1 year in animals. Sci Transl Med. 2010，7，2（42）：42-53.

[22] L. Xu.；S. R. Gutbrod.；A. P. Bonifas.；Y. Su.；M. S. Sulkin.；et al. 3D multifunctional integumentary membranes for spatiotemporal cardiac measurements and stimulation across the entire epicardium. Nat. Commun. 2014，5，3329.

[23] D. H. Kim.；N. Lu.；R. Ghaffari .；Y. S. Kim.；S. P. Lee.；et al. Materials for Multifunctional Balloon Catheters withCapabilities in Cardiac Electrophysiological Mapping and Ablation Therapy. Nat. Matter. 2011，10，（4）：316-323.

微感測系統與應用

編　　著：劉會聰，馮躍，孫立寧
發 行 人：黃振庭
出 版 者：崧燁文化事業有限公司
發 行 者：崧燁文化事業有限公司
E-mail：sonbookservice@gmail.com
粉 絲 頁：https://www.facebook.com/sonbookss/
網　　址：https://sonbook.net/
地　　址：台北市中正區重慶南路一段六十一號八樓 815 室
Rm. 815, 8F., No.61, Sec. 1, Chongqing S. Rd., Zhongzheng Dist., Taipei City 100, Taiwan
電　　話：(02) 2370-3310
傳　　真：(02) 2388-1990
印　　刷：京峯彩色印刷有限公司（京峰數位）
律師顧問：廣華律師事務所 張珮琦律師

定　　價：460 元
發行日期：2022 年 03 月第一版
◎本書以 POD 印製

國家圖書館出版品預行編目資料

微感測系統與應用 / 劉會聰，馮躍，孫立寧編著 . -- 第一版 . -- 臺北市：崧燁文化事業有限公司 , 2022.03
面；　公分
POD 版
ISBN 978-626-332-167-0(平裝)
1.CST: 電機工程
448　　111002700

電子書購買

臉書